浙江省"十一五"重点教材建设项目

无机及分析化学实验

主　编　张立庆

副主编　李菊清　俞远志

ZHEJIANG UNIVERSITY PRESS
浙江大学出版社

图书在版编目(CIP)数据

无机及分析化学实验 / 张立庆主编. —杭州：浙
江大学出版社，2011.8(2025.8 重印)
ISBN 978-7-308-08968-5

Ⅰ.①无… Ⅱ.①张… Ⅲ.①无机化学－化学实验－
高等学校－教材②分析化学－化学实验－高等学校－教材
Ⅳ.①O61-33②O65-33

中国版本图书馆 CIP 数据核字（2011）第 157971 号

无机及分析化学实验

张立庆 主编

责任编辑	徐素君
封面设计	刘依群
出版发行	浙江大学出版社
	（杭州天目山路 148 号 邮政编码 310007）
	（网址：http://www.zjupress.com）
排 版	大千时代（杭州）文化传媒有限公司
印 刷	浙江全能工艺美术印刷有限公司
开 本	710mm×1000mm 1/16
印 张	13.25
字 数	253 千
版 印 次	2011 年 8 月第 1 版 2025 年 8 月第 8 次印刷
书 号	ISBN 978-7-308-08968-5
定 价	40.00 元

前　言

　　无机及分析化学实验是一门独立的基础化学实验课程,是学生进入大学后的第一门化学实验课程。它是研究无机化合物的制备、化学常数的测定、元素及其化合物的性质、物质的定量分析方法以及基本操作和相关原理的化学实验课程,是培养学生化学实验技能与专业素质的最基础的实践教学环节。

　　本书是浙江省"十一五"重点教材建设项目。为深化高等教育改革,提高教学质量,培养适应21世纪社会发展需要的人才,编者根据目前高校教学改革方向与实际教学情况,并结合多年的实验教学经验,按照浙江省重点教材的要求编写本书。

　　本书注重与理论教材的相互融合及互补,使实验与理论既自成体系,又互为依托,相辅相成,并注意实验课程和实验教材自身的衔接,强调系统性与相对独立性。

　　本书是经长期教学实践和教学改革积累形成的研究成果,从2001年开始在教学中使用并根据教学情况不断进行修改与完善,是浙江省精品课程《无机及分析化学》课程建设的重要组成部分,是浙江省新世纪教学改革项目的实践内容。它以"夯实基础、注重综合、突出应用"为主线,以"基础—综合—应用"为框架进行编写,立足基础训练,强化了综合性、设计性与拓展性;根据大一学生的实际情况,适当融合了研究性、应用性与创新性;主要使学生扎实地掌握基础实验知识与基本实验技术,逐步提高学生分析问题与解决问题的能力,在教材内容上进行了深入与拓展,知识结构上进行了整合与精简,在与《无机及分析化学》课程保持基本统一的前提下又相对独立,并与后续课程形成了较为完整的基础化学实验教学体系。

　　全书由浙江科技学院张立庆(第一章,第四章,实验35至实验40,附录)、李菊清(第五章,实验29至实验34)、俞远志(第三章,实验41至实验46)、成忠(第二章)、张艳萍(实验47)、李惠(实验48)、傅晓航(实验49,实验50)编写。本书由张立庆担任主编,李菊清、俞远志担任副主编。全书由张立庆统稿和定稿。

　　由于编者水平有限,书中难免有不足之处,恳请读者不吝批评指正。

编　者
2011 年 5 月于杭州

目　录

第一章　无机及分析化学实验的基本知识与技术…………………………（1）

　　1.1　无机及分析化学实验课程的目的和方法 …………………………（1）

　　1.2　化学实验室安全知识 …………………………………………………（6）

　　1.3　无机及分析化学实验基本仪器与基本技术 ………………………（9）

　　1.4　物质的液固分离技术 ………………………………………………（16）

　　1.5　常用仪器的使用………………………………………………………（19）

第二章　化学实验数据处理 …………………………………………………（28）

　　2.1　实验数据记录…………………………………………………………（28）

　　2.2　实验数据误差…………………………………………………………（29）

　　2.3　实验数据处理…………………………………………………………（35）

　　2.4　计算机辅助实验数据处理……………………………………………（37）

第三章　制备及常数测定实验 ………………………………………………（41）

　　实验 1　粗食盐的提纯及纯度检验 ……………………………………（41）

　　实验 2　硫酸亚铁铵的制备 ……………………………………………（43）

　　实验 3　缓冲溶液的配制及性质 ………………………………………（45）

　　实验 4　化学反应速率、反应级数及活化能的测定 …………………（47）

　　实验 5　醋酸解离常数和解离度的测定 ………………………………（51）

　　实验 6　硫酸钙溶度积常数的测定 ……………………………………（52）

　　实验 7　磺基水杨酸合铁（Ⅲ）配合物的组成及稳定常数的测定 ……（56）

　　实验 8　二氧化碳相对分子质量的测定 ………………………………（59）

第四章　元素化学实验 ………………………………………………………（63）

　　实验 9　氯、溴、碘系列实验 …………………………………………（63）

　　实验 10　氧、硫系列实验 ………………………………………………（66）

　　实验 11　氮、磷系列实验 ………………………………………………（72）

　　实验 12　锡、铅系列实验 ………………………………………………（76）

　　实验 13　铬、锰系列实验 ………………………………………………（80）

实验 14　铁、钴、镍系列实验 ·· (85)

实验 15　铜、银系列实验 ·· (91)

实验 16　锌、镉、汞系列实验 ·· (96)

第五章　容量分析实验 ·· (101)

实验 17　滴定操作和酸碱标准溶液的配制及浓度比较 ············· (101)

实验 18　酸、碱标准溶液浓度的标定 ······································ (105)

实验 19　有机酸相对分子量的测定 ·· (107)

实验 20　混合碱液中 $NaOH$ 及 Na_2CO_3 含量的测定 ·················· (109)

实验 21　EDTA 标准溶液的配制和标定 ···································· (112)

实验 22　水的硬度测定 ··· (114)

实验 23　硫酸铜中铜含量的测定 ··· (117)

实验 24　可溶性氯化物中氯的测定 ·· (120)

实验 25　邻二氮杂菲分光光度法测定铁 ···································· (122)

实验 26　高锰酸钾标准溶液的配制与标定 ································· (127)

实验 27　过氧化氢含量的测定(高锰酸钾法) ······························ (129)

实验 28　水中化学需氧量的测定 ··· (131)

第六章　设计性、综合性、拓展性实验 ···································· (135)

实验 29　三氯化六氨合钴(Ⅲ)的制备及组成测定 ······················ (135)

实验 30　水泥熟料中 Fe_2O_3 , Al_2O_3 , CaO 和 MgO 含量的测定 ······ (140)

实验 31　食品总酸度的测定 ·· (146)

实验 32　漂白粉中有效氯和固体总钙量的测定 ··························· (149)

实验 33　分光光度法测定瓜果、蔬菜中的维生素 C 含量 ·············· (151)

实验 34　高效液相色谱法测定二甲戊乐灵原药中的亚硝胺含量 ······ (154)

实验 35　元素性质综合设计性实验 ··· (157)

实验 36　容量分析综合设计性实验 ··· (159)

实验 37　反相高效液相色谱同时测定对乙酰氨基酚等五组分含量 ······ (161)

实验 38　萃取精馏分离甲醇与碳酸二甲酯共沸物 ························· (164)

实验 39　固体超强酸的制备与活性评价 ····································· (167)

实验 40　微波辐射催化合成水杨酸异丙酯 ·································· (170)

实验 41　纯水的制备及其纯度检验 ··· (172)

实验 42　硫代硫酸钠的制备及含量分析 ····································· (175)

实验 43　碳酸钠的制备及定量分析 ··· (177)

实验 44　钨杂多酸的制备 ·· (180)

实验 45　毛发中锌含量的测定 ………………………………………… (182)

实验 46　新型添加剂氨基酸锌的制备及其成分分析 ……………… (184)

实验 47　高效液相色谱法测定饮料中咖啡因含量 ………………… (185)

实验 48　手工香皂（红酒香皂）的制作 ……………………………… (188)

实验 49　白酒中总酸和总酯的测定 ………………………………… (190)

实验 50　海藻产品中海藻酸钠的提取 ……………………………… (193)

附录 ………………………………………………………………………… (195)

附录一　元素原子质量表 ……………………………………………… (195)

附录二　常见化合物的相对分子质量 ………………………………… (196)

附录三　常用酸碱的密度和浓度 ……………………………………… (198)

附录四　常见弱酸、弱碱的离解常数 ………………………………… (198)

附录五　常用酸碱指示剂 ……………………………………………… (199)

附录六　常用氧化还原指示剂 ………………………………………… (200)

附录七　常用金属离子指示剂 ………………………………………… (200)

附录八　常用沉淀滴定指示剂 ………………………………………… (200)

附录九　常用缓冲溶液及其配制 ……………………………………… (201)

附录十　常用基准物质的干燥条件和应用 …………………………… (201)

参考文献 ………………………………………………………………… (203)

第一章 无机及分析化学实验的基本知识与技术

1.1 无机及分析化学实验课程的目的和方法

1.1.1 无机及分析化学实验的学习目的

实验是人类研究自然规律的一种基本的科学方法,化学是一门以实验为基础的学科。在无机及分析化学的学习中,实验占有及其重要的地位,无机及分析化学实验是大学基础化学非常重要的一门实验课程,是高等工科院校化学工程与工艺、材料科学与工程、制药工程、生物工程、食品工程、轻化工程、印刷工程等专业的主要基础课程,对学生专业知识的学习和专业技能的训练具有重要的意义。通过基本操作技能训练、基础实验、综合实验、设计实验、拓展性实验与开放性实验等不同类型的实验,对学生的实验能力进行有层次地培养,使学生的实验能力、分析与解决问题能力、实践和创新能力得以逐步提高,无机及分析化学实验的主要目的有以下四个方面:

(1)掌握重要无机化合物的制备、分离方法,掌握分析化学实验的方法,加深对基本知识、基本理论和基本原理的理解与运用。

(2)熟练地掌握实验操作的基本技术,正确掌握无机及分析化学实验中各种常见仪器的使用,培养独立思考和独立工作能力,培养正确观察、准确记录和分析、归纳、综合实验现象、正确处理实验数据、规范撰写实验报告、初步掌握查阅文献资料等方面的能力。

(3)培养实事求是的科学态度,培养准确、细致、耐心、整洁和合理安排实验时间等良好的科学习惯以及科学的思维方法,培养认真敬业、一丝不苟的工作精神,养成良好的实验室工作习惯。

(4)严格执行实验室纪律,掌握实验室工作的有关知识,如实验室试剂和仪器的管理与使用,实验室可能发生的一般事故及其正确应急处理方法、实验室废液的处理方法等。

1.1.2 无机及分析化学实验的学习方法

要达到上述实验目的,掌握实验技术与知识,达到教学要求,必须具有正确的学习态度,掌握正确的学习方法,一般可以从实验预习、实验操作过程、实验记录和实验报告的撰写等四个方面来掌握:

1. 实验预习

无机及分析化学实验是一门理论与实际紧密结合的课程,同时,也是培养学生独立工作能力的重要教学环节。因此,为了使实验能够达到预期的教学效果,在实验前必须充分认真地预习有关实验内容,做好实验前的各项准备工作。通过学习实验教材和有关参考资料,观看实验教学录像,明确实验的目的与要求,理解实验原理,了解实验的内容、步骤、操作过程和注意事项,了解实验的技术要素,设计好数据记录表格,写出简明扼要的预习报告(对综合性、设计性、拓展性与开放性实验则应该写出设计方案),同时应对实验时间进行合理的规划,作好统一安排,然后才能进入实验室进行实验。

2. 实验过程

在认真进行实验预习的基础上,在教师指导下独立进行实验是实验课程的主要教学环节,也是训练学生正确掌握实验技术,达到实验目的的重要手段。在整个实验过程中应做到以下几点:

(1)在实验开始前,指导教师应认真检查学生的预习情况(可以采用查阅预习报告、提问、讨论等教学方式)。

(2)根据实验教材上所提示的方法、步骤和试剂进行操作,综合设计性实验或者拓展性与开放性实验,应该将实验方案与指导教师讨论、修改和定稿后方可进行实验。

(3)认真进行实验,仔细观察实验现象,如实而详细地记录实验现象和数据,并随时思考每一步实验的正确性与合理性。

(4)如果发现实验现象或数据和理论不相符,首先必须尊重实验事实,不能擅自删去自认为不正确的原始数据,而要冷静认真地分析和检查其原因,必要时可以重做实验进行核实,有疑问时力争自己解决问题,也可以相互轻声讨论或询问指导教师,从而得到正确的结论。

(5)实验过程中应保持安静,独立进行实验,勤于思考,保持实验室整洁,严格遵守实验室工作规则。

(6)实验结束后,应及时洗净仪器,将试剂放回原处,清理废液,整理实验台。

3. 实验记录

(1)在实验过程中,学生必须养成一边进行实验一边随时在实验记录本上进行记录的习惯,不能事后补写。记录的内容应该包括实验的全部过程,如每一步操作的时间、内容和所观察到的现象(温度、颜色、状态变化;结晶、沉淀的产生或消失;是否放热或有气体放出等)和实验测得的各种原始数据。

(2)实验记录必须实事求是,反映真实的情况,特别是当观察到异常现象时,必须按照实际情况进行记录,作为实验总结与讨论的原始依据。应该牢记,实验记录是原始资料,绝对不能做假,科学工作者必须特别重视。实验结束后,必须将实验原始记录或产品交指导教师检查并签字,然后才可以离开实验室。

4. 实验报告

做完实验只是完成实验课程的一半,接下来更为重要的是对实验现象进行分析,将实验数据进行处理,对实验进行概括和全面总结,从而写出实验报告。实验报告应简明扼要,书写工整,不能随意涂改,更不能相互抄袭,实验报告一般应包括:

(1)实验名称与实验时间。

(2)实验目的。指出实验应该掌握的原理、方法与技术要素。

(3)实验原理。清楚扼要地简述实验的基本原理、主要化学反应方程式与计算公式。

(4)实验仪器、试剂与装置。完整地写出所用的仪器与试剂,认真正确地画出仪器装置示意图。

(5)实验步骤。不要照搬教材,尽量采用表格、图表、符号等形式清楚简明地表示。

(6)实验现象与数据记录。实验现象要仔细观察、全面正确表达,数据记录要真实与完整,原始记录必须有指导教师签名。

(7)解释与结论或数据处理。根据实验现象作出简明扼要解释,并写出主要化学反应式或离子反应式,分段作出小结或进行最后总结,得出结论。若要进行实验数据计算,必须把所依据的公式和主要数据表达清楚,计算步骤要具体有条理。

(8)实验讨论。报告中可以针对实验过程中遇到的疑难问题,发现的异常现象,或数据处理时出现的异常结果展开讨论,提出自己的见解,分析原因,也可对实验方法与实验内容等提出自己的意见或建议。

(9)完成实验的分析思考题。

无机及分析化学实验一般有定量分析实验、制备实验、常数测定实验与元素性质实验,不同类型实验报告的格式不同。下面介绍常见报告格式,供参考。

定量分析实验报告格式

实验名称：

一、实验目的

二、实验原理

三、主要仪器与试剂

四、实验步骤

五、实验数据与计算

六、问题与讨论

七、分析与思考

制备实验报告格式

实验名称：

一、实验目的

二、实验原理

三、主要仪器与试剂

四、实验记录

实验步骤	实验现象	解释	备注
1. …			

五、实验结果

　　1.产品外观

　　2.产率

　　3.产品纯度检验

六、问题与讨论

七、分析与思考

常数测定实验报告

实验名称：

一、实验目的

二、实验原理

三、主要仪器与试剂

四、实验步骤(每一步骤间可用"→"相连)

五、数据记录和处理(可用表格)

六、实验结果

七、问题与讨论

八、分析与思考

元素性质实验报告格式

实验名称:

一、实验目的

二、实验原理

三、实验记录,示例如下:

实验步骤	实验现象	解释和反应方程式
一、 1. … 结论:		

四、分析与思考

1.1.3　无机及分析化学实验基本规则

实验规则是人们从长期实验室工作中归纳总结出来的。它是防止意外事故,保证正常进行实验环境、工作秩序和做好实验的重要前提。

(1)学生在进入实验室前必须认真预习,明确实验目的,掌握实验原理、了解实验方法和步骤以及有关的基本操作,完成预习报告。没有预习或预习不合要求者,不能进实验室进行实验。

(2)学生应该提前 10 分钟进入实验室,熟悉实验室的环境、布置和各种设施的位置,做好实验前准备,在指定位置进行实验。

(3)实验前应先检查所用仪器,如果发现破损、缺少等必须立即向指导教师申请补领。在实验过程中损坏仪器,应及时报告,并填写实验仪器损耗报告单,由指导教师进行处理。

(4)实验时必须严格遵守实验室工作规则,听从教师的指导.严格按实验步骤和操作规程进行正确操作,集中注意力,认真细致地观察实验现象,及时把实验现象和原始数据记录在实验报告本上。

(5)在实验操作过程中必须注意安全、爱护仪器、节约试剂、有条不紊,保持实验室的整洁和安静。

(6)实验时要保持桌面和实验室整洁。产生的废液必须倒入废液桶,用后的试纸、滤纸和其他废物应投入废物篓,严禁投进水槽中,以免堵塞水槽及下水道,造成环境污染。

(7)实验中必须严格遵守水、电、气、易燃易爆以及有毒药品等的安全使用规则,防止事故的发生。

(8)完成实验后,必须认真清洗用过的仪器,整理好仪器和试剂,恢复原样,将原始数据交指导教师签字,经教师允许后方可离开实验室。

(9)值日生应认真做好实验室的卫生工作,关好水、电、气、门、窗,填写实验室值日记录表,经教师检查后才可离开实验室。

(10)学生应按时提交实验报告。

1.2 化学实验室安全知识

1.2.1 化学实验室安全规则

化学实验室中有很多试剂易燃、易爆,具有腐蚀性或毒性,存在不安全因素,学生在进行化学实验过程中,经常要接触水、电、气及易燃、易爆、有毒和有腐蚀性的化学试剂,所以在进行化学实验时,必须特别重视实验安全问题,绝不可麻痹大意。初次进行化学实验的学生,应接受完整的安全教育,每次实验前都要仔细阅读实验室中的安全注意事项。在实验过程中,要遵守实验室安全守则:

(1)进入实验室后,首先必须了解实验室的环境,熟悉实验室安全工具(如灭火器、防火沙、洗眼器、急救箱等)的放置位置,掌握正确的使用方法。

(2)实验开始前,应该认真检查实验仪器是否完好无损,实验装置是否正确。经指导教师同意后,才可以开始实验操作,实验过程中,未经教师同意不得擅自离开岗位。

(3)实验室内严禁吸烟、饮食与接听手机或接发短信,不能大声喧哗或打闹。

(4)水、电、气用后应该立即关闭。

(5)绝对不可用湿润的手使用电器设备,以免发生触电事故。

(6)加热时,要严格遵守实验操作规程。用完酒精灯、酒精喷灯、电炉等加热设备后,必须立即关闭。

(7)使用洗液、强酸、强碱等具有强烈腐蚀性的化学试剂时,应特别注意安全,不要溅在皮肤或衣服上。

(8)当进行有刺激性或有毒气体的实验时,必须在通风橱内进行。

(9)加热试管时,不要将试管口对着自己或他人,也不要俯视正在加热的液体,以免液体溅出使自己受到伤害。

(10)有毒试剂(如氰化物、汞盐、铅盐、钡盐、重铬酸盐等)要严禁进入口内或接触伤口,绝不能随便到入水槽,必须进行回收处理。

(11)在稀释浓硫酸时,应将浓硫酸慢慢注入水中,并不断搅动,切勿将水倒入浓硫酸中,以免迸溅,造成灼伤。

(12)实验完毕,必须将实验台面整理干净,洗净双手,然后关闭水、电、气、门、窗,离开实验室。

1.2.2 实验试剂与药品使用规则

常用化学试剂根据纯度分为不同的规格,目前常用的试剂一般分四个级别,见表 1-1。

表 1-1 化学试剂规格与适用范围

级别	名称	代号	瓶标颜色	适用范围
一级	优级纯	GR	绿色	痕量分析和科学研究
二级	分析纯	AR	红色	一般定性定量分析实验
三级	化学纯	CP	蓝色	适用于一般的化学制备和教学实验
四级	实验试剂	LR	棕色或其他颜色	一般的化学实验辅助试剂

除上述试剂外,还有一些特殊要求的试剂,如指示剂、生化试剂和超纯试剂(如光谱纯、色谱纯)等,这些试剂会在标签上注明,使用时请加注意。

表 1-1 列出了试剂的规格与适用范围,供实验时选用试剂时参考。不同规格的试剂其价格相差很大,选用时应该要注意节约,防止超量使用而造成浪费。如果能达到应有的实验效果,应该尽可能采用级别较低的试剂。

部分化学试剂具有易燃、易爆、腐蚀性或毒性,因此化学试剂在使用时必须注意安全,严格按操作规程进行操作,同时在保管时也必须注意安全,要做到防火、防水、防挥发、防曝光和防变质。应根据化学试剂的毒性、易燃性、腐蚀性和潮解性等特点,对不同的化学试剂必须采用不同的保管方法。

(1)一般无机盐类的固体,放在试剂柜内,无机试剂应该与有机试剂分开存

放,危险性试剂应严格管理,必须分类分开放置。

(2)易燃液体的保管。主要是一些有机溶剂,易挥发成气体,遇明火即燃烧。如实验中常用的乙醇、乙醚和丙酮等,应该单独存放,特别要注意远离火源。

(3)易燃固体的保管。如硫黄、红磷、镁粉和铝粉等,着火点都很低,应该单独存放在通风干燥处。

(4)强氧化剂的保管。如氯酸钾、硝酸盐、过氧化物、高锰酸盐和重铬酸盐等强氧化剂,当撞击、受热或混入还原剂时,有可能引起爆炸。因此,保存这类物质,绝对不能与还原性物质或可燃物放在一起,必须存放在阴凉通风处。

(5)见光分解的试剂,如硝酸银、高锰酸钾等;或者与空气接触易氧化的试剂,如氯化亚锡、硫酸亚铁等,都应该保存在棕色瓶中,并放在阴凉避光处。

(6)剧毒试剂的保管。如氰化钾,升汞,砒霜等,必须有专人保管,取用时应严格做好记录,以免发生事故。

1.2.3　实验事故的预防和处理

(1)在实验中,当操作和处理易挥发、易燃烧的试剂(如乙醚、丙酮等)时,应该远离火源。

(2)当实验过程中产生有毒的、有刺激性的气体(如 H_2S、Cl_2、CO、SO_2、NO 等)时,应该在通风橱内进行实验。

(3)在实验时,当使用具有强腐蚀性的浓酸、浓碱、铬酸洗液等时,应避免接触皮肤和溅在衣服上,更要注意保护眼睛,必要时应戴防护眼镜。

(4)在实验时,当取用剧毒化学试剂时,要戴橡皮手套,不能将剧毒试剂洒落在台面上。严防进入口内或接触伤口。剩余试剂应用回收瓶集中处理,实验过程中要经常冲洗双手,仪器用完后,必须立即洗净。

(5)在加热液体的操作时,不能俯视正在加热的液体,以免溅出的液体把眼、脸灼伤,加热试管中的液体时,绝对不能将试管口对着自己或别人。

(6)当实验时需借助嗅觉鉴别少量气体时,不能用鼻子直接对准瓶口或试管口嗅闻,而应用手把少量气体轻轻地拂向鼻孔进行嗅闻。

(7)不能研磨或撞击强氧化剂(如氯酸钾等)及其混合物,否则容易引发爆炸。

(8)金属汞易挥发,在人体中逐渐积累会引起慢性中毒,因此在做实验过程中如果不慎将汞洒落在桌面或地上时,必须尽可能收集起来,并用硫黄粉盖在洒落的地方使汞转化为不易挥发的硫化汞,然后回收处理。

1.3 无机及分析化学实验基本仪器与基本技术

1.3.1 常用玻璃器皿

塑料洗瓶

锥形瓶

吸滤瓶

称量瓶

滴瓶

烧杯

干燥器

烧瓶

碘量瓶

吸量管

移液管

酸式滴定管

碱式滴定管

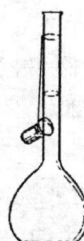
容量瓶

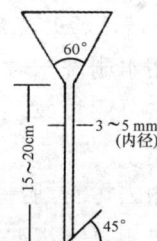
三角漏斗

布氏漏斗

研钵(陶瓷、玛瑙)

坩埚(陶瓷、银、金等)

表面皿

蒸发皿

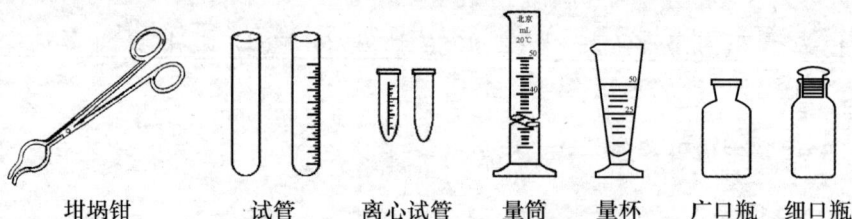

| 坩埚钳 | 试管 | 离心试管 | 量筒 | 量杯 | 广口瓶 | 细口瓶 |

●常用仪器及器皿介绍,参见浙江科技学院"无机及分析化学"精品课程网站。

网址:http://zlq.zust.edu.cn/wjfx/

实验指导栏—仪器及器皿(1)—常用仪器及器皿介绍

1.3.2 玻璃仪器的洗涤和干燥

无机及分析化学实验中使用的玻璃仪器由于常黏附化学药品,既有可溶性物质,也有灰尘或者其他不溶性物质以及油污等。为了使实验得到科学的结果,实验所使用的玻璃仪器必须是洁净的,根据要求有时还必须是干燥的,因此应该对玻璃仪器进行洗涤与干燥,玻璃仪器的洗涤要根据实验的要求、污物的性质和沾污的程度,从而选择合适的洗涤方法。化学实验室中常用的洗涤剂是肥皂液、洗洁精、洗衣粉、去污粉、各种洗涤液和有机溶剂等。其洗涤方法有冲洗、刷洗和药剂洗涤等。

1. 普通污物的洗涤方法

(1)用水刷洗。对玻璃仪器从里到外用毛刷刷洗,每次刷洗时用水不需太多,可洗去可溶性物质、部分不溶性物质和尘土等,但是不能洗去油污等有机物质。

(2)用去污粉、肥皂粉或洗涤剂清洗。用蘸有肥皂粉或洗涤剂的毛刷擦拭玻璃仪器,再用自来水冲洗干净,可以洗去油污等有机物。

用上述方法不能洗涤或不便于用毛刷刷洗的玻璃仪器,如容量瓶、移液管等,如果内壁黏附油污等有机物质,则可根据其污染的程度,选择洗涤剂进行清洗,将少量洗涤液倒于容器内振荡几分钟或浸泡一段时间后,再用自来水冲洗干净。

(3)用铬酸洗液洗涤。铬酸洗液是采用重铬酸钾的饱和溶液和浓硫酸配制而成,具有极强的氧化性,能彻底洗去油污等物质。在使用时应该注意安全,不可溅在身上,以免灼伤皮肤和烧伤衣服。用过的洗液应倒回原来的试剂瓶中。

2. 特殊污物的洗涤方法

对于某些污染物,如果用通常的方法不能洗涤除去时,则可通过化学反应将黏附在器壁上的物质转化为水溶性物质后除去。如铁盐引起的黄色污物可加入稀盐酸浸泡片刻即可除去;盛放高锰酸钾后的容器则可用草酸溶液清洗;沾在器壁上的二氧化锰可以用浓盐酸处理使之溶解后除去;银镜反应后黏附的银,则可加入稀硝酸,并微热使之溶解后除去。

用自来水洗净后的玻璃仪器,还需要用蒸馏水或去离子水淋洗3次,洗净的玻璃仪器器壁上不能挂有水珠。

3. 玻璃仪器的干燥

玻璃仪器的干燥方法有下列几种:

(1)倒置晾干。将洗净的玻璃仪器倒置在干净的仪器架上或仪器柜内自然晾干。

(2)用热(或冷)风吹干。玻璃仪器如急需干燥,则可用吹风机吹干。对一些不能受热的容量器皿可用吹风干燥。如果吹风前用乙醇、乙醚、丙酮等易挥发的水溶性有机溶剂冲洗一下,则干得更快。

(3)加热烘干。洗净的玻璃仪器可放在烘箱内烘干。烘干温度一般控制在105℃左右,仪器放进烘箱前应尽量把水倒净。能加热的仪器如烧杯、试管也可以直接用小火加热烘干。加热前,应该把仪器外壁的水擦干,加热时,试管口要略微向下倾斜。

●常用玻璃器皿的洗涤和干燥的实验操作示范,参见浙江科技学院"无机及分析化学"精品课程网站。

网址:http://zlq.zust.edu.cn/wjfx/

实验指导栏—仪器及器皿(2)—常用玻璃器皿的洗涤和干燥

1.3.3 常用量器的操作

1. 吸管及其使用

吸管一般是用于准确量取小体积的溶液。

(1)吸管的种类

①无分度吸管:无分度吸管通称移液管,它的中腰膨大,上下两端细长,上端刻有环形标线,膨大部分标有它的容积和标定时的温度。

将溶液吸入管内,使液面与标线相切,再放出,则放出的溶液体积就等于管上标示的容积。常用移液管的容积有5、10、25和50mL等多种。由于标线部分管径小,其准确性较高。

②分度吸管:分度吸管又称吸量管,可准确量取所需刻度范围内某一体积的溶液,但其准确度差一些。将溶液吸入,读取与液面相切的刻度(一般在零),然后将溶液放出至某一刻度,两刻度之差即为放出溶液的体积。

（2）吸管的洗涤

吸管在使用前应清洗至内壁不挂水珠,洗涤方法是将吸管插入洗液中,用洗耳球将洗液慢慢吸至管容积的 1/3 处,用食指按住管口,把管横过来淌洗,然后将洗液放回原瓶。如果内壁污染严重,则应把吸管放入盛有洗液的大量筒或高型玻璃缸中,浸泡 15min 至数小时后取出,再用自来水润洗,最后用蒸馏水冲洗,用滤纸擦去管外的水。

（3）移液操作

移取溶液前,首先用少量该溶液(原液)将吸管内壁润洗 2～3 次,保证转移的溶液浓度不变。然后把管口插入液面下,用洗耳球将溶液吸至稍高于刻度线处,用食指迅速按住管口,取出吸管,将管尖端靠着贮瓶口,用拇指和中指轻轻转动吸管,并减轻食指的压力,让溶液慢慢流出,同时平视刻度,到溶液凹液面下缘与刻度相切时,立即按紧食指。然后使准备接受溶液的容器(锥形瓶)斜成 45°,将吸管移入容器,并使管身垂直,管尖靠着容器内壁,放开食指,让溶液自由流出。待溶液全部流出后,再等 15s,取出吸管。吸管用毕,洗净,放在吸管架上(如图 1-1)。

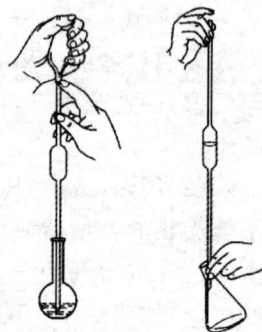

图 1-1　移液管的移取

2. 容量瓶及其使用

容量瓶主要是用来把准确称量的物质准确地配成一定容积的溶液,或将准确容积的浓溶液稀释成准确容积的稀溶液,这种过程通常称为"定容"。容量瓶使用前必须按玻璃器皿的洗涤方法洗净。

若由固体配制准确浓度的溶液,首先在电子天平上准确称量固体至烧杯中,加少量纯水(或适当溶剂)溶解,然后完全转移至容量瓶中。转移时,玻棒下端要靠住瓶颈内壁,烧杯嘴紧贴玻棒,使溶液沿玻棒及瓶壁流下,溶液流尽后,将烧杯轻轻顺玻棒上提,使附在玻棒、烧杯嘴之间的液滴回到烧杯中。再用蒸馏水润洗烧杯数次,每次按上述方法将洗液完全转移至容量瓶中,然后加蒸馏水稀释,当水加至容积的 2/3 处时,旋摇容量瓶,使溶液混合,注意,此时不能倒转容量瓶。当加水至接近标线时,可以用滴管逐滴加水至凹液面最低点恰好与标线相切。盖紧瓶塞,用左手食指压住瓶塞,右手的大、中、食三个指头托住瓶底,倒转容量瓶,使瓶内气泡上升到顶部,摇动数次,再倒过来,如此反复倒转摇动约 10 次,使瓶内溶液充分混合均匀。操作示范见图 1-2。为了防止容量瓶倒转时溶液的渗出,瓶塞与瓶必须配套。注意,不宜在容量瓶内长期存放溶液。如溶液需要使用较长时间,应将其转移至试剂瓶中,试剂瓶预先得经过干燥,或用少量该溶液淌洗 2～3 次。贴上标签。

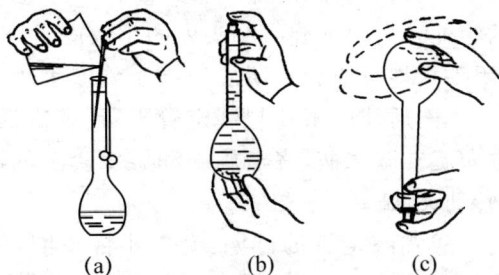

图 1-2　液体试样的转移(a)、容量瓶的使用(b)(c)

●吸管与容量瓶的使用操作示范,参见浙江科技学院"无机及分析化学"精品课程网站。

网址:http://zlq.zust.edu.cn/wjfx/

实验指导栏—基本操作技术(3)—吸管与容量瓶的使用

3. 滴定管及其使用

(1)滴定管的分类与用途

滴定管是滴定时用来准确测量流出标准溶液体积的量器。常量分析最常用的是容积为 50mL 的滴定管,其最小刻度是 0.1mL,可估计到 0.01mL。其读数可达小数后第二位,一般读数误差为 ±0.02mL。另外,还有微量滴定管,其容积有 10 mL、5 mL 、2 mL 和 1 mL 等。滴定管一般分为两种:一种是具塞滴定管,也称酸式滴定管,酸式滴定管用来装酸性及氧化性溶液,但不适用于装碱性溶液;另一种为无塞滴定管,又称碱式滴定管,碱式滴定管的一端连接一乳胶管,管内装有用来控制溶液流出的玻璃珠,乳胶管下面接一尖嘴玻管。碱式滴定管适用于装碱性及无氧化性溶液,凡是能与橡皮起反应的溶液,都不能装入其中。

(2)滴定管的使用

①滴定管的清洗。在使用前,首先要检查酸式滴定管的旋塞与旋塞套是否紧密,不能有漏水现象;第二,应进行充分的清洗。先用自来水冲洗,再用滴定管刷蘸洗涤剂刷洗,但铁丝部分不得碰到管壁,当采用此法不能洗净时,可用铬酸洗液进行清洗,加入 5～10mL 洗液(必要时也可以先加满洗液进行浸泡),边转动边将滴定管慢慢放平,并将滴定管口对着洗液瓶口,以防洗液倒出。洗净后将部分洗液从管口放回原瓶,再打开旋塞,将剩余的洗液从出口管放回原瓶,用少量自来水润洗,回收废液。碱式滴定管在用铬酸洗液清洗前,应先拆下乳胶管,将玻璃珠与滴定管尖放入铬酸洗液内浸泡,滴定管则倒插在铬酸洗液中,用洗耳球移取 5～10mL。其他步骤与酸式滴定管的清洗方法相同。

用各种洗涤剂清洗后,都必须用自来水充分洗净,滴定管内壁不能挂有水

珠。为了便于观察内壁是否挂水珠,需擦干管外壁。

②酸式滴定管的涂油。先取下旋塞小头处的小橡皮圈,再取出旋塞,用滤纸擦干旋塞和旋塞套,用手指均匀地涂一薄层油脂于旋塞大小头(注意,旋塞中间有孔的一圈不能涂油)。然后使旋塞孔与滴定管平行,径直插入旋塞套,不要转动旋塞。再向同一方向旋转旋塞柄,直至旋塞和旋塞套上的油脂层全部透明为止。涂油后,旋塞应转动灵活。

③滴定管的试漏。酸式滴定管的试漏:套上小橡皮圈,用自来水充满滴定管,用滴定管架固定,静置约 2min,观察有无水滴漏下。再将旋塞旋转 180°,检查,如果漏水,应该重新涂油,直至不再漏水。

碱式滴定管的试漏:选取一个大小合适的玻璃珠放入乳胶管内,连接滴定管尖与乳胶管,加自来水,擦干外壁,静置约 2min,观察是否漏水。若漏水,则更换玻璃珠或乳胶管。

试漏完毕后,将管内的自来水从管口倒出,出口管内的水从旋塞下端放出。用蒸馏水润洗三次,擦干滴定管的外壁。

④滴定管的装液。装入溶液前,应摇匀试剂瓶中的溶液,然后,将溶液直接倒入滴定管中,不得用其他容器转移。此时,左手前三指持滴定管上部无刻度处,并可稍微倾斜,右手拿住细口瓶往滴定管中倒溶液。手握瓶身或瓶颈,瓶签朝向手心,让溶液慢慢沿滴定管内壁流下。用该溶液润洗滴定管三次。然后,将溶液倒入,并充满至 0 刻度以上。观察内壁有无水珠,管尖有无气泡,若管尖部分有气泡,则应该先赶气泡。

酸式滴定管赶气泡:右手拿滴定管上部无刻度处,并使滴定管倾斜约 30°,左手迅速打开旋塞使溶液冲出,观察此时出口管应不再留有气泡。若气泡仍未排出,可重复操作。

碱式滴定管赶气泡:左手拇指和食指拿住玻璃球所在部位,并使乳胶管向上弯曲,出口管斜向上,然后在玻璃球部位往一旁轻轻捏橡皮管,使溶液从管口喷出,再一边捏乳胶管一边把乳胶管放直。

⑤滴定管的读数。将上述已赶气泡的滴定管固定在滴定管架上,静置 1～2min,使附着在内壁的溶液流下来,再读数。读数时,手拿滴定管上部无刻度处,使滴定管保持垂直。对无色或浅色溶液,应读取弯月面下缘最低点;溶液颜色太深时,可读液面两侧的最高点。此时,视线应与该点成水平。注意初读数与终读数应采用相同标准。精确读至小数点后第二位,即估读至 0.01mL。为了便于读数,可在滴定管后衬一黑白两色的读数卡。读数时,将读数卡衬在滴定管背后,使黑白部分上缘在弯月面下约 1mm,弯月面反射层即全部成为黑色。读此黑色弯月面下缘的最低点。深色溶液则须读两侧最高点时,可以用白色卡片

作为背景。读取读数前,应将管尖悬挂着的溶液靠去,再读数(见图1-3)。

⑥滴定操作。进行滴定时,应将滴定管垂直地夹在滴定管架上,左手无名指和小指向手心弯曲,轻轻地内贴着出口管,用其余三指控制旋塞的转动。加液方法有三种:a.逐滴连续滴加;b.只加一滴;c.使液滴悬而未落,即加半滴。

碱式滴定管用左手食指和大拇指往右边挤压乳胶管来控制滴液速度。滴定操作可在锥形瓶或烧杯内进行,并以白瓷板作背景。在锥形瓶中进行滴定时,用右手前三指拿住瓶颈,使瓶底离瓷板约2～3cm。调节滴定管的高度至滴定管的下端伸入瓶口约1cm。左手按前述方法滴加溶液,右手用腕力摇动锥形瓶,边滴加边摇动。注意:摇瓶时,使溶液向同一方向做圆周运动,瓶口不能接触滴定管,溶液也不得溅出;滴定时,左手不能离开旋塞,并注意观察溶液落点周围颜色的变化,开始时,应边滴边摇,滴定速度可稍快,但不能使溶液流成"水线"。近终点时,应改为加一滴,摇几下。最后,每加半滴,就摇动锥形瓶,直至溶液出现明显的颜色变化(见图1-3)。

加半滴溶液的方法:微微转动旋塞,使溶液挂在出口管嘴上,形成半滴,用锥形瓶内壁将其沾落,再用洗瓶以少量蒸馏水吹洗瓶壁;滴定至终点时,立即关闭旋塞,读数。注意读取终读数前,不能使滴定管中溶液流出,如出口管尖悬挂有溶液,此次读数不能用。平行滴定时,每次滴定最好都从0.00开始,这样可减小体积误差。滴定结束后,滴定管内的溶液应弃去,不能倒回原试剂瓶,以免沾污整瓶溶液。洗净,并用蒸馏水充满全管,备用。

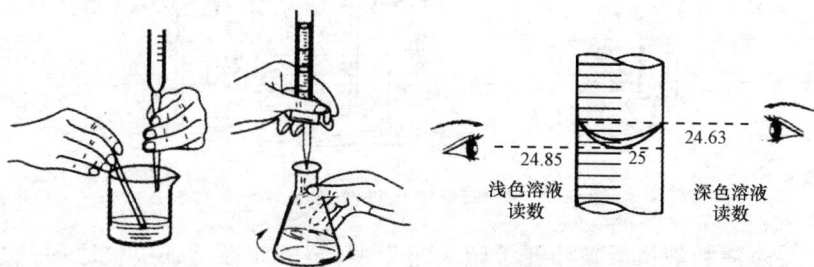

浅色溶液读数　24.85　25　24.63　深色溶液读数

图1-3　酸、碱式滴定管的使用

● 滴定管使用的操作示范,参见浙江科技学院"无机及分析化学"精品课程网站。

网址:http://zlq.zust.edu.cn/wjfx/

实验指导栏—基本操作技术(4)—滴定管的使用

15

1.4 物质的液固分离技术

1.4.1 过滤

过滤是液固分离最常用的方法。过滤时,沉淀物留在过滤器上,而溶液则通过过滤器进入接收器中,过滤出的溶液称为滤液。过滤方法有:

1. 常压过滤

常压过滤最为简便,也是最常用的液固分离方法,尤其沉淀为微细结晶时,用常压过滤较好。

过滤前将圆形滤纸对折两次,然后展开成圆锥形(一边三层,另一边一层),放入玻璃漏斗中。调整滤纸折叠角度,使之与漏斗角度相一致。接着用手按着滤纸,用少量蒸馏水把滤纸湿润,轻压滤纸四周,去除气泡,使其紧贴在漏斗上。

将带滤纸漏斗放在漏斗架上,下面放容器以收集滤液,调节漏斗架的位置,使漏斗尖端靠在容器内壁(见图1-4),以免滤液溅失。

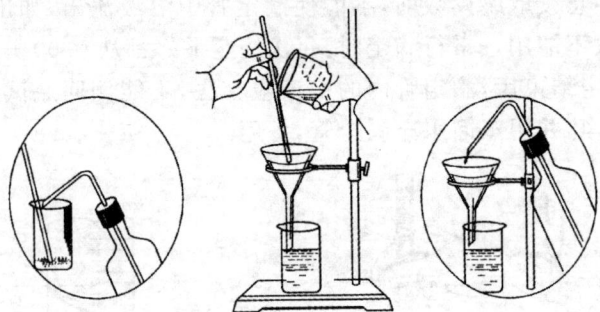

图 1-4   常压过滤操作

将要过滤的液体沿玻棒缓缓倾入漏斗中(溶液倾在滤纸层较厚的一边),倾入量应使液面低于滤纸2~3mm,此时溶液透过滤纸流入收集器内,而沉淀就留在滤纸上。

为了使过滤进行较快,可以让待过滤的溶液静置一段时间,使沉淀尽量下沉,过滤时不要搅动沉淀,先把沉淀上面的大部分清液进行过滤,再用玻璃棒搅起沉淀物连同溶液一起转移到滤纸上进行过滤,最后用少量蒸馏水或母液冲洗附在烧杯壁上的沉淀,转移至滤纸上进行过滤。

2. 减压过滤

减压过滤又叫抽滤、吸滤或真空过滤。减压过滤可以加快过滤速度,并能把沉淀抽滤得比较干燥。但如果是胶状沉淀,则在过滤速度很快时会透过滤纸,因此不能用减压过滤。颗粒很细的沉淀则会因减压抽滤而吸在滤纸上形成一层密实的沉淀,使得溶液不易透过,反而达不到加速过滤的目的,也不宜采用减压过滤。

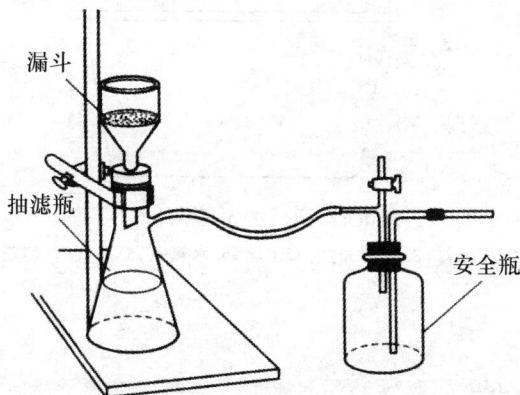

图 1-5 减压过滤操作

减压过滤装置如图 1-5 所示,先选好一张比抽滤漏斗(布氏漏斗)内径略小的圆形滤纸,平整地放在抽滤漏斗上,用少量蒸馏水湿润滤纸,然后把抽滤漏斗装在抽滤瓶上(注意漏斗下端的斜削面要对着抽滤瓶侧面的细嘴),用橡皮管将抽滤瓶与水流抽气泵接好,过滤时慢慢打开水阀门。

过滤时,先把上部澄清液沿着玻棒注入漏斗内,加入的量不要超过漏斗的 2/3,然后把沉淀物均匀地分布在滤纸上,继续减压,直至沉淀物较干为止。

如果采用真空泵进行抽滤时,为了防止滤液倒流和潮湿空气抽入泵内,则在抽滤瓶和真空泵之间要连接一个缓冲瓶和一个装有变色硅胶的干燥瓶。

过滤结束后,应该先把连接抽滤瓶的橡皮管拔下,再关闭水阀门(或停真空泵),否则水会倒流入抽滤瓶中,使滤液污染。取下漏斗把它倒扣在滤纸上,轻轻敲打漏斗边缘,使滤纸和沉淀脱离漏斗,滤液则从过滤瓶的上口倾出,注意不能从侧面尖嘴倒出,以免污染滤液。

如用循环水式真空水泵进行抽滤,其操作原理相同。循环水式真空水泵如图 1-6 所示。

使用步骤:①准备工作:首次使用泵时应该先打开水箱盖加水,或将进水口与水管连接加水至浮标指示为止,插上电源。②真空作业:将抽滤瓶套管连接在真空吸头上,启动按钮,指示灯亮即开始工作。

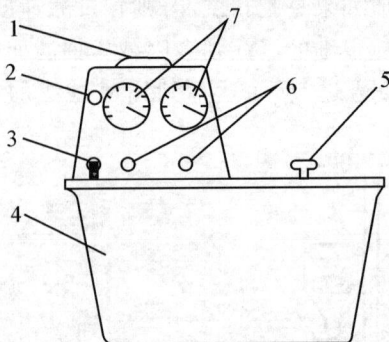

图 1-6　循环水式真空水泵
1.电动机；2.指示灯；3.电源开关；4.水箱；5.水箱盖；6.抽气管接口；7.真空表

1.4.2　离心

当分离试管中少量的溶液与沉淀物时，一般采用离心机进行分离。这种方法操作简单而迅速，实验室常用的离心机是由高速旋转的小电动机带动一组金属套管做高速圆周运动。装在金属套管中的离心试管中的沉淀物由于受到离心力的作用而向离心试管底部聚集，上层便能得到澄清的溶液。由此离心试管中的溶液和沉淀就会得到分离。电动离心机的转速可由侧面的变速器旋钮进行调节。

使用离心机进行离心分离时，应该先把装有少量溶液与沉淀的离心试管对称地放入离心机的金属(或塑料)套管内，如果只有一支离心试管中装有试样，为了使离心机转动时保持平衡，防止高速旋转引起震动而损坏，可在与之对称的另一金属(或塑料)套管内也放入一支装有相近质量水的离心试管。放好离心试管后盖上盖子，然后把离心机变速器旋钮拧到最低挡，通电后，逐渐转动变速器旋钮使其加速，大约高速转动半分钟后，变速器旋钮转到最低挡，切断电源，让离心机自然停止转动。注意千万不要用手或其他方法强制离心机停止转动，否则很容易将离心机损坏，并且容易发生危险。

● 液固分离技术的操作示范，参见浙江科技学院"无机及分析化学"精品课程网站。

网址:http://zlq.zust.edu.cn/wjfx/

实验指导栏—基本操作技术(1)—液固分离技术

1.5 常用仪器的使用

1.5.1 天平

1. 天平的种类

天平按结构和精度分为两类。

(1)按结构特点天平可分为等臂和不等臂两类。等臂和不等臂的又分为等臂单盘天平、等臂双盘天平及不等臂单盘天平。单盘天平均具有光学读数、机械加减码和阻尼等装置。双盘天平又有普通标牌、有阻尼器和无阻尼之分。在具有普通标牌的天平中,无阻尼器的天平称为摆幅天平,有阻尼器的称为阻尼天平。具有微分标牌的天平,一般均有阻尼器和光学读数装置。

(2)天平按精度,通常分为10级。一级天平精度最好,十级最差。在常量分析中,使用最多的是最大载荷为100~200g的分析天平,属于三、四级。在微量分析中,常用最大载荷为20~30g的一至二级天平。

2. 天平的性能

天平作为精密的称量仪器,必须具有适当的灵敏度、准确性、稳定性和不变性等基本性能。

(1)天平的灵敏度。天平的灵敏度是指天平上增加1mg所引起的指针在读数标牌上偏移的格数,灵敏度＝指针偏移的格数/mg。指针偏移的距离愈大,则表示天平愈灵敏。灵敏度高,表示天平感觉能力强,即两盘载重有微小的差别时,天平也能察觉出来。所以,灵敏度也可以用感量(或分度值)表示。感量是指针偏移一格所相当的质量的变化,因此,感量＝1/灵敏度。

(2)稳定性。天平的稳定性是指当天平受到扰动后,能自动回到初始平衡位置的能力。天平不仅要有一定的灵敏度,并且要有相当的稳定性,才能完成准确的称量。灵敏度和稳定性是相互矛盾的两种性质。对天平而言,其灵敏度和稳定性两者都要兼顾到,才能使它达到最佳状态。

(3)准确性。天平的准确性是指天平本身的系统误差最小到多大范围的能力。

(4)不变性。天平的不变性是指天平在相同条件下,多次称量同一物体,所得称量结果的一致程度。

3. 电子天平

电子天平是最新一代天平,它是利用电子装置完成电磁力补偿的调节,使物体在重力场中实现力的平衡,或者通过电磁力矩的调节,使物体在重力场中实现

力矩的平衡。

　　自动调零、自动校准、自动去皮和自动显示称量结果是电子天平最基本的功能。这里的"自动",严格地说应该是"半自动",因为需要经人工触动指令键后才可自动完成指定的动作。

　　(1)基本结构与称量原理

　　随着现代科学技术的不断发展,电子天平产品的结构设计在一直不断地改进与提高,向着功能多、平衡快、体积小、重量轻及操作简便的趋势发展。但就其基本结构和称量原理而言,各种型号的电子天平都是大同小异的。

　　常见电子天平的结构是机电结合式的,核心部分是由载荷接受与传递装置、测量及补偿控制装置两部分组成。一般电子天平的基本结构及称量原理示意图如图1-7。

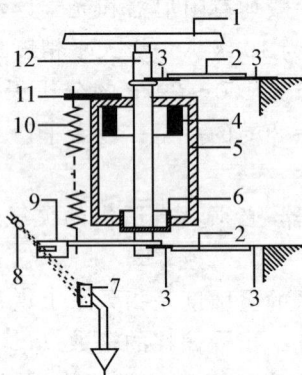

图1-7　电子天平基本结构

1.称量盘;2.平行导针;3.挠性支承簧片;4.线性绕组;5.永久磁铁;6.载流线圈;7.接收二极管;8.发光二极管;9.光闸;10.预载弹簧;11.双金属片;12.盘支承

　　①载荷接受与传递装置由称量盘、盘支承、平行导杆等部件组成,它是接受被称重物体和传递载荷的机械部件。平行导杆是由上下两个三角形导向杆形成的一个空间平行四边形结构,以维持称量盘在载荷改变时进行垂直运动,并且可避免称量盘倾倒。

　　②载荷测量及补偿控制装置是对载荷进行测量,并通过传感器、转换器及相应的电路进行补偿和控制的部件单元。其装置是机电结合式的,既有机械部分,又有电子部分,包括示位器、补偿线圈、电力转换器的永久磁铁,以及控制电路等部分。

　　电子装置能记忆加载前示位器的平衡位置。所谓自动调零就是能记忆和识别预先调定的平衡位置,并且能自动保持这一位置。称量盘上载荷的任何变化都会被示位器察觉并立刻向控制单元发出信号。当秤盘上加载后,示位器发生位移并导致补偿线圈接通电流,线圈内就产生垂直的力,这种力作用于秤盘上的外力,使示位器准确地回到原来的平衡位置。载荷越大,线圈中通过电流的时间就越长,通过电流的时间间隔是由通过平衡位置扫描的可变增益放大器来调节的,并且这种时间间隔与秤盘上所加载荷成正比。整个称量过程均由微处理器进行计算和调控。因此,当秤盘上加载后,就立即接通了补偿线圈的电流,计算器就开始计算冲击脉冲,达到平衡后,则自动显示出载荷的质量值。

目前的电子天平大多数为顶部加载式(上皿式),采用内校式,即标准砝码预装在天平内,触动校准键后由马达自动加码并进行校准,使用非常方便。

自动校准的基本原理是,当人工给出校准指令后,天平便自动对标准砝码进行测量,然后微处理器将标准砝码的测量值与存储的理论值(标准值)进行比较,并计算出相应的修正系数,存于计算器中,直至再次进行校准时才可能改变。

(2)电子天平的使用方法

电子天平有各种型号,但使用的方法基本相同,现以 BP210S 型电子天平为例简单介绍使用方法。如使用其他型号的电子天平,使用时可参阅其说明书进行操作。

BP210S 型电子天平(如图 1-8 所示)是多功能、上皿式常量分析天平,感量为 0.1mg,最大载荷为 210g,其显示屏和控制键板如图 1-9 所示。

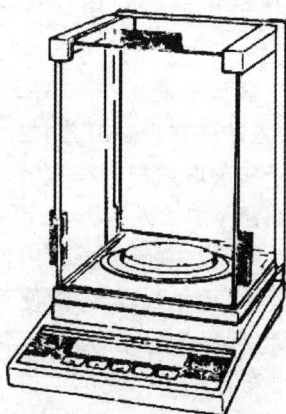

图 1-8 BP210S 型电子天平　　　图 1-9 BP210S 型电子天平显示屏及控制板

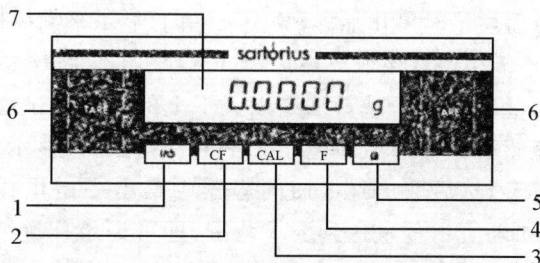

1.开/关键;2.清除键(CF);3.校准/调零键(CAL);4.功能键(F);5.打印键;6.去皮/调零键(TARE);7.重量显示屏

一般情况下,只需要用开/关键、去皮调零键和校准/调整键。使用时的操作步骤如下:

①接通电源,屏幕右上角显出一个"0",预热 30min 以上。

②检查水平仪,如不水平,则应通过调节天平前边左、右两个水平支脚而使其达到水平状态。

③按一下开/关键,显示屏很快出现"0.0000g".

④如果显示不正好是"0.0000g",则应按一下"TARE"键。

⑤将被称物轻轻放在秤盘上,这时可见显示屏上的数字在不断变化,待数字稳定并出现质量单位"g"后,即可读数,并记录称量结果。

⑥称量完毕,取下被称物,如果不久还要继续使用天平,可暂不按"开/关键",天平将自动保持零位,或者按一下"开/关键"(但不可拔下电源插头),让天平处于待命状态,即显示屏上数字消失,左下角出现一个"0",再次称样时按一下"开/关"键就可使用。如果较长时间(半天以上)不再用天平,应拔下电源插头,盖上防尘罩。

⑦如果天平长时间没有用过,或天平移动位置,必须进行一次校准。校准要在天平通电预热 30min 以后进行,程序是:调整水平,按下"开/关"键,显示稳定后如不为零则按一下"TARE"键,稳定地显示"0.0000g"后,按一下校准键(CAL),天平将自动进行校准。10s 左右,"CAL"消失,表示校准完毕,应显示出"0.0000g"。如果显示不正好为零,可按一下"TARE"键,然后即可进行称量。

(3)常用电子天平称量方法

用电子天平进行称量,快捷是其主要特点。下面介绍几种最常用的称量方法。

①增量法。将干燥的小容器轻轻放在天平秤盘上,待显示平衡后按"TARE"键扣除皮重并显示零点,然后打开天平门往容器中缓慢加入试样并观察屏幕,当达到所需质量时停止加样,关上天平门,显示平衡后即可记录所称取试样的净重。注意,不能用手直接取放被称物,可以采用戴手套、垫纸条、用镊子等方法。

②减量法。减量法是以天平上的容器内试样量的减少值为称量结果。用称量瓶粗称试样后放在电子天平的秤盘上,待显示稳定后,按一下"TARE"键使显示为零,然后取出称量瓶向容器中敲出一定量样品,再将称量瓶放在天平上称量,如果所示重量达到要求范围,即可记录称量结果。如果需连续称取第二份试样,则再按一下"TARE"键,显示为零后向第二个容器中转移试样,继续第二份试样的称量。

称量瓶的使用方法:称量瓶是减量法称量粉末状、颗粒状样品最常用的容器。用前要洗干净烘干或自然晾干,称量时不可直接用手抓,而要用纸条套住瓶身中部,用手指捏紧纸条进行操作,这样可避免手汗和体温的影响。首先将称量瓶放在台秤上粗称,然后将瓶盖打开放在同一秤盘上,根据所须样品量(应略多一点)加砝码,用药勺缓慢加入样品至台秤平衡,盖上瓶盖,然后放在电子天平的秤盘上,待显示稳定后,按一下"TARE"键使显示为零,接着取出称量瓶,在盛接样品的容器上方打开瓶盖并用瓶盖的下面轻敲瓶口的上沿或右上边沿,使样品缓慢倾入容器。估计倾出的样品已够量时,再边敲瓶口边将瓶身立正,盖好瓶盖后才可离开容器上方,再拿到电子天平上准确称量。如果一次倾出的样品量不到所需量,可再次倾倒样品,直到倾出的样品质量满足要求(在欲称质量的±10％内为宜),在敲出样品的过程中,要保证样品没有损失,边敲边观察样品的转移量,切不可在还没盖上瓶盖时就将瓶身和瓶盖都离开容器上方,因为瓶口边沿处可能粘有样品,容易损失。固体试样的称取、取样如图 1-10 所示。

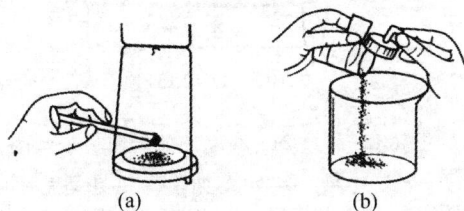

图 1-10　固体试样的(a)称取、(b)取样

● 电子天平的使用操作示范,参见浙江科技学院"无机及分析化学"精品课程网站。

网址:http://zlq.zust.edu.cn/wjfx/

实验指导栏—基本操作技术(5)—电子天平称量技术

1.5.2　酸度计

酸度计有各种型号,但使用的方法基本相同,现以 pH 211 酸度计为例简单介绍使用方法。如使用其他型号的酸度计,使用时可参阅其说明书进行操作。

1. pH 211 酸度计前后面板示意图

pH 211 酸度计前后面板示意图见图 1-11。

2. pH 211 酸度计的使用

(1)电源连接:将 12VDC 直流变压器插入电源。

(2)电极和探头连接:

①对于 pH 复合电极,将电极 BNC 插入机器背面接口。

②将温度探头与温度探头接口连接。

③为避免电极受损,在关机前必须将电极从溶液拿出。

(3)pH 双点校准

确认 5 种缓冲液中的两种都可以进行校准,采用 pH6.86 作为第一点校准,

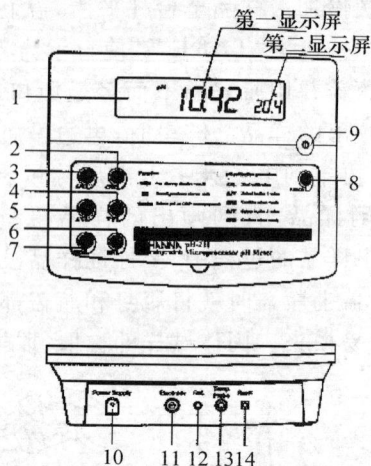

第一显示屏
第二显示屏

图 1-11　pH 211 酸度计前后面板示意图

1.LCD　2.CFM 确认校准值　3.CAL 进入或退出校准模式　4.手动下调温度和选择 pH 缓冲值　5.手动上调温度和选择 pH 缓冲值　6.MR 调出值　7.MC 存储读数　8.RANGE 选择测量范围　9.开关键　10.变压器插口　11.BNC 电极插口　12.参比电极接口　13.温度探头插口　14.重新启动按键

pH4.01 为第二点校准。操作步骤如下：

①按 on/off 键打开仪器,预热 15 min。

②将 pH 电极和温度探棒插入在所选用的标准缓冲液液面下 4 cm（pH6.86）,轻摇温度探棒靠近 pH 电极。

③按 CAL 键,按"▲"或"▼"选择缓冲值为 6.86,仪器将会显示"CAL"和"BUF"符号及"6.86"的标准值。当读数不稳定时,屏幕显示"NOT READY"。当读数稳定时,则显示"READY"和"CFM",然后按 CFM 键确认校准。

④在确认第一校准点之后,将 pH 电极插入第二缓冲液（pH4.01）内轻摇。按"▲"或"▼"来选择缓冲值。

⑤ 按 CAL 键,仪器会显示"CAL"和"BUF"符号及"4.01"的标准值。

⑥当读数不稳定时,将显示"NOT READY"。当读数稳定时,则显示"READY"和"CFM",然后按 CFM 键确认校准。

⑦如果读数接近所选缓冲液,仪器会储存数值并返回到正常的测量方式。

⑧校准完毕后,仪器自动进入 pH 测量状态。

（4）待测样品 pH 测量步骤

①将电极和温度探棒浸入待测溶液约 4cm,然后停几分钟让电极读数稳定。

②如果仪器已测过几种不同的样品溶液,则要用蒸馏水进行清洗,或在插入样品前用待测样品清洗电极,然后才可以进行测定。

③测量结束后,先关仪器,拔去插头,将温度探棒洗净吸干,放回盒子。电极洗净吸干,插入电极保护液中,将所有接线收回,整理好实验台。

●酸度计的使用操作示范,参见浙江科技学院"无机及分析化学"精品课程网站。

网址:http://zlq.zust.edu.cn/wjfx/

实验指导栏—基本操作技术(2)—酸度计的使用

1.5.3　722型分光光度计

1.722型分光光度计示意图

722型分光光度计见图1-12。

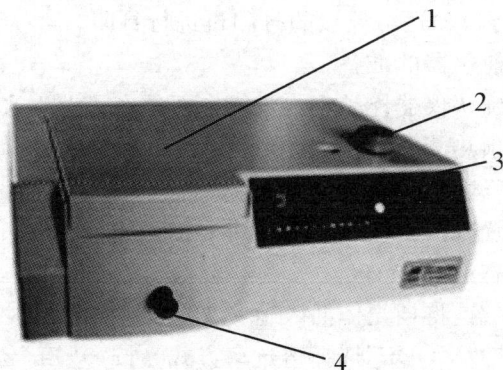

图1-12　722型分光光度计

1—样品室;2—波长调节旋钮、波长显示窗;3—控制面板;4—样品槽拉杆

2.722型分光光度计的使用

(1)仪器操作键介绍

①"方式设定"键(MODE):用于设置测试方式。仪器可供选择的测试方式有3种:透射比方式、吸光度方式和浓度直读方式。使用浓度直读方式时,需要将标准样品的浓度值或K因子(FACTOR)输入仪器。

②"0%"键:用于自动调整零透射比。

③"100%/0ABS"键:用于自动调整100.0%T(100.0透射比)或0ABS(零吸光度)。

④"波长设置"按钮:用于设置分析波长。

⑤"参数输入"(ρσ)键:当测试方式指示灯指示在"C"或"F"时,仪器处于设置状态,这时按"ρ"、"σ"键即可将标准样品的参数输入仪器。然后按"ENT"键保存起来。

输入已知标准样品浓度值:首先按"方式设定"键至显示器右侧"C"的指示灯亮,此时仪器显示"1000"。然后,按"ρ"或"σ"键,直到显示器显示的数值与标准样品的浓度值相同为止。当需要直读被测的样品浓度时,应该先将标准样品的浓度值输入仪器中。仪器会根据标准样品的吸光度与输入的浓度值自动计算出标准样品的 K 因子。被测样品的浓度值则符合公式:$c=KA$。

然后输入标准样品的 K 因子:按"方式设定"键至显示器右侧"F"的指示灯亮,此时仪器显示:"1000"。然后,按"ρ"或"σ"键,直到显示器显示的数值与标准样品的因子相同为止。

⑥"确认"键(ENT):用于确认所设置的标准样品。

⑦"打印"键(Print):当仪器处于测试状态时,按"打印"键,则可将测试参数通过 RS-232C 串行口输送给外接的打印机进行打印。

(2)样品测试前仪器的准备

①开机前,先确认仪器样品室内没有东西挡在光路上。然后接通电源,打开电源开关,使仪器预热 20min。仪器接通电源后即进入自检状态,自检结束仪器自动停在吸光度测试方式。

②用"波长设置"键,将波长设置在将要使用的分析波长上;每次波长被重新设置后,注意不要忘记调整 100.0%T。

③打开样品室盖,将挡光体插入比色架,将其推或拉入光路,并盖好样品室盖,按"方式设定"键"MODE"选择透过率方式。按"0%T"键调透射比零。

④取出挡光体,盖好样品室盖,按"100%T"调 100%透射比。

(3)样品测试的操作步骤

①按"方式设定"(MODE)键将测试方式设置为透射比方式,显示器显示"100.0",若测试方式设置为吸光度方式,显示器显示"0.000"。

②用"波长设置"按钮设置所需的分析波长,如 580nm。

③将参比溶液和被测溶液分别倒入比色皿中。注意:比色皿内溶液面的高度应该确保光线透过溶液层,被测试的样品中不能有气泡。

④打开样品盖,将盛有溶液的比色皿分别插入比色皿槽中,盖上样品室盖。一般将参比样品放在样品架的第一个槽位中;如被测样品波长在 340~1000nm 范围时,使用玻璃比色皿,如被测样品波长在 190~340nm 范围时,则使用石英比色皿为好;仪器所附带的比色皿,其透射率是经过测试和匹配的,未经匹配处理的比色皿将会影响样品的测试精度;比色皿的透光部分表面不能有指印、溶液痕迹。否则,将影响测试精度。

⑤将参比溶液推入光路中,按"100%T"键调 100%T。仪器在自动调整 100%T 的过程中,显示器显示"BLR",当 100.0%T 调整结束后,显示器则显示

"100.0%T"。

⑥将被测溶液推或拉入光路,此时,显示器上所显示是被测样品的透射比数值。

⑦实验结束后,取出比色皿,用水洗干净,晾干,放回比色皿盒,关闭电源开关,拔下插头,整理实验台。

● 722 型分光光度计的使用操作示范,参见浙江科技学院"无机及分析化学"精品课程网站。

网址:http://zlq.zust.edu.cn/wjfx/

实验指导栏—基本操作技术(6)—分光光度计的使用

第二章 化学实验数据处理

　　化学实验的任务,就是准确测定实验对象中与物质性质相关的若干物理量的直接的或间接的实验数据,如颜色的变化、试样或产品的质量、标准溶液的体积、样品的熔点沸点、物质的吸光度、指示电极的电位、物质的结构谱图等。但由于仪器和实验人员感官的限制,实验测量获取的数据只能满足一定程度的准确性。因此,学会科学地记录和处理实验数据,并以合理的形式整理出实验结果,成为化学实验课程的重要任务之一。

2.1 实验数据记录

　　在化学实验中,观测的实验数据或计算得到的实验结果,不仅应表明试样中待测组分的含量大小,而且还要能表明测定结果的准确程度。因此,及时地记录实验过程中的数据与现象,正确完整地撰写实验报告,成为实验中一项重要的工作内容,也是化学实验人员应具备的基本技能。实验前应认真预习,将实验名称、目的和要求、原理、实验内容、操作方法和步骤等简单扼要地写在专门的实验记录本上。同时,实验数据的记录须遵循以下几点:

　　(1)使用专门的实验记录本。实验记录本应标上页码,不要撕去其中任何一页,更不要擦抹或涂改,若写错可以划去重写,记录时必须用钢笔或圆珠笔。

　　(2)实验中观察到的现象、数据和结果应及时如实地写在记录本上,做到准确、详尽、清楚。坚持实事求是的科学态度,严禁随意增删或更改实验数据。

　　(3)记录实验数据时,应做到数据的准确度与分析的准确度相适应(即注意有效数字的位数)。

　　(4)记录内容力求简练详尽,比如设计一定的表格用于记录实验数据。实验的每一个数据,都是一次的测量结果,所以重复观测时即使数据完全相同也要如实记录下来。

　　(5)实验中使用仪器的类型、编号以及试剂的规格、化学式、分子量、浓度等,都应记录清楚,以便实验总结时,进行核对或作为查找失败原因的参考依据。

　　实验结束时,在仔细复核实验数据并报送指导教师后方可离开实验室。

2.2 实验数据误差

化学实验过程中的误差是客观存在的。也就是说,即使选用最好的分析方法和实验仪器,实验操作也一丝不苟,最终的实验结果也不可能与其客观真值完全吻合。因此期望一个良好的分析结果,就必须熟知误差产生的原因与规律,并加以应用,改进实验过程与数据处理方法,从而将实验结果的误差降低至最低程度。

2.2.1 误差的分类与来源

根据误差产生的原因和性质,可将实验误差分为系统误差、随机误差和过失误差三大类。

1. 系统误差

系统误差,又叫做规律误差,它是由某些固定不变的因素造成的。系统误差的特点是测量结果向一个方向偏离,其数值按一定规律变化,具有重复性、单向性。当实验条件一经确定,系统误差就是一个客观上的恒定值,多次测量的平均值也不能减弱它的影响。因此,应根据具体的实验条件及系统误差的特点,找出产生系统误差的主要原因,从而采取适当的措施消除或减小其所带来的影响。

系统误差产生的原因主要有以下几个方面:①测量仪器方面的因素,如仪器结构上不够完善、仪表未校正、测量仪器安装不正确等;②环境因素,如实验系统环境温度、湿度、压力等波动;③测量方法因素,如实验本身所依据的理论、公式的近似性,或者测量方法的考虑不周等;④测量者的生理因素,如反应速率、分辨能力,甚至读数偏高或偏低等固有习惯等。

针对以上不同情况,可对系统误差施行相应的校正方法予以解决:采用标准方法与标准样品进行对照实验;进行仪器的校正以减小仪器的系统误差;采用纯度高的试剂或进行空白实验,以校正试剂误差;严格训练与提高操作人员的技术业务水平,以减少操作误差等。

2. 随机误差

随机误差,又叫偶然误差,它是由某些不易控制的因素随机波动造成的。比如,实验系统中的温度、湿度、灰尘等的影响都会引起实验数据的波动。随机误差的特点是其数值大小不定,且时正时负,没有确定的规律,因而无法控制和校正。若对某一实验物理量进行足够多次的等精度测量,就会发现随机误差服从统计规律,这种规律可用正态分布曲线表示(如图2.1)。

随机误差的正态分布曲线具备以下几个特征:①对称性,绝对值相等的正负

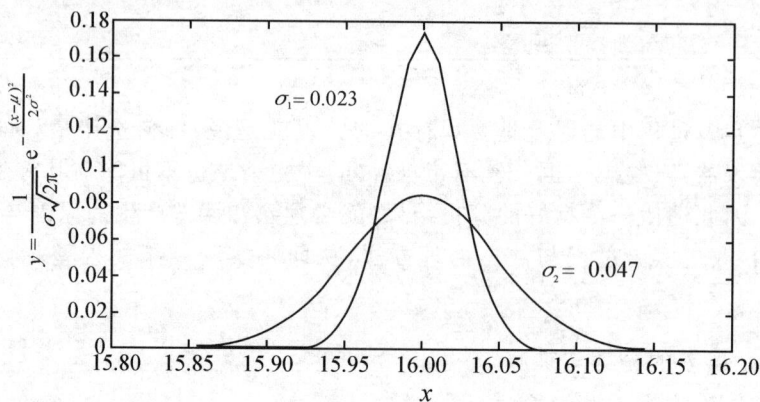

图 2-1 随机误差的正态分布曲线

误差出现的次数近乎相等；②单峰性，绝对值小的误差比绝对值大的误差出现的次数多；③有界性，随机误差绝对值不会超过一定限度；④抵偿性，当测量次数足够多时，随机误差的算术平均值趋于 0。

为此，在实验中为削减随机误差，一般安排多次平行测定，并以实验数据的平均值表示观测物理量的测定结果。若在消除了系统误差后，多次测量数据的平均值将会更加接近于实验物理量的真实值。

3. 过失误差

过失误差，它是一种与客观事实明显不符的误差，其数值一般很大，且出现的规律也无从把握。产生过失误差的原因主要是实验人员粗枝大叶，不按实验规程操作，如标准溶液过期、器皿不清洁、试剂加入过量或不足、仪器出现异常未被发现、读错数据、记错或计算错误等。实验数据中若存在过失误差，将会明显地歪曲实验结果。

在一组条件完全相同的重复实验中，只要认真负责是可以避免这类误差的。对待可能产生过失误差的可疑实验数据，应该采用与测量物理量相关的机理知识进行技术判别或选用数理统计的方法进行小概率事件判别，并决定取舍。

2.2.2 误差的表示方法

1. 准确度

准确度是指某测量物理量的仪表显示值即测量值，与真实值相符合的程度。准确度的高低，常以误差的大小来衡量，即误差越小，准确度越高；误差越大，准确度越低。误差有绝对误差和相对误差两种表达形式。

$$绝对误差(e) = 测量值(x) - 真实值(\mu) \tag{2.1}$$

相对误差(e_r)＝绝对误差(e)/真实值$(\mu)\times100\%$ $\quad\quad$ (2.2)

绝对误差用来表示测量数值是偏大还是偏小以及偏离程度,但是不能确切地表示测量结果所达到的准确程度。而相对误差不仅可以表示测量值的绝对误差,而且还能够反映出测量时所达到的精确程度。

对于被测量物理量,真值通常是个未知量。由于误差的客观存在,真值一般无法通过测量获得。当测量次数无限多时,根据正负误差出现的概率相等(随机误差的对称性)的误差分布定律,在不存在系统误差的情况下,这些测量值的平均值极为接近真值。常用的平均值有下面几种:

(1)算术平均值

$$\overline{x}=\frac{x_1+x_2+\cdots+x_n}{n}=\sum_{i=1}^{n}x_i \quad\quad (2.3)$$

(2)均方根平均值

$$\overline{x}_R=\sqrt{\frac{x_1^2+x_2^2+\cdots+x_n^2}{n}}=\sqrt{\frac{\sum_{i=1}^{n}x_i^2}{n}} \quad\quad (2.4)$$

(3)几何平均值

$$\overline{x}_G=\sqrt[n]{x_1\cdot x_2\cdots x_n}=\sqrt[n]{\prod_{i=1}^{n}x_i} \quad\quad (2.5)$$

(4)加权平均值

$$\overline{x}_W=\frac{w_1x_1+w_2x_2+\cdots+w_nx_n}{w_1+w_2+\cdots+w_n}=\frac{\sum_{i=1}^{n}w_ix_i}{\sum_{i=1}^{n}w_i} \quad\quad (2.6)$$

(5)对数平均值

$$\overline{x}_L=\frac{x_1-x_2}{\ln\dfrac{x_1}{x_2}} \quad\quad (2.7)$$

2. 精密度

精密度是指在相同实验条件下,多次平行测定结果彼此相符合的程度。精密度的好坏常用偏差表示,偏差小说明精密度好。精密度的几种偏差表示方法如下:

⑴绝对偏差和相对偏差

$\quad\quad\quad\quad$ 绝对偏差(d)＝测量值(x)－平均值$(\overline{x})$ $\quad\quad$ (2.8)

$\quad\quad\quad\quad$ 相对偏差(d_r)＝绝对偏差(d)/平均值$(\overline{x})\times100\%$ $\quad\quad$ (2.9)

从式 2.8 可知,绝对偏差是指单个测量值与多次测量值的平均值间的差值。相对偏差是指绝对偏差在平均值中所占的百分率。由此,绝对偏差和相对偏差

只能用来衡量单个测定结果对平均值的偏离程度,且与选择哪一次的测量结果有关。为了更好地说明精密度,在一般化学实验中常选用平均偏差来表示。

(2)平均偏差与相对平均偏差。平均偏差是将所有单次测量值的绝对偏差的绝对值之和除以测定次数,而相对平均偏差即是将平均偏差除以多次测量值的平均值,它们的计算公式如下:

$$平均偏差:\bar{d} = \frac{1}{n}\sum_{i=1}^{n}|d_i| = \frac{1}{n}\sum_{i=1}^{n}|x_i - \bar{x}| \tag{2.10}$$

$$相对平均偏差:d_r = \frac{\bar{d}}{\bar{x}} \times 100\% \tag{2.11}$$

因此,平均偏差就是用来代表一组测量结果中任一次观测结果的偏离程度,且不计正负号。

(3)标准偏差与相对标准偏差。标准偏差是应用最广泛、最可靠的精密度的表示方式,它能精确地反映测量数据之间的离散特性。相比平均偏差来说,它能更灵敏地反映出较大偏差的存在。其定义公式为

$$标准偏差:s = \sqrt{\frac{1}{n-1}\sum_{i=1}^{n}d_i^2} = \sqrt{\frac{1}{n-1}\sum_{i=1}^{n}(x_i - \bar{x})^2} \tag{2.12}$$

相对标准偏差又称变异系数 CV(coefficient of variation),是指标准偏差在平均值中所占的百分率。

$$相对标准偏差:CV = \frac{s}{\bar{x}} \times 100\% \tag{2.13}$$

(4)平均值的标准偏差。如上所述,若衡量单次测量结果的离散程度,标准偏差无疑是最可靠的表示方式,而多次的平行测量可以削减随机误差。因此,在多次平行测量的结果表示中,往往计算平均值的标准偏差,用以衡量平均值对真实值的偏差程度。

$$平均值的标准偏差:s_{\bar{x}} = \frac{s}{\sqrt{n}} \tag{2.14}$$

由式2.14可见,平行测定次数 n 越多,$s_{\bar{x}}$ 就越小,即 $\bar{x}$ 值越可靠。所以增加测定次数可以提高测定结果的精密度。但当 $n>5$ 后,$s_{\bar{x}}$ 与 s 比值的变化就缓慢了。因此,具体实验工作中测定次数无需过多,一般4~6次就可以了。

3.精密度与准确度的关系

如上所述,实验测量结果的质量和水平可以用准确度和精密度这两个不同的指标来表征,但它们相互之间也存在关系。精密度是保证准确度的先决条件,只有精密度好,才能得到好的准确度。若精密度差,所测结果不可靠,就失去了衡量准确度的前提。提高精密度不一定能保证高的准确度,有时还须进行系统误差的校正,才能得到高的准确度。

图 2-2 绘制了准确度与精密度间的关系，子图（a）的系统误差小，但随机误差大，表明精密度和准确度都不够好；子图（b）的系统误差大，随机误差小，说明精密度好，但准确度不好；子图（c）的系统误差和随机误差均很小，表明精密度和准确度都很好。

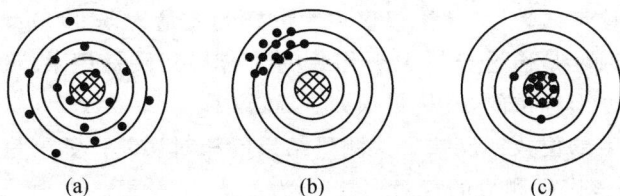

| (a) | (b) | (c) |

图 2-2　准确度与精密度之间的关系

2.2.3　误差传递

化学实验的结果往往需要通过间接测量获得，间接测量是以直接测量为基础的。由于直接测量值不可避免地存在误差，这样通过直接测量值经过一定的函数关系运算而获得的间接测量结果，必然也存在误差。那么怎样计算间接测量的误差呢？这实质上就是要解决一个误差的传递问题。

误差传递的方式不仅取决于误差的性质（系统误差或随机误差），还取决于间接测量变量 y 与各个直接测量变量 $x_1, x_2, \cdots, x_n$ 之间的函数关系：$y = f(x_1, x_2, \cdots, x_n)$。

在求得各个直接测量变量的系统误差 $\Delta x_i = \overline{x}_i - \mu_i (i=1,2,\cdots,n)$ 后，间接测量变量 y 的系统误差 Δy 就可以通过下面这个式子求算得到

$$\Delta y = \left| \frac{\partial y}{\partial x_1} \right| \cdot |\Delta x_1| + \left| \frac{\partial y}{\partial x_2} \right| \cdot |\Delta x_2| + \cdots + \left| \frac{\partial y}{\partial x_n} \right| \cdot |\Delta x_n| \qquad (2.15)$$

同样，在计算出各个直接测量物理量的标准偏差，即随机误差 $s_1, s_2, \cdots, s_n$ 后，则间接测量物理量 y 的随机误差 s_y 为：

$$s_y = \left[\left(\frac{\partial y}{\partial x_1} \right)^2_{x_2, \cdots, x_n} \cdot s_1^2 + \left(\frac{\partial y}{\partial x_2} \right)^2_{x_1, \cdots, x_n} \cdot s_2^2 + \cdots + \left(\frac{\partial y}{\partial x_n} \right)^2_{x_1, \cdots, x_{n-1}} \cdot s_n^2 \right]^{\frac{1}{2}} \quad (2.16)$$

2.2.4　有效数字

化学实验数据及结果的记录与表达，不仅要反映测量值的大小，而且还要反映出测量值的准确程度。有效数字，就是用来体现测量结果的准确程度。

1. 有效数字

实验测量或计算所获得的数据，不但表示出了测量结果的大小，而且还可以

根据数据的位数推断出测量结果的准确程度。除了最后一位数字为测量时的估计数字外,其余各位数字都是准确可靠的,这样的数字称为有效数字。使用有效数字时须注意以下几点:

①实验数据的记录,应当、也只允许保留最后一位可疑数字。如某试样质量6.8000g,是五位有效数字,这不仅仅表明试样的质量为6.8000g,还表示了称量误差在±0.0001g,是通过分析天平称量的。若将其质量记录成6.80g,则表示该试样是在台秤上称重的,其称量误差在±0.01g。

②有效数字的位数还反映了该测量结果的相对误差。如测量某试样的质量为0.3456g,则该试样测量的相对误差 e_r 为:

$$e_r = \frac{\pm 0.0001}{0.3456} \times 100\% = \pm 0.03\%$$

③有效数字位数与量的使用单位无关。如称量得到某试样的质量是12g,两位有效数字。若以 mg 为单位时,应记为 1.2×10^4 mg,而不应该记为12000mg。

④测量结果数据中的"0"是否为有效数字需作具体分析。凡数字中间的"0"都是有效数字,数字前边的"0"都不是有效数字。而数字后边的"0",尤其是小数点后的"0"是有效数字。如某试样称量的质量为0.1030g,其有效数字为后面的4个。

⑤若测量数据的第1位数字等于或大于8时,其有效数字可多算一位,如9.68cm³,表面上是三位有效数字,但其相对误差是

$$\frac{0.01}{9.68} \times 100\% = \frac{1}{1000} \times 100\% = 0.1\%$$

故可认为它是四位有效数字。

⑥化学实验中常遇到的 pH,pK 等,其有效数字的位数仅取决于小数部分的位数。如 pH=2.49,表示氢离子的浓度 $c_{H^+} = 3.2 \times 10^{-3}$ mol·L^{-1},是两位有效数字。

2. 有效数字修约准则

如在上面误差传递小节中提到,在多数情况下测量数据需经一系列函数运算后才能获得最终的实验结果。一般情况下,在计算一组准确度不等(即有效数字位数不同)的数据之前,可先按照需保留的有效数字位数进行各个测量数据中多余数字的修约。具体可按照国家标准 GB/T8170—2008《数值修约规则与极限数值的表示和判定》进行修约,通常称之为"四舍六入五成双"规则。该规则的要旨可归纳为:四舍六入五考虑,五后非零必进一;五后皆零视奇偶,五前为偶应舍去,五前为奇则进一。这一规则的具体运用如下:

①若被舍弃的第一位数字小于5,则其前一位数字保持不变;若被舍弃的第

一位数字大于 5,则其前一位数字加 1。如 12.2498,取 3 位有效数字,修约为 12.2;若 12.2602,也取 3 位有效数字,修约为 12.3。

②若被舍弃的第一位数字为 5,而其后面的数字不全是零,则不管前面数字是偶或奇,都需进位。如 12.2501,取 3 位有效数字时,应修约为 12.3。

③若被舍弃的第一位数字恰好为 5,且其后数字全部为零,则需视被保留的末位数字为奇还是偶。若末位是奇数,则需进位,反之舍弃。如 12.1500 和 12.0500,只取 3 位有效数字时,分别应修约为 12.2 和 12.0。

④在舍弃多位数字时,不得连续多次修约,而应根据上面规则仅作一次处理。如 12.1455,取 3 位有效数字时修约结果为 12.1,而不能连续修约为 12.1455→12.146→12.15→12.2。

3. 有效数字运算法则

在处理实验数据时,常遇到准确度不同的多个数据的混合运算。对于这些数据,必须按照一定的法则进行运算,使计算结果能符合实际测量的准确度。常用的基本法则如下:

①加减运算法则:以小数点后位数最少的数为准(即以绝对误差最大的数为准),决定结果(和或差)的有效位数。比如:$12.24 + 0.2078 + 5.345 = ?$ 绝对误差最大的数是 12.24,应以它为依据,先修约,再计算,即 $12.24 + 0.21 + 5.34 = 17.79$。

②乘除运算法则:以有效数字位数最少的数为准(即以相对误差最大的数为准),决定结果(积或商)的有效位数。比如:$12.2 \times 0.2078 \times 5.3455 = ?$ 相对误差最大的数是 12.2,应以它为依据,先修约,再计算,即 $12.2 \times 0.208 \times 5.35 \approx 13.6$。

2.3 实验数据处理

从实验中得到的数据包含了许多的信息,对这些数据用科学的方法进行整理与归纳,提取出有用的信息,挖掘事物的内在规律,是化学实验的主要目的。为此,实验结果通常选用列表法、作图法或解析法等方式来表示。

2.3.1 列表法

列表法,在一般化学实验中应用最为普遍,特别是原始实验数据的记录,简明方便。该方法要点为:

①实验数据表项的构造要完整、规范,包括表的序号、名称、实验项目、数据来源及相关备注说明等。

②在表格内或表格外适当位置,注明如室温、大气压、湿度、日期与时间、仪

器与方法等实验条件。

③数据记录表格中,要能够清楚地反映测量的次数,测量物理量的名称及单位,计算物理量的名称及单位。物理量的单位可写在标题栏内,而不要在数值栏内重复出现。根据"物理量＝数值×单位"的关系,将量纲、乘方因子等放在第一栏名称下,以量的符号除以单位的形式显示,如 $t/℃$、p/kPa 等。

④表格设计上,一般要能够直观地反映出各个测量物理量之间的相互关系,一般把自变量写在前边,因变量紧接着写在后面,便于分析。而且,自变量数值的设置通常选择简单的,要有规律地递增或递减,最好为等间隔。

⑤表中所记录或计算数据要正确反映出测量结果的有效数字。

2.3.2　图解法

实验数据的图解法,往往比用文字或表格表述测量物理量的变化趋势、各物理量间的相关关系更为简明和直观。为了得到与实验数据偏差最小而又光滑的曲线图形,必须遵循以下要点:

①自变量选作横轴,因变量则为纵轴,且选择合理的比例尺,以确定图形的最大值与最小值的大致位置。分度以 1、2、5 等为好,使分度能表示出测量的全部有效数字,坐标起点不一定从"0"开始,以充分合理地利用图纸的全部面积。

②坐标轴旁注明该物理量的名称及单位,纵轴左方及横轴下方每间隔一定距离标出该处变量的数值,大小次序以横轴从左向右,纵轴自下而上递增。

③将实验数据点以圆圈、方块、三角等符号标注于图中,各图形中心点及面积大小要与所测数据及其误差相适应,不能过大或过小。在一张图中若有几组不同的测量值时,应以不同符号表示,并配以组别说明。

④实验数据点连接为变化趋势曲线时,应尽可能多的通过实验数据点。由于测量误差,某些实验点可能不在曲线上,但应尽量使它们均匀地分布在曲线的两侧。

⑤图形中各实验数据点上无需标注具体实验数据值,而在报告上提供一份完整的实验数据记录表。整个图形应清晰,大小、位置合理。

⑥若观测物理量属非线性关系的情况,也可初步分析、把握其关系特征的基础上,通过变量变换的方法将原来的非线性关系转变为新变量的线性关系,即将"曲线化直",然后再使用图解法。

目前,各种计算机软件均带有绘图功能。在利用计算机辅助绘图时,也需要遵循上述原则。

图解法可以形象、直观地表示出各个数据连续变化的规律性,以及极大、极小、转折点等特征,且能从图上求得内插值、外推值、切线的斜率以及周期性变化等信息和数据。

2.3.3　解析法

解析法，又称作数学公式法，用数学函数式来表示实验结果以反映物理量的内部变化规律。这种表达方式简单，便于微分、积分和内插值，它既能简明扼要地把全部实验数据都包括进去，而且还能在实验范围内计算与任何自变量对应的函数值。

实验数据的解析式拟合求解一般分为两种情况：一种是测量物理量间本身就存在着某种已知的理论结构方程关系式。例如在分光光度工作曲线的测定中，吸光度 A 与溶液摩尔浓度 c 本身就符合朗伯-比耳定律 $A = Kbc$，这种情况较为简单，一般直接由实验数据通过最小二乘法求算方程中的待定系数 K。另一种情况是，物理量间的关联方程未知，需在数据图形分析的基础上，事先假设它们间可能存在的某种结构方程，也称为经验解析方程，最后代入实验数据通过最小二乘法求解出该经验解析方程中的待定参数。

2.4　计算机辅助实验数据处理

借计算机为辅助手段，利用已开发的计算机软件平台进行实验数据处理已经成为学科趋势。下面将分别介绍利用 Microsoft Excel 电子表格和 Origin 数据分析与绘制软件进行实验数据处理的方法和步骤。

2.4.1　实验数据的 Excel 处理

Microsoft Excel 提供了一套数据分析工具，称为"分析工具库"，用于进行复杂的统计分析。"分析工具库"提供的常用统计方法有：描述统计分析、方差分析、回归分析、t 检验等。实验人员只要提供必要的数据和参数，该工具会通过选择的统计函数，在你给定的输出区域内以表格或图形的形式显示相应的结果。"分析工具库"需安装后使用。下面以表 2-1 邻二氮杂菲分光光度法测定铁含量的实验结果为例，介绍 Excel 进行实验数据处理的操作过程。

其 Excel 的处理过程为：

①将总铁含量和吸光度实验数据按列输入在 A_1 至 B_6 的区域内（A_1、B_1 为 Excel 的表头）；

②按"插入图表"按钮，在出现对话框的"图表类型"中选择"XY 散点图"，并在"子图表类型"中选择"散点图"，按"下一步"；

表 2-1 铁含量标准曲线的测定与测绘

试液编号/♯	标准溶液的量/mL	总含铁量/μg	吸光度 A
1	0	0	0.000
2	2.0	20	0.041
3	4.0	40	0.082
4	6.0	60	0.125
5	8.0	80	0.165
6	10.0	100	0.208
7(未知液)	5.0	56	0.118

③在下一个对话框中的"数据区域"中填上"$A_1:B_6$",并在"系列产生在"框中选"列",按"下一步";

④在出现的对话框中可填入图的名称、X、Y 轴的名称等,随后按"下一步"。如本例中,将图的 X、Y 轴的名称分别取为"铁含量/μg"和"吸光度";

⑤在弹出的对话框中可选择图形的存放位置,如选择"作为其中的对象插入"后按"完成"即可绘制出实验数据的散点图形;

⑥将鼠标移至图中任一数据点上,单击右键选中此列数据点,并在出现的对话框中选"添加趋势线",随后在"类型"中选择"线性",在"选项"中选择"显示公式"和"显示 R 平方值",按"确定"即可完成整个绘图过程。图 2-3 给出了本实例的最终标准曲线及回归方程。

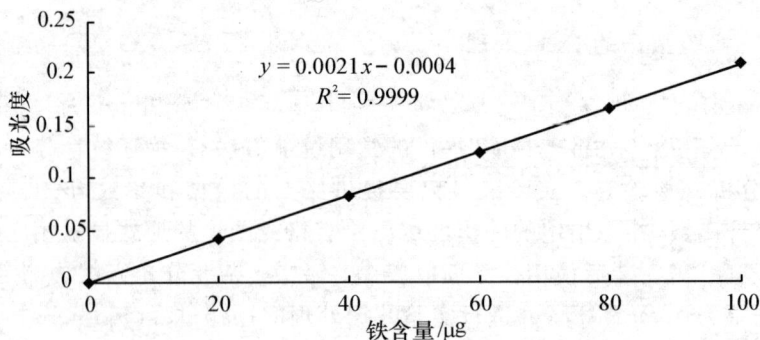

$$y = 0.0021x - 0.0004$$
$$R^2 = 0.9999$$

图 2-3 铁含量标准曲线及方程的 Excel 绘制与回归

最后,将表 2-1 中最后一行的 7♯ 未知液测定的吸光度数据 0.118 代入回归方程,即可计算出模型预测的铁含量为 56μg。

2.4.2　实验数据的 Origin 处理

Origin 软件是一个多文档界面(Multiple Document Interface)的应用程序，它将用户所有的工作都保存在后缀为 OPJ 的工程文件(Project)中，一个工程文件可以包括多个子窗口，如工作表窗口(Worksheet)、绘图窗口(Graph)、函数图窗口(Function Graph)、矩阵窗口(Matrix)等，且各个窗口相互关联，数据实时更新，即如果工作表中的数据被改动，其变化能在其他子窗口中立即得到更新。

Origin 软件具有两大功能：数据分析和科学绘图。数据分析功能含有化学实验数据分析中常用的参数平均值、标准偏差、数据排序、数据的线性或非线性回归等。而绘图功能模块可以绘制散点图、点线图、柱形图、条形图、饼图，以及双 Y 轴图形等。操作时只需选择所要分析或绘图的数据，然后再选择相应的菜单命令即可。下面以 Fe^{2+}-邻二氮菲体系的分光光度法测定吸收曲线为例，介绍 Origin 数据分析和绘图的操作方法。

表 2-2　Fe^{2+}-邻二氮菲体系吸收曲线的分光光度法测定数据

实验号/#	波长 λ/nm	吸光度 A
1	570	0.010
2	550	0.029
3	530	0.075
4	520	0.096
5	510	0.102
6	500	0.099
7	490	0.096
8	470	0.091
9	450	0.077
10	430	0.073

现将 Origin 绘制吸收曲线的步骤描述如下：

①将波长和吸光度的实验数据分别输入在 $A(X)$ 和 $B(Y)$ 这两列的第 1 至第 10 行上；

②选中 $A(X)$ 和 $B(Y)$ 两列中输入的数据，再点击"plot"菜单，选择"Line＋Symbol"，即制作成实验数据的点线图；

③在得到的图中，双击横轴名 A 或纵轴名 B，可按实验项目要求改写 X 或

Y 轴的名称。如将图中的 X、Y 轴的名称分别取为"波长/nm"和"吸光度"。图 2-4,即为本实例绘制的吸收曲线。

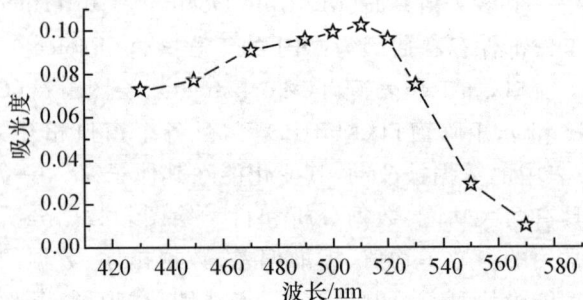

图 2-4 Fe^{2+}-邻二氮菲体系吸收曲线

从图 2-4 的吸收趋势曲线可以判断,吸光度与波长间的关系为非线性。考虑到多项式为目前各种非线性关系方程中较为成熟的经验模型,并可依据逼近误差精度要求,自由调整多项式的项数和次数,故在变量间的理论公式未知条件下,首荐多项式用于实验数据回归其变量间的经验方程。现仍以表 2-2 的实验数据,探寻以多项式表述的吸光度与波长间的非线性相关关系。Origin 的操作步骤如下:

①选中 A(X)和 B(Y)输入的数据,再点击"Analysis"菜单,在出现的菜单中选择"Fitting/Fit Polynomial"子菜单后,即出现"Fit Polynomial"相应的对话框;

②在"Fit Polynomial"对话框中的"Polynomial Order"条目上,选取多项式的次数后按"OK"按钮。一般由低到高逐次试验,当回归方程有效且达到逼近精度要求时,停止高次多项式的试验,将最后在工作表中得到多项式作为实验数据的经验回归方程。

③在生成的报告工作表中,包括图 2-5 所示的多项式逼近的吸收曲线(多项式次数为 2),以及曲线的经验回归方程:$A = -3.20 + 0.0137\lambda - 1.416 \times 10^{-5} \lambda^2$,该方程经方差检验为显著,方程对实验数据的逼近精度为残差平方和 6.98×10^{-4}。

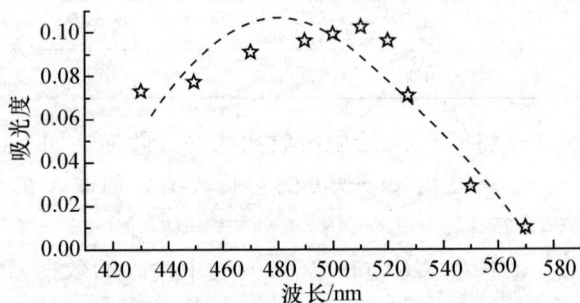

图 2-5 Fe^{2+}-邻二氮菲体系吸收曲线的二次多项式拟合

第三章　制备及常数测定实验

实验 1　粗食盐的提纯及纯度检验

一、实验目的

1. 学习粗食盐提纯的原理和方法。
2. 理解沉淀溶解平衡原理。了解晶形沉淀和非晶形沉淀的不同形成条件。
3. 学习并掌握无机制备的一些基本操作。
4. 学习并掌握重结晶的原理和方法。
5. 学习并掌握 Ca^{2+}、Mg^{2+}、SO_4^{2-} 等离子的定性检验方法。

二、技术要素

1. 掌握称量、加热、溶解、过滤、蒸发结晶等无机制备基本操作技术。
2. 掌握重结晶的操作技术,减压过滤的原理及装置的组成和正确操作方法。

三、实验原理

　　粗食盐中的杂质主要有不溶性杂质(如泥沙等)和可溶性杂质(主要是 Ca^{2+}、Mg^{2+}、K^+、SO_4^{2-} 等)。

　　不溶性杂质可以将粗食盐溶于水后用过滤的方法除去。Ca^{2+}、Mg^{2+}、SO_4^{2-} 等离子可以选择适当的沉淀剂使它们分别生成难溶化合物后分离除去。

　　首先,在粗食盐溶液中加入略过量的 $BaCl_2$ 溶液以除去 SO_4^{2-},反应式为:

$$Ba^{2+} + SO_4^{2-} \longrightarrow BaSO_4 \downarrow$$

　　然后在溶液中加入 $NaOH$ 和 Na_2CO_3 溶液,除去 Ca^{2+}、Mg^{2+} 和过量的 Ba^{2+}:

$$Ca^{2+} + CO_3^{2-} \longrightarrow CaCO_3 \downarrow$$

$$Mg^{2+} + 2\,OH^- \longrightarrow Mg(OH)_2 \downarrow$$
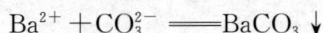
$$Ba^{2+} + CO_3^{2-} \longrightarrow BaCO_3 \downarrow$$

过量的 NaOH 和 Na_2CO_3 则可用盐酸中和。

粗食盐中的 K^+ 和上述沉淀剂都不起作用,仍留在母液中。由于 KCl 在粗食盐中的含量较少,在蒸发浓缩和结晶过程中绝大部分仍留在溶液中,与结晶分离。

四、仪器与试剂

1. 仪器:循环水式真空泵、布氏漏斗、吸滤瓶等。

2. 试剂:HCl(2 mol·L^{-1})、NaOH(2 mol·L^{-1})、$BaCl_2$(1 mol·L^{-1})、Na_2CO_3(1 mol·L^{-1})、$NH_4C_2O_4$(0.5 mol·L^{-1})、镁试剂、pH 试纸等。

五、实验步骤

1. 粗食盐的提纯

(1)在台秤上称取 8.0 g 粗食盐,放入小烧杯中,加 30 mL 水加热使其溶解。当溶液沸腾时,边搅拌边滴加 1 mol·L^{-1} $BaCl_2$ 溶液至沉淀完全(约 2 mL),继续加热,使 $BaSO_4$ 颗粒长大而易于沉淀和过滤。为了检验沉淀是否完全,可将烧杯从石棉网上取下,待沉淀沉降后,在上层清液中加入 1~2 滴 1 mol·L^{-1} $BaCl_2$ 溶液,观察是否混浊,如不混浊,说明 SO_4^{2-} 已完全沉淀;如仍混浊,则需继续滴加 $BaCl_2$ 溶液,直至不产生混浊。沉淀完全后,继续加热 5min,减压过滤,滤液转移至烧杯中,弃去不溶性杂质和 $BaSO_4$ 沉淀。

(2)在滤液中加入 1mL 2 mol·L^{-1} NaOH 和 3mL 1 mol·L^{-1} Na_2CO_3 溶液,加热至沸,待沉淀沉降后,在上层清液中滴加 1 mol·L^{-1} Na_2CO_3 溶液至不再产生沉淀为止,减压过滤。

(3)在滤液中逐滴滴加 2 mol·L^{-1} HCl 溶液,并用 pH 试纸测试,直至溶液呈微酸性(pH=6)。

(4)将溶液倒入蒸发皿中,加热蒸发,浓缩至溶液表面出现晶膜为止,冷却此糊状的稠液,注意切不可将溶液蒸干。

(5)冷却后,减压过滤,尽量将结晶抽干。将结晶转至蒸发皿中,在石棉网上小火烘干。

(6)冷却后称重,计算产率。

2. 产品纯度的检验

取原料和产品各 1g 左右,分别用 6mL 水溶解,然后各盛于 3 支试管中,组成 3 组,对照检查其纯度:

(1)SO_4^{2-}:在第一组溶液中,分别加入 2 滴 1 mol·L^{-1} $BaCl_2$ 溶液,产品溶液中应该无沉淀产生。

（2）Ca^{2+}：在第二组溶液中，分别加入 2 滴 0.5 mol·L^{-1} $(NH_4)_2C_2O_4$ 溶液，产品溶液中应无沉淀产生。

（3）Mg^{2+}：在第三组溶液中，分别加入 2～3 滴 2 mol·L^{-1} NaOH 溶液，使溶液呈碱性，再各加入 2～3 滴镁试剂，产品溶液中应无天蓝色沉淀产生。

请记录现象，并评价产品纯度。

六、分析与思考

1. 在除去 SO_4^{2-}、Ca^{2+} 和 Mg^{2+} 时，为什么要先加 $BaCl_2$ 溶液，然后再加 Na_2CO_3 溶液？

2. 溶液在浓缩结晶时应不断搅拌，而当晶膜产生后则必须停止搅拌，且不能蒸干？这是为什么？

3. 简述减压过滤的正确操作方法和注意事项。

4. 提纯实验中，K^+ 在哪一步操作中被除去？

实验 2　硫酸亚铁铵的制备

一、实验目的

1. 了解复盐的制备方法，学习利用盐类在不同温度下溶解度的差别来制备物质的原理和方法。

2. 学习利用目视比色法检验产品质量的方法。

二、技术要素

1. 复习过滤、蒸发浓缩、结晶等基本操作技术。

2. 初步学习定量操作。

三、实验原理

硫酸亚铁铵（俗称摩尔盐）是一种复盐：$FeSO_4·(NH_4)_2SO_4·6H_2O$，为浅蓝绿色单斜晶体。它在空气中比一般亚铁盐稳定，不易被氧化，溶于水但不溶于乙醇。可用以下方法制备：

$$Fe(铁屑) + 稀 H_2SO_4 \Longrightarrow FeSO_4 + H_2 \uparrow$$
$$FeSO_4 + (NH_4)_2SO_4 + 6H_2O \Longrightarrow FeSO_4·(NH_4)_2SO_4·6H_2O$$

实验中有关盐的溶解度见表 1。

温度/℃	$(NH_4)_2SO_4$	$FeSO_4 \cdot 7H_2O$	$FeSO_4 \cdot (NH_4)_2SO_4 \cdot 6H_2O$
10	73.0	45.17	—
20	75.4	62.11	41.36
30	78.0	82.73	—
40	81.0	110.27	62.26

四、仪器与试剂

1. 仪器:台秤、布氏漏斗、吸滤瓶、铁架台、循环水式真空泵。

2. 试剂:H_2SO_4(3mol·L^{-1})、HCl(2mol·L^{-1})、Na_2CO_3(10%)、KSCN(1mol·L^{-1})、铁屑、$(NH_4)_2SO_4$(s)。

五、实验步骤

(1)铁屑表面油污的去除

用台秤称取2.0 g铁屑放入烧杯中,加入15 mL 10% Na_2CO_3溶液,缓慢加热约10 min,用倾析法倾去碱液,并用去离子水将铁屑冲洗干净。

(2)硫酸亚铁的制备

往盛有铁屑的烧杯中加入15 mL 3 mol·L^{-1}的H_2SO_4溶液,盖上表面皿,在石棉网上小火加热,使铁屑与硫酸反应至不再有大量气泡冒出为止。(反应过程中产生的刺激性气味是什么物质?)在加热过程中可不断添加水以补充失去的水分。趁热减压过滤,滤液转移至蒸发皿中。将烧杯中和滤纸上残留的铁屑洗净,收集起来用滤纸吸干后称重。计算出已反应的铁屑的量。

(3)硫酸亚铁铵的制备

根据已反应的铁屑的量,按1:1的比例称取一定量的$(NH_4)_2SO_4$固体配成饱和溶液,加到硫酸亚铁溶液中,混合均匀后先用3 mol·L^{-1}的H_2SO_4调节溶液 pH=1~2,后用小火蒸发浓缩至表面出现一层微晶膜为止。静置冷却结晶至室温,减压过滤,尽量挤干晶体上残存的母液,观察晶的形状和颜色,称重并计算产率。

(4)纯度检验

铁(Ⅲ)的限量分析:称取1.0 g样品置于烧杯中,用少量不含氧的去离子水溶解后,定量转移到25 mL比色管中,再加入2 mL 2 mol·L^{-1} HCl和1 mL 1 mol·L^{-1} KSCN溶液,继续用水稀释至25 mL刻度线,混合均匀后进行比色,产品所呈现的红色不得深于规定级别的铁(Ⅲ)标准色阶。

标准色阶(实验室配制):

Ⅰ级试剂 　　　　　含 Fe^{3+} 0.05 mg/25mL

Ⅱ级试剂 　　　　　含 Fe^{3+} 0.10 mg/25mL

Ⅲ级试剂 　　　　　含 Fe^{3+} 0.20 mg/25mL

六、分析与思考

1. 为什么要首先除去铁屑表面的油污?

2. 为什么在制备过程中溶液要始终保持酸性?

3. 如何正确使用比色管?

4. 分析产品中 Fe^{3+} 含量时,为什么要用不含氧的去离子水?

● 实验技术示范,参见浙江科技学院"无机及分析化学"精品课程网站。

网址:http://zlq.zust.edu.cn/wjfx/

实验指导栏—典型实验(2)—铁系列化合物的制备

实验 3　缓冲溶液的配制及性质

一、实验目的

1. 理解缓冲溶液发挥缓冲作用的原理,并能计算各缓冲液的理论 pH 值。

2. 学习缓冲溶液的配制方法,并试验其缓冲作用。

3. 学习并掌握 HANNA pH 211 型 pH 计的正确使用方法。

二、技术要素

1. 学习精确配制缓冲溶液的方法。

2. 掌握两点法校正酸度计的正确方法。理解测定溶液 pH 值的影响因素。

三、实验原理

弱酸及其共轭碱(如 HAc-NaAc)的水溶液,或者弱碱和它的共轭酸(如 $NH_3 \cdot H_2O$-NH_4Cl)的水溶液,能抵抗外来的少量酸、碱或稀释的影响而使其 pH 值保持稳定,具有这种缓冲作用的溶液叫缓冲溶液。缓冲溶液的有效缓冲范围为 $pK_a \pm 1$。

对于弱酸及其共轭碱组成的缓冲溶液,其 pH 值的计算公式为:

$$pH = pK_a + lg(c_{共轭碱}/c_酸)$$

对于弱碱及其共轭酸组成的缓冲溶液,其 pH 值的计算公式为:

$$pH = pK_w^\ominus - pK_b + \lg(c_{碱}/c_{共轭酸})$$

四、仪器与试剂

1. 仪器:pH 211 型精密 pH 计

2. 试剂:$NH_3 \cdot H_2O$(1.0 mol·L^{-1})、NH_4Cl(0.1 mol·L^{-1})、HAc(0.1 mol·L^{-1};1.0 mol·L^{-1})、NaAc(1.0 mol·L^{-1};0.1 mol·L^{-1})、HCl(0.1 mol·L^{-1})、NaOH(0.1 mol·L^{-1})、标准缓冲溶液(pH=6.86,4.00)。

五、实验步骤

1. pH 211 型精密 pH 计的调试和准备

① 复合电极活化(去离子水中浸泡过夜)。

② 仪器预热 20~30min。

③ 仪器标定(两点法):

A 将 pH 电极和温度探棒插入所选的标准缓冲溶液(pH=6.86)液面以下 4cm,轻摇,温度探棒要靠近 pH 电极。

B 按 CAL 键,仪器将会显示"CAL"和"BUF"符号及"7.01"的标准值。

C 按"▲"或"▼"来选择相应的缓冲值(一般第一点选择"6.86"的标准值)。

D 当读数不稳定时,屏幕会显示"NOT READY"。

E 当读数稳定时,将显示"READY"和"CFM",按 CFM 键确认校准。

F 如果数字接近所选缓冲值,仪器储存读数,第一显示校准值,第二显示"6.86"。如果数字不接近所选缓冲值,"WRONG(BUF)"和"WRONG"就会交替闪烁。此时应检查缓冲液是否已用过并检查电极是否干净,必要时更换。

G 在确认第一校准点后,将 pH 电极和温度探棒插入第二标准缓冲溶液(pH=4.01)液面以下 4cm,轻摇,温度探棒要靠近 pH 电极。

H 当读数稳定时,显示"READY"和"CFM",并闪烁,按 CFM 键确认校准。

I 如果读数接近所选缓冲值,仪器会储存数值并返回正常测量方式。

④ 测量:

A 用去离子水冲洗电极,并将水珠吸干,然后将电极浸入待测溶液中,并轻轻转动或摇动小烧杯,使溶液均匀接触电极。注意:被测溶液的温度应与标准缓冲溶液的温度相同。

B 待读数稳定后,屏幕显示值即为测定值。

C 测量完毕,记录读数;关闭电源,冲洗电极,放入电极保护液中保存。

2. 未知溶液 pH 值的测试

① 缓冲溶液的配制及其 pH 值的测定

按下表配制 4 种缓冲溶液,测定前溶液必须搅拌均匀,分别插入擦洗干净的复合电极,测定其 pH 值,待读数稳定后,记录测定结果,并进行理论计算,将理论计算值与测定值进行比较。

编号	配制溶液(用量筒各取 25.0mL)	pH 测定值	pH 计算值
1	$NH_3H_2O(1.0mol \cdot L^{-1}) + NH_4Cl(0.10mol \cdot L^{-1})$		
2	$HAc(0.10 mol \cdot L^{-1}) + NaAc(1.0 mol \cdot L^{-1})$		
3	$HAc(1.0 mol \cdot L^{-1}) + NaAc(0.10 mol \cdot L^{-1})$		
4	$HAc(0.10 mol \cdot L^{-1}) + NaAc(0.10 mol \cdot L^{-1})$		

②试验缓冲溶液的缓冲作用

在以上配制的第 4 号缓冲溶液中先加入 0.5mL(约 10 滴)0.10 mol·L^{-1} HCl 溶液,摇匀后,测定其 pH 值;再加入 1.0mL(约 20 滴)0.10 mol·L^{-1} NaOH 溶液,摇匀,测定其 pH 值,记录测定结果,并与计算值进行比较。

4 号缓冲溶液	pH 测定值	pH 计算值
加入 0.5 mL HCl 溶液($0.10 mol \cdot L^{-1}$)		
加入 1.0 mL NaOH 溶液($0.10 mol \cdot L^{-1}$)		

实验完毕后,清洗电极,整理仪器。

六、分析与思考

1. 怎样根据缓冲溶液的 pH 值选定缓冲物质?

2. 为什么在通常情况下所配制的缓冲溶液中酸(或碱)的浓度与其共轭碱(或共轭酸)的浓度相近?这种缓冲溶液的 pH 值主要决定于什么?

3. 分析 pH 测定值与计算值不同的误差来源。

实验 4 化学反应速率、反应级数及活化能的测定

一、实验目的

1. 理解并掌握化学动力学的初步知识及基本理论。了解浓度、温度和催化剂等因素对反应速率的影响。

2. 掌握过二硫酸铵与碘化钾反应的平均反应速率、反应级数、速率常数和活化能等测定的实验原理和方法。

3. 学习用作图法处理实验数据的方法。

二、技术要素

1. 熟练掌握试剂用量的精准取用技术。

2. 熟练掌握实验的精确计时技术。

3. 进一步巩固恒温水浴的操作技术。

三、实验原理

在水溶液中,过二硫酸铵与碘化钾发生如下反应:

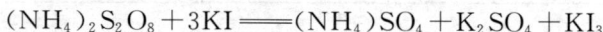

$$(NH_4)_2S_2O_8 + 3KI = (NH_4)SO_4 + K_2SO_4 + KI_3$$

反应的离子方程式为:

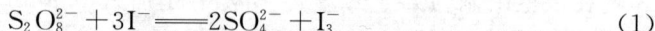

$$S_2O_8^{2-} + 3I^- = 2SO_4^{2-} + I_3^- \tag{1}$$

该反应的平均反应速率与反应物浓度的关系可用下式表示:

$$v = \frac{-\Delta c(S_2O_8^{2-})}{\Delta t} \approx kc^m(S_2O_8^{2-}) \cdot c^n(I^-)$$

式中,$\Delta c(S_2O_8^{2-})$ 为 $S_2O_8^{2-}$ 在 Δt 时间内物质的量浓度的改变值,$c(S_2O_8^{2-})$、$c(I^-)$ 分别为两种离子初始浓度($mol \cdot L^{-1}$),k 为反应速率常数,m 和 n 为反应级数。

为了能够测定 $\Delta c(S_2O_8^{2-})$,在混合 $(NH_4)_2S_2O_8$ 和 KI 溶液时,同时加入一定体积的已知浓度的 $Na_2S_2O_3$ 溶液和作为指示剂的淀粉溶液,这样在反应(1)进行的同时,也进行着如下的反应:

$$2S_2O_3^{2-} + I_3^- = S_4O_6^{2-} + 3I^- \tag{2}$$

反应(2)进行得非常快,几乎瞬间完成,而反应(1)却慢得多,由反应(1)生成的 I_3^- 立刻与 $S_2O_3^{2-}$ 作用生成无色的 $S_4O_6^{2-}$ 和 I^-,因此,在反应的开始阶段,看不到碘与淀粉作用而显示出来的特有蓝色。但是一旦 $Na_2S_2O_3$ 耗尽,反应(1)继续生成的微量 I_3^-,立即使淀粉溶液呈现蓝色。所以蓝色的出现就标志着反应(2)的完成。

从反应方程式(1)和(2)的计量关系可以看出,$S_2O_8^{2-}$ 浓度减少的量等于 $S_2O_3^{2-}$ 减少量的 50%,即

$$\Delta c(S_2O_8^{2-}) = \frac{\Delta c(S_2O_3^{2-})}{2}$$

由于 $S_2O_3^{2-}$ 在溶液显示蓝色时已全部耗尽,所以 $\Delta c(S_2O_3^{2-})$ 实际上就是反

应开始时 $Na_2S_2O_3$ 的初始浓度。因此,只要记下从反应开始到溶液出现蓝色所需要的时间 Δt,就可求算反应(1)的平均反应速率 $-\dfrac{\Delta c(S_2O_8^{2-})}{\Delta t}$。

在固定 $\Delta c(S_2O_3^{2-})$,改变 $\Delta c(S_2O_8^{2-})$、$c(I^-)$ 的条件下进行一系列实验,测得不同条件下的反应速率,就能根据 $v=kc^m(S_2O_8^{2-}) \cdot c^n(I^-)$ 的关系推出反应级数。

再由下式可进一步求出反应速率常数 k:

$$k=\frac{v}{c^m(S_2O_8^{2-})c^n(I^-)}$$

根据阿累尼乌斯公式,反应速率数 k 与反应温度有如下关系:

$$\lg k=\frac{-E_a}{2.303RT}+\lg A$$

式中,E_a 为反应的活化能,R 为气体常数,T 为绝对温度。因此只要测得不同温度时的 k 值,以 $\lg k$ 对 $1/T$ 作图可得一直线,由直线的斜率可求得反应的活化能 E_a:

$$斜率=\frac{-E_a}{2.303R}$$

四、仪器与试剂

1. 仪器:恒温水浴,秒表,温度计($237 \sim 373K$)。

2. 试剂:$KI(0.20\ mol \cdot L^{-1})$,淀粉溶液($0.2\%$),$Na_2S_2O_3(0.010\ mol \cdot L^{-1})$,$KNO_3(0.20\ mol \cdot L^{-1})$,$(NH_4)_2SO_4(0.20\ mol \cdot L^{-1})$,$(NH_4)_2S_2O_8(0.20\ mol \cdot L^{-1})$,$Cu(NO_3)_2(0.020\ mol \cdot L^{-1})$。

五、实验步骤

1. 浓度对反应速率的影响

室温下按表 1 实验编号 1 的用量分别量取 KI、淀粉、$Na_2S_2O_3$ 溶液于 150mL 烧杯中,用玻棒搅拌均匀。再量取 $(NH_4)_2S_2O_8$ 溶液,迅速加到烧杯中,同时按动秒表,立即用玻棒将溶液搅拌均匀。观察溶液,刚一出现蓝色,立即停止计时。并记录反应时间。

用同样方法进行编号 2~5 的实验。为了使溶液的离子强度和总体积保持不变,在实验编号 2~5 中所减少的 KI 或 $(NH_4)_2S_2O_8$ 的量分别用 KNO_3 和 $(NH_4)_2SO_4$ 溶液进行补充。

表1　反应速率测定的溶液配比

实验编号	1	2	3	4	5
0.20 mol·L⁻¹ KI	8.0	8.0	8.0	4.0	2.0
0.2 % 淀粉溶液	2.0	2.0	2.0	2.0	2.0
0.010 mol·L⁻¹ $Na_2S_2O_3$	2.0	2.0	2.0	2.0	2.0
0.20 mol·L⁻¹ KNO_3	/	/	/	4.0	6.0
0.20 mol·L⁻¹ $(NH_4)_2SO_4$	/	4.0	6.0	/	/
0.20 mol·L⁻¹ $(NH_4)_2S_2O_8$	8.0	4.0	2.0	8.0	8.0

（表头最左列：试剂用量 /mL）

2. 温度对反应速率的影响

按表 3-2 实验编号 3 的用量在烧杯中依次加入 KI、淀粉、$Na_2S_2O_3$ 溶液，搅拌均匀。在一个大试管中加入 $(NH_4)_2S_2O_8$ 溶液，将烧杯和试管中的溶液控制在高于室温 10℃左右（恒温水浴）恒温 10min，把试管中的 $(NH_4)_2S_2O_8$ 迅速倒入烧杯中，搅拌，记录反应时间和温度。

然后，在高于室温 20℃的条件下重复上述实验，记录反应时间和温度。

3. 催化剂对反应速率的影响

按表 3-2 编号 3 的用量在烧杯中依次加入 KI、淀粉、$Na_2S_2O_3$ 溶液，再加入 2 滴 0.020 mol·L⁻¹ $Cu(NO_3)_2$ 溶液，搅拌均匀，迅速加入 $(NH_4)_2S_2O_8$ 溶液，搅拌，记录反应时间。

4. 数据记录和处理

(1)列表记录实验数据。

(2)分别计算编号 1～5 各个实验的平均反应速率，然后求反应级数和速率常数 k。

(3)分别计算 3 个不同温度实验的平均反应速率以及速率常数 k，然后以 $\lg k$ 为纵坐标，$1/T$ 为横坐标作图，求活化能。

(4)根据实验结果讨论浓度、温度、催化剂对反应速率及速率常数的影响。

六、分析与思考

1. 在向 KI、淀粉和 $Na_2S_2O_3$ 的混合溶液中加入 $(NH_4)_2S_2O_8$ 时，为什么必须越快越好？

2. 在加入 $(NH_4)_2S_2O_8$ 时，先计时后搅拌或者先搅拌后计时对实验结果各有何影响？

3. 分析试样中造成误差的原因。

实验 5　醋酸解离常数和解离度的测定

一、实验目的

1. 理解并掌握弱电解质解离平衡的概念。
2. 学习醋酸电离常数的测定方法，加深对电离度和电离常数的理解。
3. 掌握移液管、容量瓶和碱式滴定管的正确使用方法。

二、技术要素

1. 巩固酸度计的正确使用方法。
2. 正确进行滴定操作，把握好滴定终点，以减少实验误差。

三、实验原理

一般只要设法测定平衡时各物质的浓度（或分压）便可求得平衡常数。通常测定平衡常数的方法有缓冲溶液法、pH 值法、电导率法、电化学法和分光光度法等，本实验通过 pH 值法测定醋酸的电离常数。

醋酸（CH_3COOH）简写成 HAc。在水溶液中存在如下电离平衡：

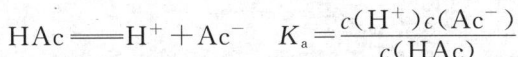

$$HAc \rightleftharpoons H^+ + Ac^- \qquad K_a = \frac{c(H^+)c(Ac^-)}{c(HAc)}$$

式中的 $c(H^+)$、$c(Ac^-)$ 和 $c(HAc)$ 分别是 H^+、Ac^- 和 HAc 的平衡浓度；K_a 为电离常数。

设乙酸的起始浓度为 c，则平衡时，在纯水中：$c(H^+) = c(Ac^-)$，$c(HAc) = c - c(H^+)$。当解离度 $\alpha < 5\%$ 时，可以近似处理为 $c(HAc) \approx c$，则：$K_a = c^2(H^+)/c$。

实验中，HAc 溶液的起始浓度可以用标准 NaOH 溶液滴定测得。对于其电离出来的 H^+ 离子的浓度，可以在一定温度下，先用 pH 计测定 HAc 溶液的 pH 值，再根据 $pH = -\lg c(H^+)$ 关系式计算得到。这样就可以求得乙酸的电离常数 K_a 和电离度 α。

四、仪器与试剂

1. 仪器：容量瓶（50 mL），移液管（25 mL，10 mL），碱式滴定管（50 mL），锥形瓶（250 mL），pH211 型酸度计。
2. 试剂：NaOH（0.1000 $mol \cdot L^{-1}$，HAc（0.1 $mol \cdot L^{-1}$），酚酞指示剂。

五、实验步骤

1. 用标准 NaOH 溶液测定 HAc 溶液的浓度,用酚酞作指示剂。

2. 分别吸取 2.50 mL,5.00 mL 和 25.00 mL 上述的 HAc 溶液于 3 个 50 mL 容量瓶中,用蒸馏水稀释至刻度,摇匀,并分别计算出各个溶液的标准浓度。

3. 用 4 个干燥的 50 mL 烧杯,倒入上述 3 种浓度的 HAc 溶液及未经稀释的 HAc 溶液,由稀到浓分别用 pH 计测定它们的 pH 值并记录。

4. 数据记录和处理

(1)以表格的形式列出实验数据(自行设计),并计算电离常数 K_a 及电离度 α。

(2)根据实验结果讨论 HAc 电离度及其与浓度的关系。

六、分析与思考

1. 在醋酸溶液的平衡体系中,未电离的 HAc、Ac^- 和 H^+ 的浓度是如何获得的?

2. 在测定同一种电解质溶液的不同 pH 值时,测定的顺序为什么要由稀到浓?

3. 若改变所测 HAc 溶液的浓度和温度,HAc 的解离度和解离常数有无变化?

4.“电离度越大酸度就越大”这句话是否正确?根据本实验结果加以说明。

实验 6 硫酸钙溶度积常数的测定

一、实验目的

1. 理解难溶电解质溶解平衡的基本理论和离子交换法测定硫酸钙溶度积的原理和方法。

2. 学习和掌握离子交换树脂的处理和使用方法。

二、技术要素

1. 了解离子交换树脂的结构和作用机理。掌握离子交换树脂的预处理、装柱、洗脱、再生等正确操作方法。

2. 巩固酸度计的正确使用方法。

三、实验原理

$CaSO_4$ 在其饱和溶液中存在着下列平衡：

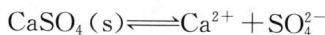

$$CaSO_4(s) \Longrightarrow Ca^{2+} + SO_4^{2-}$$

其溶度积为：

$$K_{sp} = c(Ca^{2+})c(SO_4^{2-})$$

本实验是利用离子交换树脂与饱和 $CaSO_4$ 溶液进行离子交换，来测定室温下 $CaSO_4$ 的溶解度，从而确定其溶度积。

离子交换树脂是一类分子中含有特殊活性基团能与其他物质进行离子交换的固态、球状的高分子聚合物。含有酸性基团（如磺酸基—SO_3H，羧基—$COOH$等）而能与其他物质交换阳离子的为阳离子交换树脂，含有碱性基团（如伯胺基—NH_2、仲胺基—NRH、叔胺基—NR_3、季胺基—NR_3OH 等）而能与其他物质交换阴离子的为阴离子交换树脂。最常用的聚苯乙烯磺酸型树脂是一种强酸性阳离子交换树脂，其结构式可表示为：

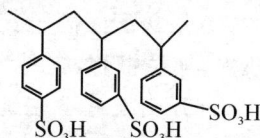

本实验采用强酸性阳离子交换树脂（用 $R—SO_3H$ 表示）（型号 732）交换 $CaSO_4$ 饱和溶液中的 Ca^{2+}，其交换反应为：

$$2R—SO_3H + Ca^{2+} \Longrightarrow (R—SO_3)_2Ca + 2H^+$$

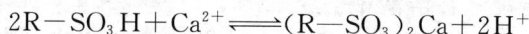

由于硫酸钙是微溶盐，因此在其饱和溶液中还存在着离子对和简单离子间的平衡关系：

$$CaSO_4(aq) \Longrightarrow Ca^{2+} + SO_4^{2-}$$

当溶液流经树脂时，由于 Ca^{2+} 被交换，平衡向右移动，$CaSO_4(aq)$ 离解，结果几乎所有的 Ca^{2+} 被交换成 H^+，从流出液的 $c(H^+)$ 可计算 $CaSO_4$ 的摩尔溶解度 y：

$$y = c(Ca^{2+}) + c(CaSO_4(aq)) = \frac{c(H^+)}{2}$$

$c(H^+)$ 可用酸度计测出，也可由标准 $NaOH$ 溶液滴定得出。

设饱和 $CaSO_4$ 溶液中 $[Ca^{2+}] = c$，则 $[SO_4^{2-}] = c$，$[CaSO_4(aq)] = y - c$。

且：

$$K_d = \frac{c(Ca^{2+})c(SO_4^{2-})}{c(CaSO_4(aq))}$$

K_d 为离子对离解常数，25℃时 $CaSO_4$ 的 $K_d = 5.2 \times 10^{-3}$，则

$$K_d = \frac{c(\text{Ca}^{2+})c(\text{SO}_4^{2-})}{c(\text{CaSO}_{4(aq)})} = \frac{c^2}{y-c} = 5.2 \times 10^{-3}$$

由方程求出 c，并根据溶度积定义，由 $K_{sp,\text{CaSO}_4} = c(\text{Ca}^{2+})c(\text{SO}_4^{2-}) = c^2$，求出 K_{sp}。

四、仪器与试剂

1. 仪器：离子交换柱（可用碱式滴定管代替），25 mL 移液管，100 mL 容量瓶，洗耳球，酸度计。

2. 试剂：CaSO$_4$ 饱和溶液，强酸型阳离子交换树脂（732 型），标准缓冲溶液（pH＝6.86，4.00）。

五、实验步骤

1. 离子交换树脂的处理

（1）装柱：将离子交换柱（可用碱式滴定管代替）洗净，底部先填入少量玻璃纤维或脱棉脂。称取一定量的 732 强酸型阳离子交换树脂（钠型，先用蒸馏水浸泡 24～48 h 并洗净），放入烧杯中，加蒸馏水，搅拌成"糊状"，除去悬浮的颗粒及杂质后，与水一起注入交换柱中，打开交换柱下端旋钮夹子，让水慢慢流出，直到液面高于树脂 1 cm 左右为止，夹紧底部夹子。若装柱时有气泡产生，可用玻棒插入树脂中赶走气泡，气泡赶走后，在树脂上方加少量玻璃纤维或棉花。以后操作过程，均应使树脂浸泡在溶液中。

（2）转型：为保证 Ca^{2+} 完全交换成 H$^+$，必须先将 Na$^+$ 型树脂完全转变成 H$^+$ 型，否则将使实验结果偏低。用 130 mL 2 mol·L^{-1} 的 HCl 溶液分批加入交换柱，控制 30 d/min 的流速使其通过树脂，待 HCl 溶液流完后，保持 10 min（注意：如果用的是酸处理好的树脂，可在装柱后直接按下法处理），然后用蒸馏水淋洗树脂，直到流出液呈中性（pH 为 6～7，可用 pH 试纸检验）。

以上操作在实验室课前准备完毕。

2. CaSO$_4$ 饱和溶液的制备

称取过量的 CaSO$_4$ 晶体（按室温时溶解度，见表 3-3），置于烧杯中，加入适量经煮沸后，又冷却至室温的蒸馏水中，加热使其溶解，放置冷却后，常压过滤（滤纸、漏斗和承接的容器均应干燥），滤液即为 CaSO$_4$ 饱和溶液。

3. 交换和洗涤

用移液管准确移取 25.00 mL 饱和 CaSO$_4$ 溶液，放入离子交换柱内。流出液用 100 mL 容量瓶承接，控制流速每分钟 20～25 d，不宜太快，以免影响树脂的交换效果。当 CaSO$_4$ 饱和溶液几乎完全流进树脂内时（即液面下降到略高于树脂时),缓慢加入 25 mL 蒸馏水洗涤树脂,流速仍控制 $20\sim25d/min$。再用 25 mL蒸馏水淋洗树脂,流速可适当加快,控制 $40\sim50d/min$。继续洗涤,当流出液接近 100 mL 时,用 pH 试纸检测流出液的 pH 值,直至 pH 接近 7 为止。夹紧螺旋夹。在整个交换和淋洗过程中注意勿使流出液损失。且在每次加液体之前,液面应略高于树脂 $2\sim3$ cm,这样既不会带进气泡,又能减少溶液之间的混合,以提高交换和洗涤的效果。

4. 再生

将交换后的离子交换树脂倒出,倾去多余的去离子水,然后用 $0.1\ mol\cdot L^{-1}$ HNO_3 溶液浸泡 24 h。

5. 氢离子浓度的测定

将装有流出液的 100 mL 容量瓶用蒸馏水定容,然后用酸度计测定溶液的 pH 值,计算 $c(H^+)_{100}$。

也可以采用酸碱滴定法,移取 25.00 mL 定容液,加入 2 滴溴百里酚酞指示剂,用标准 NaOH 溶液滴定,当溶液由黄色转变为鲜明的蓝色即为滴定终点。精确记录所用的 NaOH 溶液体积,然后计算溶液中的氢离子的浓度。

6. 数据记录及结果

$CaSO_4$ 饱和溶液温度	
通过交换柱的饱和溶液体积(mL)	
流出液的 pH 测定值	
流出液的 $c(H^+)_{100}$	
$c(H^+)/mol\cdot L^{-1}$	
25 mL 溶液完全交换后的 $c(H^+)_{25}=c(H^+)_{100}\times100/25$	
$CaSO_4$ 的溶解度 $y=c(H^+)_{25}/2$	
c	
$CaSO_4$ 的溶度积 K_{sp}	
误差	

计算时 K_d 近似取 25℃的数据,将计算过程写进实验报告。

误差分析,根据 $CaSO_4$ 的溶解度的文献值来算误差,并讨论误差产生的原因。

六、分析与思考

1. 操作过程中为什么控制液体流速不宜太快? 树脂层为什么不允许有气

泡的存在？应如何避免？

2. 如何根据实验结果计算 $CaSO_4$ 的溶度积？

3. 制备硫酸钙饱和溶液时,为什么要使用煮沸已除去 CO_2 的蒸馏水？

4. 影响最终测定结果的因素有哪些？通过影响因素分析,你认为整个操作过程中的关键步骤是什么？

5. 以下情况对实验结果有何影响？为什么？

1) 转型时,树脂未完全转换为 H^+ 型。

2) $CaSO_4$ 饱和液未冷却至室温就过滤。

3) 过滤 $CaSO_4$ 饱和液的漏斗和接受瓶未干燥。

4) 转型时,流出的淋洗液未达中性就停止淋洗并进行交换。

附

$CaSO_4$ 的溶解度的文献值

T / ℃	0	10	20	30
溶解度/ $mol \cdot L^{-1}$	1.29×10^{-2}	1.43×10^{-2}	1.50×10^{-2}	1.54×10^{-2}

实验 7 磺基水杨酸合铁(Ⅲ)配合物的组成及稳定常数的测定

一、实验目的

1. 理解等摩尔系列法测定配合物组成及稳定常数的原理和方法。

2. 掌握分光光度法的原理和分光光度计的使用。

3. 学习用作图法处理实验数据的方法。

二、技术要素

1. 学习并掌握 72 型分光光度计的正确使用方法,减少操作误差。

2. 精确配制一系列测试溶液,以降低实验误差。

三、实验原理

1. 朗伯-比尔定律

朗伯-比尔定律是分光光度法进行定量分析的理论依据。即当一束平行单色光(光强度 I_0)通过厚度为 b 的均匀、非散射的溶液时,溶液吸收了光能,强度就减弱为 I。该定律规定溶液中有色物质对光的吸收程度(用光密度 D 表示)与溶液厚度b、有色物质的浓度c成正比：

$$D = \lg(I_0/I) = \varepsilon bc$$

式中：ε 为摩尔吸光系数，$L \cdot mol^{-1} \cdot cm^{-1}$，$c$ 为物质的量浓度，$mol \cdot L^{-1}$。因此，如果液层厚度b不变，D只与有色物质的浓度成正比。

2. 等摩尔系列法测定配合物的组成及稳定常数

设金属离子 M 和配体 L 在一定条件下只生成一种有色配合物 ML_n，反应式如下：

$$M + L \rightleftharpoons ML_n$$

测定配合物的组成就是要确定 ML_n 中的 n。所谓等摩尔系列法，就是保持溶液中中心离子的浓度与配位体浓度之和不变，即总物质的量不变，改变中心离子与配位体的相对量，配制成一系列溶液，在这一系列溶液中，金属离子溶液的用量从多到少逐渐递减，配体溶液的用量逐渐递增，则溶液中配合物的浓度先增后减，其颜色由浅变深，再由深变浅。根据朗伯-比尔定律，配合物的光密度值也是先增后减，以光密度为纵坐标，配体的摩尔分数为横坐标作图，得到如图 3-1 的光密度（D）-组成图。同样，根据朗伯-比尔定律，图 3-1 应该是两条以 A 为交点的直线，A 点处对应的溶液组成即为该配合物的组成，因为只有当组成与配离子组成一致的时候，溶液中形成的配合物的浓度最大，对光的吸收也最大。但在实际测定时，由于配合物会发生部分离解，所以曲线的顶端出现了弯曲，在计算配合物组成 n 时，往往将两边的直线部分延长，另其相交于 A 点。

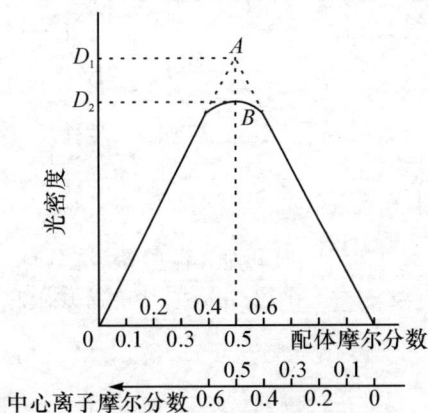

图 3-1 光密度（D）-组成图

用等摩尔系列法还可求算配合物的稳定常数。配合物在溶液中会发生解离，在 M 或 L 过量较多的溶液中，解离作用不明显，表现为 A 点两侧光密度与组成几乎成直线关系；而当 M 或 L 过量都不多时，配合物的解离度增加，且在溶

液组成与配合物一致时达到最大,表现为光密度-组成图偏离两条直线而在最大值区域出现了圆滑部分。图 3-1 中 B 即为实验测得的光密度极大值(D_2),假设 A 点为配合物不解离时的光密度极大值(D_1),那么在液层厚度 b 不变的情况下,光密度只与配合物的浓度成正比,因此对于配位平衡 $M+L \rightleftharpoons ML$ 来说,配合物的解离度 α:

$$\alpha = \frac{D_1 - D_2}{D_1}$$

$$平衡常数 \quad K_稳 = \frac{c(ML)}{c(M)c(L)} = \frac{c - c\alpha}{c\alpha \cdot c\alpha} = \frac{1-\alpha}{c\alpha^2}$$

式中:c 为与 A(或 B)点对应的溶液中 M 离子的总物质的量浓度。

本实验测定的是 Fe^{3+} 与磺基水杨酸(

)形成的配合物的组成和稳定常数。形成的配合物的组成,根据溶液 pH 值的不同而不同。在 pH<4 时,形成 1∶1 的配合物,呈紫红色;pH 在 4~10 时形成 1∶2 的配合物,呈红色;pH 在 10 左右时,形成 1∶3 的配合物,为黄色。为了尽量避免金属离子和配体物质的吸收,本实验在 pH<2.5 下(通过加入一定量的 $HClO_4$ 控制溶液 pH 值),选用 500 nm 的波长进行测定。此时,反应方程为:

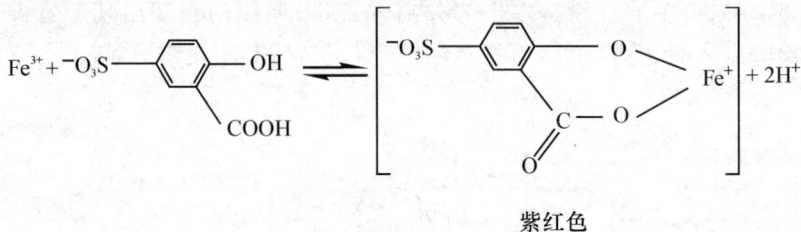

紫红色

四、仪器与试剂

1. 仪器:722 型分光光度计、吸量管、容量瓶、洗耳球。

2. 试剂:$Fe(NH_4)(SO_4)_2$($0.0100 \; mol \cdot L^{-1}$)、磺基水杨酸($0.0100 \; mol \cdot L^{-1}$)、$HClO_4$($0.01 \; mol \cdot L^{-1}$)

五、实验步骤

1. 配制 $0.0010 \; mol \cdot L^{-1}$ Fe^{3+} 溶液和 $0.0010 \; mol \cdot L^{-1}$ 磺基水杨酸溶液:分别精确移取 10.00 mL $0.0100 \; mol \cdot L^{-1}$ Fe^{3+} 溶液和 $0.0100 \; mol \cdot L^{-1}$ 磺基水杨酸溶液于 100 mL 容量瓶中,用 $0.01 \; mol \cdot L^{-1}$ $HClO_4$ 溶液作稀释液,定容后摇匀备用。

2. 按表 1 精确配制 11 个溶液,并混合均匀。

表 1　等摩尔系列法测定溶液吸光度　　　　　λ=_____ nm

溶液编号	0.01 mol·L^{-1} HClO$_4$/mL	0.0010 mol·L^{-1} Fe^{3+}/mL	0.0010 mol·L^{-1}磺基水杨酸/mL	磺基水杨酸的摩尔分数	吸光度 A
1	10.00	10.00	0.00		
2	10.00	9.00	1.00		
3	10.00	8.00	2.00		
4	10.00	7.00	3.00		
5	10.00	6.00	4.00		
6	10.00	5.00	5.00		
7	10.00	4.00	6.00		
8	10.00	3.00	7.00		
9	10.00	2.00	8.00		
10	10.00	1.00	9.00		
11	10.00	0.00	10.00		

3. 在波长为 500 nm 下,分别测定各个溶液的吸光度值,并记录。

4. 以吸光度为纵坐标、配体摩尔分数为横坐标,作吸光度-组成图,求出该配合物中配位体数目 n 和稳定常数 $K_稳$。

六、分析与思考

1. 本实验测定配合物的组成和稳定常数的原理是什么?

2. 在使用分光光度计测定溶液吸光度时,参比溶液采用什么溶液?

3. 本实验测定的每一份溶液的 pH 值是否需要一致?如不一致对结果有什么影响?

4. 1∶1 磺基水杨酸铁配合物的 lg$K_稳$ 文献值为 14.64,与实际测定结果比较,分析误差产生的原因。

实验 8　二氧化碳相对分子质量的测定

一、实验目的

1. 学习并理解气体相对密度法测定相对分子质量的原理和方法。

2. 加深对理想气体状态方程和阿佛伽德罗定律的理解。

3. 学习启普发生器的使用方法,并熟悉洗涤、干燥气体的装置。

4. 掌握分析天平的称量操作。

二、技术要素

1. 学习气体发生、净化和干燥等操作。掌握控制启普发生器生成气体流速的方法。

2. 正确使用电子分析天平,减少称量误差。

三、实验原理

根据阿伏伽德罗定律,同温同压下,同体积的任何气体含有相同的分子数。因此,在同温同压下,同体积的两种气体的质量之比等于它们的相对分子质量之比,即

$$M_1/M_2 = m_1/m_2$$

其中:M_1 和 m_1 代表第一种气体的相对分子质量和质量;M_2 和 m_2 代表第二种气体的相对分子质量和质量。

本实验是把同体积的二氧化碳气体与空气(其平均相对分子质量为 29.0)相比。这样二氧化碳的相对分子质量可按下式计算:

$$M_{CO_2} = m_{CO_2} \cdot M_{空气} / m_{空气}$$

式中一定体积(V)的二氧化碳气体质量 m_{CO_2} 可直接从天平上称出。根据实验时的大气压(p)和温度(T),利用理想气体状态方程,可计算出同体积的空气的质量:

$$m_{空气} = pV \times 29.0 / RT$$

这样就求得了二氧化碳气体对空气的相对密度,从而测定二氧化碳气体的相对分子质量。

四、仪器与试剂

1. 仪器:启普发生器,洗气瓶,250 mL 锥形瓶,台秤,电子天平,温度计,气压计,橡皮管,橡皮塞等。

2. 试剂:HCl(6 mol·L⁻¹),硫酸铜溶液(1 mol·L⁻¹),NaHCO₃ 溶液(1 mol·L⁻¹),无水 CaCl₂,大理石等。

五、实验步骤

1. 制取二氧化碳气体

按下图 3-2 连接好装置制取 CO_2 气体。

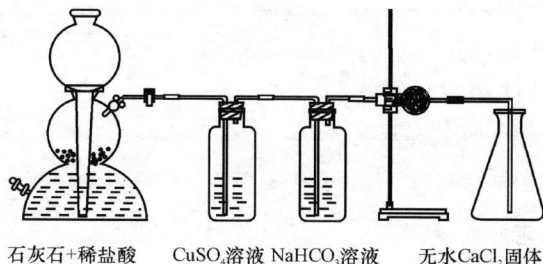

石灰石+稀盐酸　　$CuSO_4$溶液 $NaHCO_3$溶液　　无水 $CaCl_2$ 固体

图 3-2 　CO_2 的制取、净化和干燥装置

2. 测定二氧化碳气体的相对分子量

(1)取一个洁净而干燥的锥形瓶,选一个合适的橡皮塞塞入瓶口,在塞子上作一个记号,以固定塞子塞入瓶口的位置。在天平上称出(空气+瓶+塞子)的质量。

(2)从启普发生器中产生的 CO_2 气体,依次通过 $CuSO_4$ 溶液、$NaHCO_3$溶液和无水 $CaCl_2$ 固体,以除去在气体发生过程中产生的 H_2S、酸雾、水汽等后,导入锥形瓶内。因为 CO_2 气体的相对密度大于空气,所以必须把导气管插入瓶底,才能把瓶内的空气赶尽。$2\sim3\ min$ 后,用燃着的火柴检查瓶口以确保 CO_2 充满,再慢慢取出导气管,改用塞子塞住瓶口(应注意塞子是否在原来塞入瓶口的位置上)。在天平上称出(CO_2 气体+瓶+塞子)的质量,重复通入 CO_2 气体和称量的操作,直到前后两次(CO_2 气体+瓶+塞子)的质量相符为止(两次质量差$<1\sim2\ mg$)。

这样做的目的是为了保证瓶内的空气已完全被排出并充满了 CO_2 气体。

(3)最后在瓶内装满水,塞好塞子(注意塞子的位置),在台秤上称重,精确至 $0.1\ g$。记下室温和大气压。

3. 数据记录和处理

室温 $T/℃$ _____

气压 p/Pa _____

(空气+锥形瓶+瓶塞)的质量　　$m_A =$ _____

第一次($m_{CO_2}+m_{锥形瓶}+m_{瓶塞}$)的质量　　$m_1 =$ _____

第二次($m_{CO_2}+m_{锥形瓶}+m_{瓶塞}$)的质量　　$m_2 =$ _____

61

$m_B = m_{CO_2平均} + m_{锥形瓶} + m_{瓶塞}$，则　$m_B =$ _____

（水＋锥形瓶＋瓶塞）的质量　$m_C =$ _____

瓶的容积　$V = (m_C - m_A)/1.00 =$ _____

瓶内空气的质量　$m_{空气} = pVM_{空气}/RT =$ _____

瓶和塞子的质量　$m_D = m_A - m_{空气} =$ _____

二氧化碳气体的质量　$m_{CO_2} = m_B - m_D =$ _____

二氧化碳气体的相对分子质量　$M_{CO_2} =$ _____

误差：$\dfrac{M_{CO_2(实际)} - M_{CO_2(理论)}}{M_{CO_2(理论)}} \times 100\% =$ _____

六、分析与思考

1. 为什么（二氧化碳气体＋瓶＋塞子）的质量要在天平上称量，而（水＋瓶＋塞子）的质量则可以在台秤上称量？两者的要求有何不同？

2. 为什么在计算锥形瓶的容积时不考虑空气的质量，而在计算二氧化碳的质量时却要考虑空气的质量？

3. 为什么橡皮塞要塞入相同的位置？

第四章　元素化学实验

实验 9　氯、溴、碘系列实验

一、实验目的

1. 掌握卤素的氧化性与卤素离子还原性的递变规律。
2. 掌握卤化氢的制备方法并验证其性质。
3. 熟悉次氯酸盐和氯酸盐的强氧化性。
4. 了解卤化银的难溶性变化规律。
5. 掌握卤素离子的分离与鉴定方法。

二、技术要素

1. 掌握进行元素性质实验的实验技巧,熟练掌握溶液的滴加、振荡、加热技术和离心分离技术。
2. 掌握混合离子分离的实验技术,熟练掌握离子的鉴定技术。

三、实验原理

卤素是 p 区元素,是第ⅦA 主族,价电子构型是 ns^2np^5,其中 F、Cl、Br、I 是非金属元素,其性质有明显的递变规律。

1. **卤族元素的主要特点**

(1)同周期元素中非金属性最强。

(2)单质均为氧化剂。

(3)常见氧化值为－1,还可表现出＋1、＋3、＋5、＋7 等正氧化值。

(4)卤素是氧化剂,它们的氧化性按下列顺序变化:

$$F_2 > Cl_2 > Br_2 > I_2$$

卤素离子的还原性按相反顺序变化:

$$I^- > Br^- > Cl^- > F^-$$

63

2. 卤素单质与水的反应

氧化反应：$2X_2 + 2H_2O \Longrightarrow 4HX + O_2 \uparrow$

歧化反应：$X_2 + H_2O \Longrightarrow HXO + HX$

氯的水溶液称为氯水。氯水存在下列平衡：

$$Cl_2 + H_2O \Longrightarrow HCl + HClO$$

将氯气通入冷的碱溶液中，可生成次氯酸盐。次氯酸和次氯酸盐都是强氧化剂。氯酸盐在中性溶液中，没有明显的氧化性，但在酸性介质中有明显的氧化性。

3. 卤素的主要化合物

（1）HX 的还原性

$$MnO_2 + 4HCl \Longrightarrow MnCl_2 + Cl_2 \uparrow + 2H_2O$$

$$2HBr + H_2SO_4(浓) \Longrightarrow SO_2 + Br_2 + 2H_2O$$

$$8HI + H_2SO_4(浓) \Longrightarrow H_2S + 4I_2 + 4H_2O$$

（2）次氯酸及其盐

$$2Cl_2 + 4NaOH \Longrightarrow 2NaClO + 2NaCl + 2H_2O$$

$$2Cl_2 + 2Ca(OH)_2 \Longrightarrow Ca(ClO)_2 + CaCl_2 + 2H_2O$$

$$NaClO + 2HCl \Longrightarrow NaCl + Cl_2 \uparrow + H_2O$$

$$Ca(ClO)_2 + 4HCl \Longrightarrow CaCl_2 + 2Cl_2 \uparrow + 2H_2O$$

（3）卤化银的生成与性质

Cl^-、Br^-、I^- 能与 $AgNO_3$ 作用，分别生成 $AgCl$（白色）、$AgBr$（淡黄色）、AgI（黄色）均难溶于水，溶解度依次降低。$AgCl$ 在过量浓氨水中溶解，生成 $[Ag(NH_3)_2]^+$ 配离子。

$$AgCl + 2NH_3 \Longrightarrow [Ag(NH_3)_2]^+ + Cl^-$$

$AgBr$ 则可溶于 $Na_2S_2O_3$ 溶液，生成 $[Ag(S_2O_3)_2]^{3-}$ 配离子。

KI-淀粉试纸可以用于鉴定 Cl_2，产生的 I_2 使淀粉变蓝，但过量的 Cl_2 会使蓝色褪去，发生如下反应：

$$5Cl_2 + I_2 + 6H_2O \Longrightarrow 2HIO_3 + 10HCl$$

Br^- 和 I^- 可以被氯水氧化为 Br_2 和 I_2，若用 CCl_4 萃取，则 Br_2 在 CCl_4 层中呈橙黄色，I_2 在 CCl_4 层中呈紫色，根据此现象即可鉴定 Br^- 和 I^-。

四、仪器与试剂

1. 仪器

离心分离机，烧杯，酒精灯，水浴，离心试管。

2. 试剂

酸：HCl（12.0 mol·L^{-1}），H$_2$SO$_4$（2.0 mol·L^{-1}，浓），HNO$_3$（1.0 mol·L^{-1}，6.0 mol·L^{-1}），HAc（2.0 mol·L^{-1}）。

碱：NaOH（2.0 mol·L^{-1}，10.0 mol·L^{-1}），NH$_3$·H$_2$O（2.0 mol·L^{-1}，6.0 mol·L^{-1}）。

盐：NaCl（0.1 mol·L^{-1}），KBr（0.1 mol·L^{-1}），KI（0.1 mol·L^{-1}），MnSO$_4$（1.5 mol·L^{-1}）。

固体：NaCl，KBr，KI，锌粉。

其他：氯水（饱和），CCl$_4$，溴水（饱和），品红溶液，广泛 pH 试纸，KI-淀粉试纸，Pb(Ac)$_2$ 试纸。

五、实验步骤

1. 卤素单质氧化性比较

（1）在 A、B 两支试管中，分别加入 15 滴 0.1 mol·L^{-1} 的 KBr 溶液和 0.1 mol·L^{-1} 的 KI 溶液，然后在两支试管中分别滴入 CCl$_4$，接着再逐滴加入氯水，振荡试管，观察实验现象，解释并写出反应方程式。

（2）在试管中逐滴加入 8 滴 0.1 mol·L^{-1} 的 KI 溶液与 CCl$_4$，然后滴入溴水，振荡试管。观察实验现象，解释并写出反应方程式。

对卤素单质氧化性的强弱顺序进行总结。

2. 卤化氢还原性比较

在 A、B、C 3 支试管中分别加入少量 KCl、KBr、KI 固体，接着在 3 支试管中分别滴入数滴浓 H$_2$SO$_4$，观察试管中的颜色变化。再分别选用 pH 试纸、KI-淀粉试纸、Pb(Ac)$_2$ 试纸对产生的气体进行检验，解释实验现象，写出反应方程式。

对卤素离子还原性的强弱顺序进行总结。

3. 次氯酸盐的性质

取 2mL 氯水，逐滴加入 NaOH 至溶液呈碱性（pH＝9）。然后将所得溶液分别盛于 A、B、C、D 4 支试管中，分别进行以下试验：

（1）在 A 试管中加入 5 滴 2.0mol·L^{-1} HCl，然后用 KI-淀粉试纸检验释放的氯气。

（2）在 B 试管中加 2 滴 KI 溶液，然后加淀粉溶液数滴，观察实验现象。

（3）在 C 试管中加入 5 滴 0.1 mol·L^{-1} MnSO$_4$ 溶液。

（4）在 D 试管中加入数滴品红溶液，观察品红溶液颜色的变化情况。

根据上述实验，对 NaClO 的性质进行总结并加以解释，写出有关反应方程式。

4. 氯酸盐的性质

在 A、B、C 3 支试管中分别加入饱和 $KClO_3$ 溶液,然后进行下列实验:

(1)在 A 试管中加入少量浓 HCl,试证明有氯气产生,写出反应方程式。

(2)在 B 试管中加入 $0.1\ mol \cdot L^{-1}$ 的 KI 溶液和淀粉指示剂,再逐滴加入 $2.0\ mol \cdot L^{-1}\ H_2SO_4$,振荡试管,观察现象,解释并写出反应方程式。

根据上述实验,对氯酸盐的性质进行总结并加以解释。

5. 卤素离子的鉴定

(1)在 A、B、C 3 支试管中分别滴加 2 滴 $0.1\ mol \cdot L^{-1}\ NaCl$、$0.1\ mol \cdot L^{-1}$ KBr、$0.1\ mol \cdot L^{-1}\ KI$ 溶液,然后分别滴加 2 滴 $6.0\ mol \cdot L^{-1}\ HNO_3$,再滴加 $AgNO_3$ 溶液使沉淀完全,观察 A、B、C 试管中产生沉淀的现象,解释并写出反应方程式。接着向 A 试管中的沉淀加数滴 $6.0 mol \cdot L^{-1}$ 的 HNO_3,观察沉淀是否溶解。若不溶解,则滴入数滴 $6.0 mol \cdot L^{-1}$ 的氨水溶液,振荡试管,直到沉淀消失。然后再加入 $6 mol \cdot L^{-1}$ 的 HNO_3 进行酸化,则又有沉淀析出。此方法证明溶液中存在 Cl^-。

(2)Br^- 和 I^- 的鉴定。在 A、B 两支试管中分别加入 2 滴 $0.1 mol \cdot L^{-1}$ 的 KBr 溶液和 KI 溶液,再加入 5 滴 CCl_4,然后逐滴加入饱和氯水,边加边振荡,如果 CCl_4 层中出现棕色则表示有 Br^- 存在,如果 CCl_4 层中出现紫红色则表示存在 I^-。

6. 混合离子的分离和鉴定

取一份未知溶液(可能含有 Cl^-、Br^-、I^-),自行设计实验路线,分离和鉴定此溶液中存在的离子,并写出有关反应方程式。

六、分析与思考

1. 通 Cl_2 于 KI 溶液中,溶液会先变成棕色,然后棕色又褪色,这是为什么?

2. 用 $AgNO_3$ 试剂检验卤素离子时,为什么要加少量 HNO_3?

3. 如何设计实验路线将 Br^- 和 I^- 进行分离?

实验 10 氧、硫系列实验

一、实验目的

1. 掌握过氧化氢的氧化还原性。

2. 掌握硫化氢和硫化物的性质。

3. 熟悉亚硫酸及其盐的性质。

4. 掌握硫代硫酸及其盐的性质。

5. 掌握金属硫化物的生成和溶解条件。

6. 掌握 S^{2-}、SO_3^{2-}、$S_2O_3^{2-}$ 的分离和鉴定方法。

二、技术要素

1. 熟练掌握进行元素性质实验的实验技巧,熟练掌握溶液的滴加,振荡和离心分离技术。

2. 进一步掌握混合离子分离的实验技术,巩固离子的鉴定技术。

三.实验原理

1. 氧族元素的主要特点

(1)同周期元素中非金属性较强,价电子构型:ns^2np^4

(2)常见氧化值为-2。除氧外,还可表现出$+2$、$+4$、$+6$等正氧化值。

(3)氧与大多数金属形成二元离子型化合物。

2. 氧、硫的主要化合物

(1)过氧化氢(H_2O_2)

①弱酸性。H_2O_2 具有弱酸性。例:

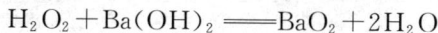

$$H_2O_2 + Ba(OH)_2 = BaO_2 + 2H_2O$$

②不稳定性。H_2O_2 具有不稳定性,在室温下分解较慢,见光可加速分解。

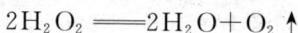

$$2H_2O_2 = 2H_2O + O_2\uparrow$$

③氧化还原性。H_2O_2 既有氧化性又具有还原性,作氧化剂时还原产物为 H_2O,作还原剂时氧化产物是氧气。如

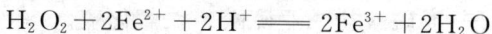

$$H_2O_2 + 2Fe^{2+} + 2H^+ = 2Fe^{3+} + 2H_2O$$

$$5H_2O_2 + 2MnO_4^- + 6H^+ = 2Mn^{2+} + 5O_2\uparrow + 8H_2O$$

(2)硫化氢、氢硫酸与硫化物

①硫化氢,氢硫酸。H_2S 结构与 H_2O 相似,稍溶于水,形成氢硫酸。

a.弱酸性。H_2S 是一种无色有毒气体,有臭鸡蛋味,稍溶于水,水溶液呈酸性,是二元弱酸。

b.还原性。

$$2H_2S + O_2(不完全) = 2S\downarrow + 2H_2O$$

$$2H_2S + 3O_2(完全) = 2SO_2 + 2H_2O$$

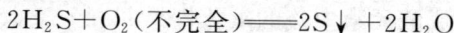

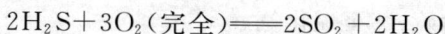

遇到强氧化剂时氧化产物为:SO_4^{2-}

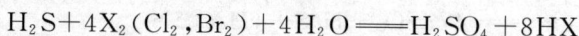

$$H_2S + 4X_2(Cl_2,Br_2) + 4H_2O = H_2SO_4 + 8HX$$

$$5H_2S + 2MnO_4^- + 6H^+ = 2Mn^{2+} + 5S\downarrow + 8H_2O$$

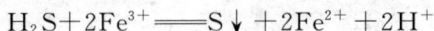

$$5H_2S+8MnO_4^-+14H^+ \Longrightarrow 8Mn^{2+}+5SO_4^{2-}+12H_2O$$

$$H_2S+2Fe^{3+} \Longrightarrow S\downarrow +2Fe^{2+}+2H^+$$

②金属硫化物

a. 颜色。H_2S 可以与许多金属离子生成不同颜色的金属硫化物沉淀,大多数为黑色,其他如 SnS(棕)、SnS_2(黄)、As_2S_3(黄)、As_2S_5(黄)、Sb_2S_3(橙)、Sb_2S_5(橙)、MnS(肉)、ZnS(白)、CdS(黄)、CuS(黑)、PbS(黑)。

b. 溶解性。硫化物大多数难溶于水。只有 NH_4^+ 和碱金属的硫化物易溶于水。

MnS、FeS、CoS、NiS、ZnS 等溶于稀酸。CuS 不溶于盐酸,必须用硝酸溶解。HgS 溶于王水。

根据金属硫化物的溶解度和颜色的不同,可以分离和鉴定金属离子。

c. S^{2-} 的鉴定。S^{2-} 能与稀酸反应发生 H_2S 气体。可根据 H_2S 能使乙酸铅试纸变黑的现象而检验出 S^{2-}。

$$S^{2-}+2H^+ \Longrightarrow H_2S$$

$$Pb(Ac)_2+H_2S \Longrightarrow PbS+2HAc$$

(3)二氧化硫、亚硫酸及其盐

①SO_2　无色气体,有强烈刺激性气味,易溶于水,为大气污染源之一,易溶于水后形成亚硫酸。

②亚硫酸及其盐　亚硫酸及其盐常作还原剂,但遇强还原剂时也可以作氧化剂。SO_2 具有漂白性,使品红褪色。

$$SO_2+H_2O \Longrightarrow H_2SO_3$$

a. 酸性。在水溶液中是二元中强酸,$K_{a_1}^{\ominus}=1.54\times10^{-2}$

b. 氧化还原性。还原性顺序:亚硫酸盐＞亚硫酸＞二氧化硫。

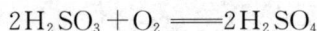

$$2H_2SO_3+O_2 \Longrightarrow 2H_2SO_4$$

再如:$H_2SO_3+Br_2+H_2O \Longrightarrow H_2SO_4+2HBr$

遇强还原剂时表现出氧化性:

$$H_2SO_3+2H_2S \Longrightarrow 3S\downarrow +3H_2O$$

(4)硫酸及其盐

硫酸是二元强酸。浓 H_2SO_4 具有强吸水性,可以作干燥剂,具有强氧化性。浓 H_2SO_4 的强氧化性主要是成酸元素中硫的氧化性。

a. 与活泼金属反应还原产物为硫,甚至硫化氢。

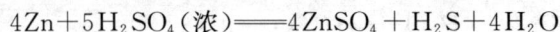

$$3Zn+4H_2SO_4(浓) \Longrightarrow 3ZnSO_4+S\downarrow +4H_2O$$

$$4Zn+5H_2SO_4(浓) \Longrightarrow 4ZnSO_4+H_2S+4H_2O$$

b.当与不活泼金属以及非金属作用时还原产物一般为二氧化硫。

$$Cu+2H_2SO_4(浓)\stackrel{}{=\!=\!=}CuSO_4+SO_2\uparrow+2H_2O$$

$$C+2H_2SO_4(浓)\stackrel{}{=\!=\!=}CO_2\uparrow+2SO_2\uparrow+2H_2O$$

(5)硫代硫酸盐

①不稳定性。硫代硫酸($H_2S_2O_3$)不稳定,在酸性溶液中易分解。

$$S_2O_3^{2-}+2H^+\stackrel{}{=\!=\!=}S\downarrow+SO_2\uparrow+H_2O$$

②还原性。遇强氧化剂时被氧化为 SO_4^{2-}:

$$S_2O_3^{2-}+4Cl_2+5H_2O\stackrel{}{=\!=\!=}2SO_4^{2-}+8Cl^-+10H^+$$

与较弱的氧化剂作用时则被氧化为 $S_4O_6^{2-}$:

$$S_2O_3^{2-}+I_2\stackrel{}{=\!=\!=}S_4O_6^{2-}+2I^-$$

③配位能力。$S_2O_3^{2-}$ 具有很强的配位能力,能与许多金属离子形成配离子。

$$AgBr+2S_2O_3^{2-}\stackrel{}{=\!=\!=}[Ag(S_2O_3)_2]^{3-}+Br^-$$

另外,重金属的硫代硫酸盐难溶但不稳定,一个典型的反应可以用来鉴定 $S_2O_3^{2-}$。

$S_2O_3^{2-}$ 与 Ag^+ 作用生成白色硫代硫酸银沉淀,迅速变黄再变为棕色,最后变为黑色的硫化银沉淀。这是 $S_2O_3^{2-}$ 最特殊的反应之一,可以用来鉴定 $S_2O_3^{2-}$ 的存在,反应式如下:

$$2Ag^++S_2O_3^{2-}\stackrel{}{=\!=\!=}Ag_2S_2O_3\downarrow$$

$$Ag_2S_2O_3+H_2O\stackrel{}{=\!=\!=}H_2SO_4+Ag_2S\downarrow$$

四、仪器与试剂

1. 仪器

离心分离机,烧杯,离心试管。

2. 试剂

酸:HCl(2.0 $mol\cdot L^{-1}$,6.0 $mol\cdot L^{-1}$,12.0 $mol\cdot L^{-1}$),H_2SO_4(2.0 $mol\cdot L^{-1}$,浓),HNO_3(6.0 $mol\cdot L^{-1}$),H_2S(饱和),王水。

碱:$NaOH$(2.0 $mol\cdot L^{-1}$,10.0 $mol\cdot L^{-1}$),$NH_3\cdot H_2O$(2.0 $mol\cdot L^{-1}$,6.0 $mol\cdot L^{-1}$)。

盐:$Pb(NO_3)_2$(0.1 $mol\cdot L^{-1}$),KI(0.1 $mol\cdot L^{-1}$),$KMnO_4$(0.1 $mol\cdot L^{-1}$,0.01 $mol\cdot L^{-1}$,0.02 $mol\cdot L^{-1}$),Na_2S(0.1 $mol\cdot L^{-1}$,0.2 $mol\cdot L^{-1}$),Na_2SO_3(0.1 $mol\cdot L^{-1}$),$FeCl_3$(0.1 $mol\cdot L^{-1}$),$ZnSO_4$(0.1 $mol\cdot L^{-1}$),$CdSO_4$(0.1 $mol\cdot L^{-1}$),$CuSO_4$(0.1 $mol\cdot L^{-1}$),$Hg(NO_3)_2$(0.1 $mol\cdot L^{-1}$),Na_2SO_3(0.5 $mol\cdot L^{-1}$),$BaCl_2$(0.1 $mol\cdot L^{-1}$),$Na_2S_2O_3$(0.1 $mol\cdot L^{-1}$),$AgNO_3$(0.1 $mol\cdot L^{-1}$)。

其他：H_2O_2(3％),淀粉溶液,戊醇,硫代乙酰胺(5％),CCl_4,溴水(饱和),品红溶液,碘水,广泛 pH 试纸,KI-淀粉试纸,$Pb(Ac)_2$ 试纸,品红试纸。

五、实验步骤

1. 过氧化氢的性质

(1)H_2O_2 的氧化性。在 A 试管中加入 5 滴 0.1 mol·$L^{-1}$$Pb(NO_3)_2$ 溶液与数滴 H_2S 饱和溶液,再逐滴加入 3％H_2O_2,观察实验现象,写出反应方程式。

在 B 试管中加入 0.5mL 0.1 mol·L^{-1} KI 溶液,滴入 3 滴 2.0 mol·$L^{-1}$$H_2SO_4$,再逐滴加入 3％$H_2O_2$ 溶液,并滴入 2～3 滴淀粉溶液,观察实验现象,写出反应方程式。

请自行设计 2 个还原剂,说明 H_2O_2 的氧化性。

(2)H_2O_2 的还原性。在试管中加入 2 滴 0.02 mol·L^{-1}KMnO$_4$,加 2 滴 2.0 mol·L^{-1}的 H_2SO_4,然后再逐滴加入 3％的 H_2O_2,观察实验现象,写出反应方程式。

请自行设计 2 个氧化剂,说明 H_2O_2 的还原性。

(3)H_2O_2 的酸碱性。在试管中加入 10 滴 3％H_2O_2,测其 pH。

(4)H_2O_2 的催化分解。在试管中加入 10 滴 3％的 H_2O_2 溶液,加入少量 MnO_2 粉末,然后再迅速用带火星的火柴置于试管中,观察实验现象,写出反应方程式。

(5)H_2O_2 的检验。在试管中加入 2～3 滴 3％的 H_2O_2 溶液,加入 2.0mL 水、0.5mL 戊醇和 2 滴 2.0 mol·L^{-1}硫酸溶液,然后再加入 2 滴 0.1 mol·$L^{-1}$$K_2Cr_2O_7$ 溶液,振荡试管,观察实验现象,写出反应方程式。

2. 硫化氢和硫化物的性质与鉴定

(1)H_2S 的制备与鉴定。在试管中加入 5 滴 0.1 mol·L^{-1}Na$_2$S,然后再加 5 滴 6.0mol·L^{-1}HCl,用湿润的 pH 试纸和 $Pb(Ac)_2$ 试纸检验所生成的气体。

请再自行设计 2 个制备 H_2S 的实验。

(2)H_2S 的还原性。在 A 试管中加入 5 滴 0.1 mol·L^{-1}Na$_2$S 溶液和 5 滴 0.1 mol·L^{-1}Na$_2$SO$_3$ 溶液,混合后滴加 2 滴 2.0 mol·$L^{-1}$$H_2SO_4$,观察实验现象,写出反应方程式。

在 B 试管中加入 5 滴 0.01 mol·L^{-1}的 KMnO$_4$ 溶液,加 2 滴 2.0mol·$L^{-1}$$H_2SO_4$,然后再加 4 滴 5％的硫代乙酰胺,微热,观察实验现象,写出反应方程式。

在 C 试管中加入 0.5mL 0.1 mol·L^{-1}的 FeCl$_3$,加 2 滴 2.0mol·$L^{-1}$$H_2SO_4$,然后再加 4 滴 5％的硫代乙酰胺,微热,观察实验现象,写出反应方程式。

请再自行设计 2 个氧化剂，说明 H_2S 的还原性。

（3）硫化物的生成与溶解。在 A、B、C、D 4 支离心试管中各加入 5 滴浓度均为 0.1 mol·L^{-1} $ZnSO_4$、$CdSO_4$、$CuSO_4$ 和 $Hg(NO_3)_2$，再分别加入 2 滴 0.2 mol·$L^{-1}$$Na_2S$，离心沉降，弃去清液，观察实验现象，写出反应方程式。

然后向 4 支离心试管中的沉淀依次加入 2.0 mol·L^{-1} HCl、6.0 mol·L^{-1} HCl、6.0 mol·$L^{-1}$$HNO_3$、王水（1 体积浓硝酸和 3 体积浓 HCl 的混合液），观察沉淀溶解情况。

写出有关反应方程式，比较硫化物溶解性的大小。

结合理论课程，请对硫化物的溶解性进行归纳与总结。

3. 亚硫酸及其盐的性质与鉴定

（1）H_2SO_3 的生成与性质。在试管中加入 2.0 mL 0.5 mol·L^{-1} 的 Na_2SO_3 溶液，再加 10 滴 2 mol·L^{-1} 的 H_2SO_4，微热，用湿润的 pH 试纸和品红试纸放在试管口，观察实验现象。

（2）亚硫酸盐的氧化还原性。在 A 试管中加入 0.5 mL mol·$L^{-1}$$Na_2SO_3$ 溶液，再加 2 滴 2 mol·L^{-1} 稀 H_2SO_4 溶液，然后逐滴加入饱和 H_2S 溶液，观察实验现象，写出反应方程式。

在 B 试管中加入 0.5 mL mol·$L^{-1}$$Na_2SO_3$ 溶液，再加 2 滴 2 mol·L^{-1} 稀 H_2SO_4 溶液，然后加入 2 滴 0.1 mol·L^{-1} $KMnO_4$ 溶液，观察实验现象，写出反应方程式。

请再自行设计 2 个实验，说明亚硫酸盐的氧化还原性。

（3）SO_3^{2-} 的鉴定。在试管中加入 2 滴 0.5 mol·$L^{-1}$$Na_2SO_3$ 溶液，然后加入 5 滴 2.0 mol·L^{-1} HCl 溶液和 0.1 mol·L^{-1} $BaCl_2$ 溶液，接着向试管中逐滴加入 3‰ H_2O_2，生成白色沉淀，则表示有 SO_3^{2-} 存在。

4. 硫代硫酸及其盐的性质与鉴定

（1）$S_2O_3^{2-}$ 的还原性。在试管中加入 5 滴 0.1 mol·L^{-1} $Na_2S_2O_3$ 溶液，然后滴 5 滴碘水，直至碘水颜色消失，观察实验现象。

（2）$S_2O_3^{2-}$ 歧化反应。在试管中加入 10 滴 0.1 mol·L^{-1} $Na_2S_2O_3$ 溶液，加入 1.0 mL 6.0 mol·L^{-1} 盐酸。观察实验现象，写出反应方程式。

（3）$S_2O_3^{2-}$ 的鉴定。在试管中加入 5 滴 0.1 mol·L^{-1} $Na_2S_2O_3$ 溶液，逐滴加入 0.1 mol·L^{-1} $AgNO_3$ 溶液，直到产生白色沉淀，然后再观察此沉淀的颜色变化（白色→黄色→棕色→黑色），则表示有 $S_2O_3^{2-}$ 的存在。写出有关反应方程式。

六、分析与思考

1. 如何保存 $Na_2S_2O_3$ 溶液，为什么？

2. 在 $AgNO_3$ 溶液中滴加 $Na_2S_2O_3$ 溶液,当所加入的 $Na_2S_2O_3$ 溶液的量不同时,产物是否相同?为什么?

3. Na_2SO_3 溶液放置时间长会发生什么变化?产生的杂质是什么?

4. 现有一固体混合物,含有 Na_2S、$NaHSO_3$、$NaHSO_4$ 和 $Na_2S_2O_3$,请设计实验,进行鉴别。

实验 11 氮、磷系列实验

一、实验目的

1. 掌握亚硝酸及其盐的性质。
2. 掌握硝酸及其盐的性质。
3. 熟悉磷酸及其盐的性质。
4. 掌握 NH_3、NH_4^+、NO_3^-、NO_2^-、PO_4^{3-} 的鉴定方法。

二、技术要素

1. 进一步掌握进行元素性质实验的实验技巧,熟练掌握溶液的滴加,振荡和离心分离技术。
2. 进一步掌握混合离子分离的实验技术,巩固离子的鉴定技术。

三、实验原理

氮、磷分别是第 VA 族中第二周期和第三周期的元素、价电子构型通式是 $ns^2 np^3$。

1. 氮、磷的主要特点
(1)形成正氧化值趋势较明显。
(2)与电负性较大的元素化合时,氧化值主要为 +3,+5。
(3)所形成的化合物大多是共价型的,且原子越小,形成共价键的趋势越大。

2. 氨水与胺盐
氨水为一元弱碱,具有还原性,可以进行加合反应与取代反应。

NH_4^+ 可以与强碱作用,生成氨气,生成的氨气与奈氏试剂($K_2[HgI_4]$)反应,此反应可以鉴定 NH_4^+。

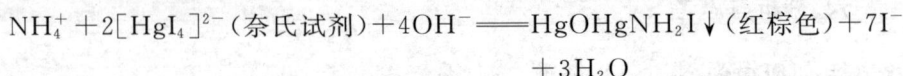

$$NH_4^+ + 2[HgI_4]^{2-}(奈氏试剂) + 4OH^- = HgOHgNH_2I\downarrow(红棕色) + 7I^-$$
$$+ 3H_2O$$

3. 亚硝酸及其盐

(1)酸性与稳定性。HNO_2 是一种很不稳定的弱酸($K_a^\ominus = 7.2 \times 10^{-4}$)。

亚硝酸不稳定,在常温下分解迅速,先生成 N_2O_3,在水溶液中呈现浅蓝色,再分解为 NO 和 NO_2(棕色),反应式如下:

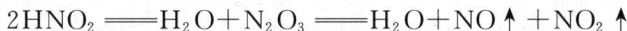

$$2HNO_2 \xrightarrow{\quad} H_2O + N_2O_3 \xrightarrow{\quad} H_2O + NO\uparrow + NO_2\uparrow$$

亚硝酸盐却是稳定的,亚硝酸盐比较稳定,其中 N 的氧化数为 +3,以氧化性为主,但遇到更强的氧化剂也会体现出一定的还原性。

(2)氧化还原性。酸性条件下主要表现出氧化性。例如:

$$2NO_2^- + 2I^- + 4H^+ \xrightarrow{\quad} 2NO + I_2 + 2H_2O$$
$$NO_2^- + Fe^{2+} + 2H^+ \xrightarrow{\quad} Fe^{3+} + NO + H_2O$$

在强氧化剂存在时才体现出还原性。例如:

$$5NO_2^- + 2MnO_4^- + 6H^+ \xrightarrow{\quad} 5NO_3^- + 2Mn^{2+} + 3H_2O$$

4. 硝酸及其盐

硝酸是强酸,具有强氧化性,与金属和非金属均能起反应。硝酸的还原产物随着作用对象与硝酸的浓度不同而不同。与非金属一般生成无色的 NO。浓硝酸与不活泼金属如 Cu 作用生成红棕色的 NO_2;稀硝酸生成 NO,如果极稀的硝酸与活泼金属如 Zn 作用,则生成 NH_4^+。

(1)与非金属单质作用

$$HNO_3 + 非金属单质 \longrightarrow 相应的高价酸 + NO$$
$$2HNO_3 + S \xrightarrow{\quad} H_2SO_4 + 2NO$$
$$10HNO_3 + 3I_2 \xrightarrow{\quad} 6HIO_3 + 10NO + 2H_2O$$

(2)与金属单质作用。冷的浓硝酸能使 Fe、Al、Cr 钝化。

大部分金属可溶于硝酸,硝酸被还原的程度与金属的活泼性和硝酸的浓度有关:

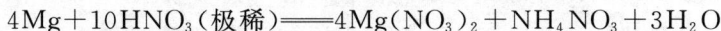

$$Cu + 4HNO_3(浓) \xrightarrow{\quad} Cu(NO_3)_2 + 2NO_2 + 2H_2O$$
$$3Cu + 8HNO_3(稀) \xrightarrow{\quad} 3Cu(NO_3)_2 + 2NO + 4H_2O$$
$$4Mg + 10HNO_3(极稀) \xrightarrow{\quad} 4Mg(NO_3)_2 + NH_4NO_3 + 3H_2O$$

规律:HNO_3 越稀,金属越活泼,HNO_3 被还原的氧化值越低。

不溶于硝酸的金和铂能溶于王水,主要是靠氧化、配位溶解:

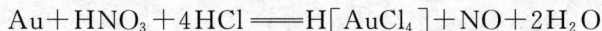

$$Au + HNO_3 + 4HCl \xrightarrow{\quad} H[AuCl_4] + NO + 2H_2O$$

5. P_2O_5、H_3PO_4、多酸及其盐

磷酸是三元中强酸,与不同量的强碱中和可以生成正盐、一氢盐和二氢盐,这些盐与 $AgNO_3$ 作用都生成黄色的 Ag_3PO_4。而钙盐的溶解度则各不相同,$Ca_3(PO_4)_2$ 和 $CaHPO_4$ 难溶,而 $Ca(H_2PO_4)_2$ 易溶。

P_4O_{10}(即五氧化二磷)遇水生成聚偏磷酸$(HPO_3)_n$,在酸性介质中继续水解为$H_4P_2O_7$(焦磷酸),完全水解产物是H_3PO_4。

6. NO_3^-与PO_4^{3-}的鉴定

(1)$NO_3^- + 3Fe^{2+} + 4H^+ \\!=\\!=\\!= 3Fe^{3+} + NO + 2H_2O$

$Fe^{2+} + NO \\!=\\!=\\!= [Fe(NO)]^{2+}$(棕色环)

(2)PO_4^{3-}和$P_2O_7^{4-}$与$AgNO_3$作用,分别生成$AgPO_3$和$Ag_4P_2O_7$的白色沉淀。

$3Ag^+ + PO_4^{3-} \\!=\\!=\\!= Ag_3PO_4 \downarrow$(黄色)

PO_4^{3-}在酸性介质中可以与过量的$(NH_4)_2MoO_4$反应,生成磷钼(杂多)酸铵:

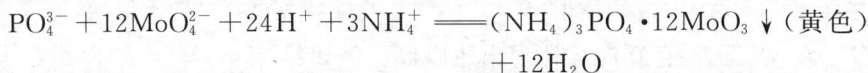

$PO_4^{3-} + 12MoO_4^{2-} + 24H^+ + 3NH_4^+ \\!=\\!=\\!= (NH_4)_3PO_4 \cdot 12MoO_3 \downarrow$(黄色)
$+ 12H_2O$

四、仪器与试剂

1. 仪器

离心分离机,烧杯,离心试管,冰水浴

2. 试剂

酸:HCl($2.0 \text{ mol} \cdot \text{L}^{-1}$),$H_2SO_4$($2.0 \text{ mol} \cdot \text{L}^{-1}$,浓),$HNO_3$($6.0 \text{ mol} \cdot \text{L}^{-1}$,$16.0 \text{ mol} \cdot \text{L}^{-1}$),HAc($2.0 \text{ mol} \cdot \text{L}^{-1}$)。

碱:NaOH($0.1 \text{ mol} \cdot \text{L}^{-1}$,$6.0 \text{ mol} \cdot \text{L}^{-1}$),$NH_3 \cdot H_2O$($2.0 \text{ mol} \cdot \text{L}^{-1}$)。

盐:$AgNO_3$($0.1 \text{ mol} \cdot \text{L}^{-1}$),KI($0.1 \text{ mol} \cdot \text{L}^{-1}$),$KMnO_4$($0.01 \text{ mol} \cdot \text{L}^{-1}$),$NaNO_2$(饱和,$0.1 \text{ mol} \cdot \text{L}^{-1}$),$BaCl_2$($0.1 \text{ mol} \cdot \text{L}^{-1}$),$CaCl_2$($0.1 \text{ mol} \cdot \text{L}^{-1}$),$Na_3PO_4$($0.1 \text{ mol} \cdot \text{L}^{-1}$),$Na_2HPO_4$($0.1 \text{ mol} \cdot \text{L}^{-1}$),$NaH_2PO_4$($0.1 \text{ mol} \cdot \text{L}^{-1}$),$Na_4P_2O_7$($0.1 \text{ mol} \cdot \text{L}^{-1}$),$Na_2CO_3$($0.1 \text{mol} \cdot \text{L}^{-1}$),$NH_4Cl$($0.1 \text{ mol} \cdot \text{L}^{-1}$),$KNO_3$($0.1 \text{ mol} \cdot \text{L}^{-1}$),$(NH_4)_2MoO_4$($0.1 \text{ mol} \cdot \text{L}^{-1}$)。

固体:$NaNO_3$,$Cu(NO_3)_2$,$FeSO_4 \cdot 7H_2O$,P_4O_{10},硫粉,锌片,铜片。

其他:奈斯勒试剂,广泛pH试纸。

五、实验步骤

1. 氨和NH_4^+的鉴定

(1)在试管中加入10滴$0.1 \text{ mol} \cdot \text{L}^{-1} NH_4Cl$,然后加入10滴$2.0 \text{ mol} \cdot \text{L}^{-1}$ NaOH,微热,用湿润的红色石蕊试纸检验产生的气体。

(2)取5滴$0.1 \text{ mol} \cdot \text{L}^{-1} NH_4Cl$溶液,然后再分别加入5滴$2.0 \text{ mol} \cdot \text{L}^{-1}$ NaOH和2滴奈斯勒试剂,直到红棕色沉淀生成,观察实验现象,写出反应方程式。

2. 亚硝酸及其盐的氧化还原性

(1)亚硝酸的制备与分解。在试管中加入 10 滴 0.1 mol·L^{-1} NaNO$_2$ 溶液，置于冰水浴中，接着向试管中逐渐滴入 10 滴 2.0mol·L^{-1} 的 H$_2$SO$_4$，观察实验现象，然后将试管在室温中放置，观察实验现象，写出有关反应方程式。

(2)亚硝酸盐的氧化还原性。在 A 试管中加入 10 滴 0.1 mol·L^{-1} KI 溶液和 10 滴 mol·L^{-1} 的 NaNO$_2$ 溶液，然后加入 2 滴 2 mol·L^{-1} 的 H$_2$SO$_4$ 酸化，观察实验现象，写出有关反应方程式。

在 B 试管中加入 10 滴 0.01 mol·L^{-1} KMnO$_4$ 溶液和 3 滴 0.1mol·L^{-1} 的 NaNO$_2$ 溶液，然后加入 2 滴 2.0 mol·L^{-1} 的 H$_2$SO$_4$ 酸化，观察实验现象，写出有关反应方程式。

请再自行设计 2 个实验，说明亚硝酸盐的氧化还原性。

3. 硝酸的氧化性和硝酸盐的热分解性

(1) HNO$_3$ 与非金属的作用。在试管中加入少量硫粉，加入 1mL 16 mol·L^{-1} 的浓 HNO$_3$，微沸，观察实验现象，写出有关反应方程式；然后将 0.1 mol·L^{-1} 的 BaCl$_2$ 溶液滴入试管，检验硫的氧化产物是否为 SO$_4^{2-}$。

(2)浓 HNO$_3$ 与金属的作用。在试管中放入 Cu 片，然后再加入 15 滴 16 mol·L^{-1} 的 HNO$_3$，观察实验现象，写出有关反应方程式。

(3)稀 HNO$_3$ 与金属的作用。在试管中放入 Cu 片，然后再加入 15 滴 2.0 mol·L^{-1} 的 HNO$_3$，观察实验现象，写出有关反应方程式。

(4)极稀硝酸与活泼金属的作用。在试管中放入 Zn 片，加入 2mL 去离子水，然后加 2 滴 2.0mol·L^{-1} 的 HNO$_3$，观察实验现象，接着向试管中加 1 滴 6.0mol·L^{-1} 的 NaOH 与 2 滴奈斯勒试剂，观察实验现象，写出有关反应方程式。

根据上述实验现象，对硝酸与金属的反应进行总结。

(5)硝酸盐的热分解。取 A、B、C 3 支干燥的试管，分别加入少量的固体 AgNO$_3$、Pb(NO$_3$)$_2$ 和 Cu(NO$_3$)$_2$，在酒精灯上加热，熔化，观察实验现象，然后用带火星的火柴棍检验气体产物。写出反应方程式。

根据上述实验现象，结合理论课程，对硝酸的热分解反应进行总结。

4. 磷酸盐的性质

(1)磷酸盐的酸碱性。在 A、B、C 3 支试管中分别加入 10 滴 0.1 mol·L^{-1} Na$_3$PO$_4$、0.1 mol·L^{-1} Na$_2$HPO$_4$ 与 0.1 mol·L^{-1} NaH$_2$PO$_4$ 溶液，然后用 pH 试纸分别测定 pH 值。

(2)磷酸银盐的性质。在上述 A、B、C 3 支试管中分别加入 2 滴 0.1 mol·L^{-1} 的 AgNO$_3$，观察产生沉淀的颜色。再测定溶液的 pH 值，解释实验现象，写出有关反应方程式。

（3）磷酸钙盐的性质。在 A、B、C 3 支试管分别滴入 5 滴 $0.1mol \cdot L^{-1}$ Na_3PO_4、$0.1\ mol \cdot L^{-1}\ Na_2HPO_4$ 与 $0.1\ mol \cdot L^{-1}\ NaH_2PO_4$ 溶液，再分别加入 $0.1\ mol \cdot L^{-1}CaCl_2$ 溶液。观察实验现象，写出有关反应方程式。然后在无沉淀产生的试管中滴加 $2.0mol \cdot L^{-1}NH_3 \cdot H_2O$，观察实验现象。最后在上述 3 支试管中加入 $2.0\ mol \cdot L^{-1}$ 的 HCl，观察实验现象，解释原因，写出有关反应方程式。

5. NO_3^-、NO_2^- 和 PO_4^{3-} 的鉴定

（1）PO_4^{3-} 的鉴定。在试管中加入 2～3 滴 $0.1mol \cdot L^{-1}$ 的 Na_3PO_4 和 5～6 滴浓 HNO_3，再加 10 滴饱和 $(NH_4)_2MoO_4$ 溶液，微热，若有黄色沉淀生成，则证明有 PO_4^{3-} 的存在，写出反应方程式。

（2）NO_3^- 鉴定。在试管中加入少许 $FeSO_4$ 固体和 10 滴 $0.1\ mol \cdot L^{-1}$ 的 $NaNO_3$。振荡试管使固体溶解，再沿试管壁逐滴滴入 4～8 滴浓 H_2SO_4，若有溶液中有棕色环出现，则证明有 NO_3^- 的存在，写出反应方程式。

（3）NO_2^- 鉴定。在试管中加入少量固体 $FeSO_4$ 固体和 10 滴 $0.1\ mol \cdot L^{-1}$ 的 $NaNO_2$，振荡试管使固体溶解，再沿试管壁逐滴滴入 4～8 滴 $2.0\ mol \cdot L^{-1}$ 的 HAc，观察溶液和试管壁交界处是否有棕色环出现，写出反应方程式。

六、分析与思考

1. 不同硝酸盐热分解产物有什么不同？
2. 请根据实验结果说明亚硝酸盐的氧化还原性。
3. 请根据实验结果对硝酸盐的氧化性进行总结。
4. 在 NO_2^- 和 NO_3^- 混合溶液的鉴定反应中都能产生棕色环反应，怎样在检测 NO_3^- 的时候去除 NO_2^- 的干扰？

实验 12 锡、铅系列实验

一、实验目的

1. 掌握锡、铅氢氧化物的酸碱性。
2. 熟悉锡、铅的氧化还原性。
3. 掌握难溶铅盐的性质。
4. 掌握锡、铅的鉴定方法。

二、技术要素

1. 熟练掌握进行元素性质实验的实验技巧，熟练掌握溶液的滴加、振荡和

离心分离技术。

2.进一步掌握混合离子分离的实验技术,巩固离子的鉴定技术。

三、实验原理

锡与铅属 p 区元素,是周期表ⅣA 族元素,主要形成+2、+4 价化合物。

1.锡、铅的氧化物及其水合物

(1)酸碱性。锡与铅的氢氧化物都呈两性。

酸性相对强弱:$Sn(OH)_4$,$SnO_2 > SnO$,$Sn(OH)_2$

碱性相对强弱:$Pb(OH)_4$,$PbO_2 < PbO$,$Pb(OH)_2$

溶于碱的反应式如下:

$$Sn(OH)_2 + 2OH^- = [Sn(OH)_4]^{2-}$$

$$Pb(OH)_2 + OH^- = [Pb(OH)_3]^-$$

(2)氧化还原性。

①$Sn(Ⅱ)$无论在酸性还是碱性介质中都具有还原性。

②$Pb(Ⅳ)$显强氧化性。

$$PbO_2 + 4HCl = PbCl_2 + Cl_2 \uparrow + 2H_2O$$

$$5PbO_2 + 2Mn^{2+} + 5SO_4^{2-} + 4H^+ = 5PbSO_4 + 2MnO_4^- + 2H_2O$$

2.锡、铅的氯化物

锡、铅所形成的氯化物主要有 $SnCl_2$、$SnCl_4$ 以及 $PbCl_2$ 等。

(1)还原性。$SnCl_2$ 具有较强的还原能力。

在酸性介质中 $SnCl_2$ 能与 $HgCl_2$ 发生反应,反应式如下:

$$SnCl_2 + 2HgCl_2 = SnCl_4 + Hg_2Cl_2 \downarrow (白色)$$

$$SnCl_2 + Hg_2Cl_2 = SnCl_4 + 2Hg \downarrow (黑色)$$

氯化亚锡是实验室中常用的还原剂,可以被空气氧化,配制时必须加入锡粒以防止氧化。

(2)水解性。锡、铅所形成的氯化物均易水解。如:

$$SnCl_2 + H_2O \longrightarrow Sn(OH)Cl \downarrow + HCl$$

配制 $SnCl_2$ 水溶液时必须加酸防水解,加锡粒防氧化。

(3)配位能力

$$PbCl_2 + 2Cl^- \longrightarrow PbCl_4^{2-}$$

3.锡、铅的硫化物

锡、铅都能形成硫化物,它们都有颜色,不溶于水和稀酸,除 SnS、PbS 外都能与 Na_2S 或 $(NH_4)_2S$ 作用生成相应的硫代酸盐,如:

$$SnS_2 + Na_2S = Na_2SnS_3$$

SnS 能溶于多硫化钠溶液中是由于 S^{2-} 具有氧化作用,可把 SnS 氧化成 SnS_2 溶解,反应式如下:

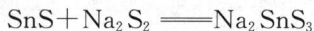

$$SnS + Na_2S_2 = Na_2SnS_3$$

4. 锡、铅的鉴定

铅能生成很多难溶化合物。如 $Pb^{2+} + CrO_4^{2-} = PbCrO_4 \downarrow$

锡(Ⅱ)在酸性条件下与 $HgCl_2$ 反应生成 Hg。

在分析上常利用以上反应鉴定锡、铅。

四、仪器与试剂

1. 仪器

离心分离机,烧杯,离心试管。

2. 试剂

酸:$HCl(2.0\ mol \cdot L^{-1}, 6.0\ mol \cdot L^{-1}, 12.0\ mol \cdot L^{-1})$,$H_2SO_4(2.0\ mol \cdot L^{-1})$,$HNO_3(2.0\ mol \cdot L^{-1}, 6.0\ mol \cdot L^{-1})$,$H_2S$(饱和),王水。

碱:$NaOH(2.0\ mol \cdot L^{-1}, 6.0\ mol \cdot L^{-1})$,$NH_3 \cdot H_2O(2.0\ mol \cdot L^{-1}, 6.0\ mol \cdot L^{-1})$。

盐:$SnCl_2(0.1\ mol \cdot L^{-1})$,$SnCl_4(0.1\ mol \cdot L^{-1})$,$Pb(NO_3)_2(0.1\ mol \cdot L^{-1})$,$HgCl_2(0.1\ mol \cdot L^{-1})$,$MnSO_4(0.1\ mol \cdot L^{-1})$,$Na_2S(0.1\ mol \cdot L^{-1}, 0.5\ mol \cdot L^{-1})$,$KI(0.1\ mol \cdot L^{-1}, 2.0\ mol \cdot L^{-1})$,$K_2Cr_2O_7(0.1\ mol \cdot L^{-1})$,$K_2CrO_4(0.1\ mol \cdot L^{-1})$,$Hg(NO_3)_2(0.1\ mol \cdot L^{-1})$,$Na_2SO_3(0.5\ mol \cdot L^{-1})$,$BaCl_2(0.1\ mol \cdot L^{-1})$,$Na_2S_2O_3(0.1\ mol \cdot L^{-1})$,$AgNO_3(0.1\ mol \cdot L^{-1})$。

固体:PbO_2、锡片。

其他:NH_4Ac(饱和),KI-淀粉溶液,pH 试纸。

五、实验步骤

1. 锡、铅氢氧化物的酸碱性

(1)在 A、B 2 支试管中分别加入 $0.1\ mol \cdot L^{-1}\ SnCl_2$ 与 $0.1\ mol \cdot L^{-1}$ $Pb(NO_3)_2$,然后加入 NaOH 制备少量 $Sn(OH)_2$、$Pb(OH)_2$,观察产物的颜色和在水中的溶解性。

(2)分别将 $Sn(OH)_2$、$Pb(OH)_2$ 加入 NaOH,观察现象,写出反应方程式。

(2)分别将 $Sn(OH)_2$、$Pb(OH)_2$ 加入 HCl,观察现象,写出反应方程式。

根据上述实验所观察到的现象,对其酸碱性进行归纳与总结,并作出结论。

2. 锡、铅的氧化还原性

(1) 验证 Sn(Ⅱ)的还原性。在试管中加入 5 滴 $0.1\ mol \cdot L^{-1}\ HgCl_2$,然后逐滴加入 $0.1\ mol \cdot L^{-1}\ SnCl_2$,观察实验现象,写出反应方程式。

（2）验证 PbO_2 的氧化性。在试管中加入少量 PbO_2 固体,然后滴加 10 滴 $6.0\ mol\cdot L^{-1}\ HNO_3$,将湿润的 KI-淀粉溶液放在试管口,观察实验现象,写出反应方程式。

请再自行设计 2 个实验,说明 Sn(Ⅱ) 的还原性与 PbO_2 的氧化性。

3. 硫化物生成和性质

（1）在 A、B、C 3 支试管中分别用 $0.1\ mol\cdot L^{-1}\ SnCl_2$, $0.1mol\cdot L^{-1}\ SnCl_4$, $0.1\ mol\cdot L^{-1}\ Pb(NO_3)_2$ 与 Na_2S 作用制备少量的 SnS、SnS_2、PbS,观察实验现象,写出反应方程式。

（2）请自行设计实验,试验上述硫化物在稀 HCl、浓 HCl、稀 HNO_3、Na_2S 溶液中的溶解情况。如能溶解,写出反应方程式。

根据实验现象,结合理论课程,对硫化物的溶解性进行总结与归纳。

4. 铅难溶盐的生成与性质

（1）在离心试管中加入 10 滴 $0.1\ mol\cdot L^{-1}\ Pb(NO_3)_2$,然后再滴入 6 滴 $2.0\ mol\cdot L^{-1}\ HCl$,离心分离,观察产生沉淀的颜色,然后分别试验沉淀在冷水、热水和浓 HCl 中溶解情况,写出有关反应方程式。

（2）在离心试管中加入 10 滴 $0.1\ mol\cdot L^{-1}\ Pb(NO_3)_2$,然后再滴入 6 滴 $2.0\ mol\cdot L^{-1}\ H_2SO_4$,离心分离,观察产生沉淀的颜色,再加入饱和 NH_4Ac,振荡,观察实验现象,写出反应方程式。

（3）在离心试管中加入 10 滴 $0.1\ mol\cdot L^{-1}\ Pb(NO_3)_2$,然后再滴入 6 滴 $0.1\ mol\cdot L^{-1}\ KI$,离心分离,观察产生沉淀的颜色,再加入浓 KI 溶液,振荡,观察实验现象,写出反应方程式。

（4）在离心试管中加入 10 滴 $0.1\ mol\cdot L^{-1}\ Pb(NO_3)_2$,然后再滴入 6 滴 $0.1\ mol\cdot L^{-1}\ K_2CrO_4$,离心分离,观察产生沉淀的颜色,再加入稀 HNO_3 溶液,振荡,观察实验现象,写出反应方程式。

（5）在试管中加入 10 滴 $0.1\ mol\cdot L^{-1}\ Pb(NO_3)_2$,然后逐滴加入 $0.1\ mol\cdot L^{-1}$ $K_2Cr_2O_7$,观察实验现象,写出反应方程式。

根据实验现象,结合理论课程,对铅盐的性质进行总结与归纳。

5. 锡、铅离子的鉴定和分离

（1）请根据实验原理,自行设计实验,选用合适的试剂,鉴定 Sn^{2+}、Pb^{2+}。

（2）请设计实验方案将含有 Sn^{2+}、Pb^{2+} 的混合溶液进行分离。

六、分析与思考

1. 用 $HgCl_2$ 与 $SnCl_2$ 反应来验证 $SnCl_2$ 的还原性,$SnCl_2$ 溶液用量的多少对反应产物有什么影响?为什么?写出有关反应方程式。

2. 试验 PbO_2 氧化性时是否需要酸化,选用何种酸为好?

3. 实验室如何配制 $SnCl_2$、$Pb(NO_3)_2$ 溶液,如何保存?

4. 如何分离混合溶液中的 Sn^{2+}、Pb^{2+}?

5. 如何鉴别 $SnCl_2$、$SnCl_4$ 溶液?

实验 13　铬、锰系列实验

一、实验目的

1. 掌握铬和锰的各氧化态化合物的颜色、酸碱性与溶解性。

2. 掌握铬和锰各种氧化态之间相互转化的条件。

3. 掌握铬和锰化合物的氧化还原性及与溶液介质的关系。

4. 掌握 Cr^{3+} 和 Mn^{2+} 的鉴定方法。

二、技术要素

1. 掌握进行元素性质实验的实验技巧,熟练掌握溶液的滴加,振荡和离心分离技术。

2. 进一步掌握混合离子分离的实验技术,巩固离子的鉴定技术。

3. 熟练掌握沉淀的分离、洗涤等技术。

三、实验原理

铬和锰分别为元素周期表ⅥB和ⅦB族元素。铬的氧化值有 $+2$、$+3$、$+6$,其中以 $+3$、$+6$ 最常见,而铬（Ⅵ）总是以 CrO_4^{2-}、$Cr_2O_7^{2-}$ 和 CrO_3 等形式存在。锰的氧化值分别为 $+2$、$+3$、$+4$、$+5$、$+6$、$+7$,其中以 $+2$、$+4$、$+7$ 最常见。

1. $Cr(Ⅲ)$ 化合物

$Cr(Ⅲ)$ 化合物较典型的有 Cr_2O_3（铬绿）以及 $Cr(OH)_3$.

(1)酸碱性。$Cr(Ⅲ)$ 均为难溶解的两性化合物。

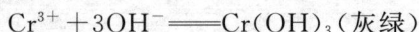
$$Cr^{3+} + 3OH^- \longrightarrow Cr(OH)_3（灰绿）$$

灰绿色的 $Cr(OH)_3$ 呈两性:

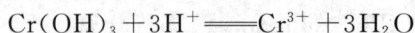
$$Cr(OH)_3 + 3H^+ \longrightarrow Cr^{3+} + 3H_2O$$

$$Cr(OH)_3 + OH^- \longrightarrow [Cr(OH)_4]^-（亮绿色）$$

向含有 Cr^{3+} 的溶液中加 Na_2S 并不生成 Cr_2S_3,因为 Cr_2S_3 在水中完全水解:

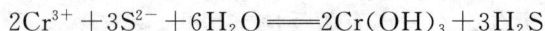
$$2Cr^{3+} + 3S^{2-} + 6H_2O \longrightarrow 2Cr(OH)_3 + 3H_2S$$

（2）还原性。在碱性溶液中，$[Cr(OH)_4]^-$ 具有较强的还原性，可以被 H_2O_2 氧化为 CrO_4^{2-}。

$$2[Cr(OH)_4]^- + 3H_2O_2 + 2OH^- \Longrightarrow 2CrO_4^{2-} + 8H_2O$$

而在酸性溶液中，Cr^{3+} 的还原性较弱，只有像 $K_2S_2O_8$ 或 $KMnO_4$ 等强氧化剂才能将 Cr^{3+} 氧化为 CrO_4^{2-}，例如：

$$2Cr^{3+} + 3S_2O_8^{2-} + 7H_2O \Longrightarrow Cr_2O_7^{2-} + 6SO_4^{2-} + 14H^+$$

2. Cr(Ⅵ)化合物

Cr(Ⅵ)化合物较典型的有 H_2CrO_4、$H_2Cr_2O_7$ 及其盐。

（1）酸性。铬酸、重铬酸都是强酸。

H_2CrO_4 与 $H_2Cr_2O_7$ 在水中存在以下平衡：

$$2CrO_4^{2-} + 2H^+ \Longrightarrow Cr_2O_7^{2-} + H_2O$$

$$2Na_2CrO_4 + H_2SO_4 \Longrightarrow Na_2Cr_2O_7 + H_2O + Na_2SO_4$$

$$Na_2Cr_2O_7 + 2NaOH \Longrightarrow 2Na_2CrO_4 + H_2O$$

（2）溶解性。重铬酸盐一般较易溶于水。重铬酸盐的溶解度较铬酸盐的溶解度大，因此，向重铬酸盐溶液中加 Ag^+，Pb^{2+}，Ba^{2+} 等离子时，通常生成铬酸盐沉淀，例如：

$$4Ag^+ + Cr_2O_7^{2-} + H_2O \Longrightarrow 2Ag_2CrO_4 + 2H^+$$

$$2Ba^{2+} + Cr_2O_7^{2-} + H_2O \Longrightarrow 2BaCrO_4 + 2H^+$$

$$2Pb^{2+} + Cr_2O_7^{2-} + H_2O \Longrightarrow 2PbCrO_4 + 2H^+$$

（3）氧化性。Cr(Ⅵ)化合物在酸性条件下具有较强的氧化性。

$$Cr_2O_7^{2-} + 3H_2S + 8H^+ \Longrightarrow 2Cr^{3+} + 3S\downarrow + 7H_2O$$

$$Cr_2O_7^{2-} + 6I^- + 14H^+ \Longrightarrow 2Cr^{3+} + 3I_2 + 7H_2O$$

（4）鉴定。有一个典型的反应可以用来鉴定 CrO_4^{2-} 或 $Cr_2O_7^{2-}$ 的存在。

在酸性溶液中，$Cr_2O_7^{2-}$ 与 H_2O_2 能生成深蓝色的加合物 CrO_5，但它不稳定，很快分解为 Cr^{3+} 和 O_2。若被萃取在乙醚或戊醇中则稳定得多。主要反应：

$$2H^+ + Cr_2O_7^{2-} + 4H_2O_2 \Longrightarrow 2CrO(O_2)_2（深蓝）+ 5H_2O$$

$$CrO(O_2)_2 + (C_2H_5)_2O \Longrightarrow CrO(O_2)_2(C_2H_5)_2O（深蓝）$$

$$4CrO(O_2)_2 + 12H^+ \Longrightarrow 4Cr^{3+} + 7O_2\uparrow + 6H_2O$$

此反应用来鉴定 Cr(Ⅲ) 或 Cr(Ⅵ)。

3. 锰(Ⅱ)的化合物

Mn^{2+} 在酸性条件下较为稳定，只有用很强的氧化剂（PbO_2、BiO_3^-、$S_2O_8^{2-}$ 等，以硝酸酸化）才能将其氧化。

$$2Mn^{2+} + 5NaBiO_3 + 14H^+ \Longrightarrow 2MnO_4^- + 5Bi^{3+} + 5Na^+ + 7H_2O$$

此反应能用于鉴定 Mn^{2+}。

4.锰(Ⅳ)的化合物

锰(Ⅳ)的化合物最有代表性的当属 MnO_2。

$$2MnO_2 + 2H_2SO_4 === 2MnSO_4 + 2H_2O + O_2\uparrow$$

$$MnO_2 + 4HCl(浓) === MnCl_2 + 2H_2O + Cl_2\uparrow$$

该反应用于实验室中制取少量氯气。

在强碱性条件下,强氧化剂能把 MnO_2 氧化成绿色的 MnO_4^{2-}:

$$2MnO_4^- + MnO_2 + 4OH^- === 3MnO_4^{2-} + 2H_2O$$

5.锰(Ⅵ)的化合物

锰(Ⅵ)的化合物中较为稳定的是 K_2MnO_4。

锰酸盐在中性或酸性溶液中易发生歧化反应:

$$3MnO_4^{2-} + 4H^+ === MnO_2 + 2MnO_4^- + 2H_2O$$

6.锰(Ⅶ)的化合物

(1)锰(Ⅶ)的化合物中应用最广的为 $KMnO_4$。高锰酸钾在酸性条件下不稳定。

$$4MnO_4^- + 4H^+ === 4MnO_2 + 3O_2 + 2H_2O$$

(2)$KMnO_4$ 氧化能力强。$KMnO_4$ 被还原的产物取决于溶液的酸碱性。

酸性:

$$2MnO_4^- + 5SO_3^{2-} + 6H^+ === 2Mn^{2+} + 5SO_4^{2-} + 3H_2O$$

$$2MnO_4^- + 5C_2O_4^{2-} + 16H^+ === 2Mn^{2+} + 10CO_2 + 8H_2O$$

$$2MnO_4^- + 5Sn^{2+} + 16H^+ === 2Mn^{2+} + 5Sn^{4+} + 8H_2O$$

$$2MnO_4^- + 5H_2S + 6H^+ === 2Mn^{2+} + 5S\downarrow + 8H_2O$$

$$6MnO_4^- + 5S + 8H^+ === 6Mn^{2+} + 5SO_4^{2-} + 4H_2O$$

中性:

$$2MnO_4^- + 3SO_3^{2-} + H_2O === 2MnO_2\downarrow + 3SO_4^{2-} + 2OH^-$$

较浓碱性:

$$2MnO_4^- + SO_3^{2-} + 2OH^- === 2MnO_4^{2-} + SO_4^{2-} + H_2O$$

四.仪器与试剂

1.仪器

离心机、烧杯、试管、离心试管。

2.试剂

酸:HNO_3($6.0mol\cdot L^{-1}$,浓),H_2SO_4($2.0\ mol\cdot L^{-1}$),HCl($2.0\ mol\cdot L^{-1}$,$6.0mol\cdot L^{-1}$,浓),H_2S(饱和)。

碱：$NaOH(2.0mol \cdot L^{-1}, 6.0mol \cdot L^{-1}, 40\%)$，$NH_3 \cdot H_2O(2.0mol \cdot L^{-1})$。

盐：$Pb(NO_3)_2(0.1mol \cdot L^{-1})$，$AgNO_3(0.1mol \cdot L^{-1})$，$MnSO_4(0.1mol \cdot L^{-1}$，$0.5mol \cdot L^{-1})$，$Cr_2(SO_4)_3(0.1mol \cdot L^{-1})$，$Na_2SO_3(0.5mol \cdot L^{-1})$，$Na_2S(0.1mol \cdot L^{-1})$，$CrCl_3(0.1mol \cdot L^{-1})$，$K_2CrO_4(0.1mol \cdot L^{-1})$，$K_2Cr_2O_7(0.1mol \cdot L^{-1})$，$KMnO_4(0.1mol \cdot L^{-1})$。

固体：锌粉，$K_2S_2O_8$，MnO_2，$NaBiO_3$，$K_2Cr_2O_7$。

其他：戊醇，乙醚，$H_2O_2(3\%)$，淀粉 KI 试纸，$Pb(Ac)_2$ 试纸。

五、实验步骤

1. 铬的化合物的制备与性质

(1)Cr^{3+} 的生成。在 1mL 0.1 mol·L^{-1} CrCl$_3$ 溶液中加入 1mL 6.0 mol·L^{-1} HCl，再加入少量锌粉，至有大量气体逸出，观察溶液的颜色由暗绿色变成天蓝色。放置片刻，观察实验现象，写出反应方程式。

(2)氢氧化铬的制备与酸碱性。用 $CrCl_3$ 和 2.0mol·L^{-1} NaOH 溶液生成 $Cr(OH)_3$，然后检验其酸碱性。观察并记录 Cr^{3+}、$Cr(OH)_3$ 和 $Cr(OH)_4^-$ 的颜色。

(3)Cr^{3+} 的还原性。

①在 0.1 mol·L^{-1} CrCl$_3$ 溶液中加入过量 2.0mol·L^{-1} NaOH，再加入 3% H_2O_2 溶液，观察实验现象，写出反应方程式。

②在 0.1 mol·L^{-1} Cr$_2$(SO$_4$)$_3$ 溶液中加入 $K_2S_2O_8$(s)，再加入 2.0mol·L^{-1} H_2SO_4，加 2 滴 AgNO$_3$，加热，观察实验现象，写出反应方程式。

(4)Cr(VI)的氧化性。在试管中加入 5 滴 0.1mol·L^{-1} 的 $K_2Cr_2O_7$，再加入 5 滴 2mol·L^{-1} 的 H_2SO_4 和 10 滴 0.1mol·L^{-1} 的 FeSO$_4$，微热，观察实验现象，写出反应方程式。

(5)CrO_4^{2-} 与 $Cr_2O_7^{2-}$ 的相互转化。试管中加入 0.1mol·L^{-1} 的 K_2CrO_4 溶液 0.5mL，滴加 5 滴 2mol·L^{-1} 的 H_2SO_4，观察溶液颜色的变化。再逐滴加入 5 滴 2mol·L^{-1} 的 NaOH，溶液的颜色又如何变化？写出有关反应方程式。

(6)难溶性铬酸盐的生成。

①在 A、B 两支试管中分别加入 5 滴 0.1mol·L^{-1} K_2CrO_4 溶液和 0.1 mol·L^{-1} $K_2Cr_2O_7$ 溶液，然后分别逐滴加入 0.1 mol·L^{-1} AgNO$_3$ 溶液，离心分离，用去离子水洗涤沉淀，对两试管中生成沉淀的颜色进行比较。写出反应方程式。

②在 A、B 两支试管中分别加入 5 滴 0.1mol·L^{-1} K_2CrO_4 溶液和 0.1 mol·L^{-1} $K_2Cr_2O_7$ 溶液，然后分别逐滴加入 0.1 mol·L^{-1} BaCl$_2$ 溶液，离心分离，用去离子水洗涤沉淀，再比较两试管中生成的沉淀的颜色。写出反应方程式。

对上述实验现象进行分析与总结,说明原因。

(7) Cr^{3+} 的鉴定。在试管中加入 10 滴含 $CrCl_3$ 溶液,,加入过量的 $6.0mol \cdot L^{-1}NaOH$ 溶液,至生成沉淀又溶解,使溶液呈亮绿色。接着再滴加 5 滴 3‰ H_2O_2,微热至溶液呈黄色,等试管冷却后,再加 10 滴 H_2O_2 和 10 滴乙醚,慢慢滴加入 5 滴 6 $mol \cdot L^{-1}HNO_3$ 溶液酸化,振荡,在乙醚层中出现深蓝色,则表示存在 Cr^{3+}。写出反应方程式。

请结合理论课程的教学,自行设计 Cr(Ⅵ) 的鉴定反应,进行实验。

2.锰的化合物的制备与性质

(1)MnO_2 的生成与性质。

①在试管中加 5 滴 0.01 $mol \cdot L^{-1}KMnO_4$ 溶液,再加入 5 滴 0.5 $mol \cdot L^{-1}$ $MnSO_4$,观察生成沉淀的颜色,写出反应方程式。

②在试管中加少量 MnO_2 粉末,加入 10 滴浓盐酸,将润湿的 KI-淀粉试纸放在试管口,加热试管,观察实验现象,写出反应方程式。

(2)$Mn(OH)_2$ 的生成与性质。在 A、B、C 3 支试管中分别加入 0.5mL 0.1 $mol \cdot L^{-1}MnSO_4$ 溶液。然后进行下列操作:

在 A 试管中加入 5 滴 $2mol \cdot L^{-1}$ 的 NaOH,观察沉淀的颜色,立即加 $2mol \cdot L^{-1}$ 的 H_2SO_4,观察沉淀是否溶解。然后进行下列操作:

在 B 试管加入过量的 $2mol \cdot L^{-1}$ 的 NaOH,观察生成的沉淀能否再溶解。

在 C 试管加入 5 滴 $2mol \cdot L^{-1}$ 的 NaOH,并振荡试管,观察沉淀颜色的变化。观察沉淀颜色变化的现象,解释并写出反应方程式。

(3)MnO_4^{2-} 的生成和性质。在试管中加 1mL0.01$mol \cdot L^{-1}KMnO_4$ 溶液中和 1 mLNaOH 溶液,然后加入少量 MnO_2 粉末,加热沸腾片刻。静置后取出上层清液于另一试管中,观察溶液颜色。然后再加 6$mol \cdot L^{-1}$ 的 H_2SO_4 溶液 1mL,观察溶液的变化。说明 MnO_4^{2-} 在什么介质中才能稳定存在。解释并写出反应方程式。

(4)溶液介质的酸碱性对 MnO_4^- 还原产物的影响。在 A、B、C 3 支试管中分别滴入 5 滴 0.01 $mol \cdot L^{-1}KMnO_4$ 溶液,接着再分别在 3 支试管中各滴入 5 滴 $2.0mol \cdot L^{-1}H_2SO_4$ 溶液、$6.0mol \cdot L^{-1}NaOH$ 和 H_2O,然后再分别加入 5 滴 $0.5mol \cdot L^{-1}Na_2SO_3$ 溶液,观察 A、B、C 3 支试管中的实验现象,写出有关反应方程式。

(5)Mn^{2+} 的鉴定。在一支试管中加 5 滴 0.1 $mol \cdot L^{-1}MnSO_4$ 溶液,用 5 滴 $6.0 mol \cdot L^{-1}HNO_3$ 酸化,然后加入少量 $NaBiO_3$ 粉末,振荡,静置后观察上层清液的颜色,如果呈紫红色,则表示有 Mn^{2+} 存在,写出反应方程式。

请结合理论课程的教学,自行设计 MnO_4^- 的鉴定反应,进行实验。

(6) Mn^{2+} 和 Cr^{3+} 的分离与鉴定。某溶液中含有 Mn^{2+} 和 Cr^{3+}，试设计实验方案进行分离与鉴定，并写出分离的具体步骤和反应方程式。

六、分析与思考

1. 为什么 Cr^{3+} 离子在溶液中可呈现不同的颜色？

2. 如何用实验来确定 $Cr(OH)_3$ 和 $Mn(OH)_2$ 的酸碱性？在试验 $Mn(OH)_2$ 的酸碱性实验中，加入 H_2SO_4 后仍可以观察到棕黄色物质，是什么原因？

3. 比较 Cr^{3+} 和 $Cr(OH)_4^-$ 还原性的强弱；比较 CrO_4^{2-} 和 CrO_7^{2-} 氧化性的强弱，说明理由。

4. $Mn(OH)_2$ 应该呈什么颜色，为什么新制得的 $Mn(OH)_2$ 颜色会有点呈棕色？

5. 在铬、锰不同氧化态化合物的转化反应中，哪些是氧化还原反应？哪些是非氧化还原反应？对氧化还原反应来讲，转化不仅要选择合适的氧化剂或还原性，还应该如何选择介质？

6. 选用何种氧化剂可将 Cr^{3+} 直接氧化为 $Cr_2O_7^{2-}$？

7. 鉴定 Cr^{3+} 的反应中，加入 H_2O_2 的目的是什么？生成 CrO_5 的反应属于氧化还原反应吗？

实验 14　铁、钴、镍系列实验

一、实验目的

1. 掌握 $Fe(\mathrm{II})$、$Fe(\mathrm{III})$、$Co(\mathrm{II})$、$Co(\mathrm{III})$、$Ni(\mathrm{II})$ 和 $Ni(\mathrm{III})$ 的氢氧化物和硫化物的生成及性质。

2. 掌握 +2、+3 氧化态铁、钴、镍的氢氧化物的酸碱性。

3. 掌握 Fe^{2+} 的还原性和 Fe^{3+} 的氧化性。

4. 掌握铁、钴、镍配合物的生成及其在离子鉴定中的应用。

二、技术要素

1. 进一步巩固进行元素性质实验的实验技巧，熟练掌握溶液的滴加、振荡和离心分离技术。

2. 根据混合离子分离的设计路线，熟练进行实验验证。

3. 熟练掌握沉淀的分离、洗涤等技术。

三、实验原理

铁、钴、镍都是中等活泼的金属,并且性质相似,一般也称为铁系元素。

1. 氧化物与氢氧化物

(1)酸碱性。氧化物中,Fe_2O_3(红棕色)是一种难溶于水的两性偏碱性的物质。

氢氧化物中,一般认为 $Fe(OH)_2$、$Co(OH)_2$ 以及新沉淀出来的 $Fe(OH)_3$ 略显两性。如:

$$Fe(OH)_3 + 3OH^- =\!\!= [Fe(OH)_6]^{3-}$$

(2)氧化还原性。

①氧化物氧化性

$$Ni_2O_3(灰黑色) > Co_2O_3(暗褐色) > Fe_2O_3$$

$$Co_2O_3 + 6H^+ + 2Cl^- =\!\!= 2Co^{2+} + Cl_2\uparrow + 3H_2O$$

$$Ni_2O_3 + 6H^+ + 2Cl^- =\!\!= 2Ni^{2+} + Cl_2\uparrow + 3H_2O$$

②氢氧化物氧化性

$$Fe(OH)_3(红棕) < Co(OH)_3(褐棕) < Ni(OH)_3(黑)$$

$$2Co(OH)_3 + 6HCl =\!\!= 2CoCl_2 + Cl_2\uparrow + 6H_2O$$

$$Fe(OH)_3 + 3HCl =\!\!= FeCl_3 + 3H_2O$$

③氢氧化物还原性

$$Fe(OH)_2(白) > Co(OH)_2(粉红) > Ni(OH)_2(苹果绿)$$

$$4Fe(OH)_2 + O_2 + 2H_2O =\!\!= 4Fe(OH)_3$$

$Co(OH)_2$ 初生时为蓝色,放置或加热时转变为粉红色,它被空气中 O_2 氧化的趋势小些。

$Ni(OH)_2$ 只有用强氧化剂,在强碱性条件下才能得到黑色的 $NiO(OH)$。

2. 硫化物

在稀酸中不能生成 FeS,CoS 和 NiS 沉淀,在非酸性条件下,CoS 和 NiS 生成沉淀后,由于结构改变而难溶于稀酸。

3. 一些主要的盐类

(1)水解性。Fe^{3+} 较易水解。最后水解产物为 $Fe(OH)_3$。

(2)氧化还原性。

还原性 $Fe^{2+} > Co^{2+} > Ni^{2+}$

氧化性 $Fe^{3+} < Co^{3+} < Ni^{3+}$

(3)较为典型的盐

①$FeSO_4$ 与 $(NH_4)_2SO_4 \cdot FeSO_4 \cdot 6H_2O$

$FeSO_4$ 还原性较强，不太稳定。

$$4Fe^{2+}+O_2+4H^+ =\!=\!= 4Fe^{3+}+2H_2O$$

$$5Fe^{2+}+MnO_4^-+8H^+ =\!=\!= 5Fe^{3+}+Mn^{2+}+4H_2O$$

摩尔盐相对稳定得多。

②$CoCl_2$　　$CoCl_2$ 所含结晶水不同时会呈现不同的颜色。

③$FeCl_3$　　$FeCl_3$ 是一种棕褐色的共价化合物，会升华，400℃时能以蒸汽状态的双聚分子存在。

$FeCl_3$ 还是一种中等强度氧化剂。

$$2Fe^{3+}+Cu =\!=\!= 2Fe^{2+}+Cu^{2+}$$

$$2Fe^{3+}+Sn^{2+} =\!=\!= Fe^{2+}+Sn^{4+}$$

$$2Fe^{3+}+H_2S =\!=\!= 2Fe^{2+}+S+2H^+$$

4. 配合物

Fe^{3+}、Fe^{2+} 易形成配位数 6 的八面体型配合物。

Co^{2+} 大多数配合物具有八面体或四面体型，且可以相互转化。

$$[Co(H_2O)_6]^{2+}+4Cl^- =\!=\!= [CoCl_4]^{2-}+6H_2O$$

Ni^{2+} 可形成各种构型的配合物。

(1) 与卤素形成的配合物。Fe^{3+}、Co^{3+} 与 F^- 能形成稳定的配离子。

$[FeF_6]^{3-}$、$[CoF_6]^{3-}$ 都属外轨型配合物，相对来说前者更稳定些。Fe^{3+}、Co^{3+} 与 F^- 形成六配位的配合物。Co^{2+}、Fe^{3+} 与 Cl^- 仅形成不稳定的四配位的配合物。

(2) 与氨形成的配离子。Fe^{2+}、Co^{2+}、Ni^{2+} 与 NH_3 所形成的配合物稳定性顺序：$Fe^{2+}<Co^{2+}<Ni^{2+}$。

$[Co(NH_3)_6]^{2+}$ 易被氧化为 $[Co(NH_3)_6]^{3+}$，因为 Co^{2+} 价电子构型为 $3d^74s^0$，当与 NH_3 形成配合物时采取 d^2sp^3 杂化。

(3) 与 CN^- 形成的配合物。Fe^{3+}、Fe^{2+}、Co^{2+}、Ni^{2+} 均能与 CN^- 形成内轨型的配离子，都很稳定。

黄血盐 $K_4[Fe(CN)_6]\cdot 3H_2O$（黄），是由 Fe^{2+} 与过量的 KCN 溶液作用所得到，赤血盐 $K_3[Fe(CN)_6]$（深红）是由氯气氧化黄血盐得到。

这两种配合物有以下灵敏反应可分别用于鉴定 Fe^{3+} 和 Fe^{2+}：

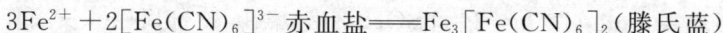

$$4Fe^{3+}+3[Fe(CN)_6]^{4-}\text{黄血盐} =\!=\!= Fe_4[Fe(CN)_6]_3\text{（普鲁士蓝）}$$

$$3Fe^{2+}+2[Fe(CN)_6]^{3-}\text{赤血盐} =\!=\!= Fe_3[Fe(CN)_6]_2\text{（滕氏蓝）}$$

(4) 与 SCN^- 形成的配离子。Fe^{3+} 与 NCS^- 形成血红色的配合物：

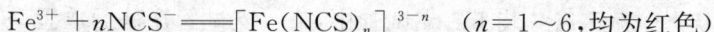

$$Fe^{3+}+nNCS^- =\!=\!= [Fe(NCS)_n]^{3-n}\quad (n=1\sim6,均为红色)$$

此反应很灵敏，用来检验 Fe^{3+} 的存在（注意：该反应必须在酸性溶液中进

行,否则会因为 Fe^{3+} 的水解而得不到 $[Fe(NCS)_n]^{3-n}$)。

Co^{2+} 与 NCS^- 反应生成 $[Co(NCS)_4]^{2-}$(蓝色),它在水溶液中不稳定,而在丙酮或戊醇等有机溶剂中较为稳定。此反应常用来鉴定 Co^{2+} 的存在。

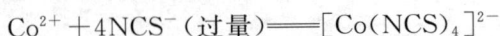

$$Co^{2+} + 4NCS^-(过量) = [Co(NCS)_4]^{2-}$$

Ni^{2+} 与 NCS^- 也能形成配合物:

$$Ni^{2+} + 4NCS^- = [Ni(NCS)_4]^{2-}$$

Ni^{2+} 与丁二酮肟(又叫二乙酰二肟,或简称丁二肟)反应得到玫瑰红色的内配盐。此反应需在弱碱条件下进行,酸度过大不利于内配盐的生成,碱度过大则生成 $Ni(OH)_2$ 沉淀,适宜条件是 $pH = 5 \sim 10$。

$$Ni^{2+} + 2DMG = Ni(DMG)_2 \downarrow + 2H^+$$

此反应常用来鉴定 Ni^{2+} 的存在。

四、仪器与试剂

1. 仪器

离心机,烧杯,试管,离心试管。

2. 试剂

酸:$HCl(2.0\ mol \cdot L^{-1},浓)$,$H_2SO_4(2.0\ mol \cdot L^{-1})$,$H_2S(饱和)$。

碱:$NaOH(6.0\ mol \cdot L^{-1},2.0\ mol \cdot L^{-1})$,$NH_3 \cdot H_2O(2.0\ mol \cdot L^{-1},6.0\ mol \cdot L^{-1})$。

盐:$Fe(NO_3)_3(0.1\ mol \cdot L^{-1})$,$NH_4Cl(1.0\ mol \cdot L^{-1})$,$FeCl_3(0.1\ mol \cdot L^{-1}$,$1.0\ mol \cdot L^{-1})$,$CoCl_2(0.1\ mol \cdot L^{-1}$,$0.5\ mol \cdot L^{-1})$,$FeSO_4(0.1\ mol \cdot L^{-1})$,$NiSO_4(0.1\ mol \cdot L^{-1}$,$0.5\ mol \cdot L^{-1})$,$KI(0.02\ mol \cdot L^{-1})$,$KMnO_4(0.01\ mol \cdot L^{-1})$,$CrCl_3(0.1\ mol \cdot L^{-1})$,$NaF(1.0\ mol \cdot L^{-1})$,$KNCS(0.1\ mol \cdot L^{-1})$,$K_4[Fe(CN)_6](0.1\ mol \cdot L^{-1})$,$K_3[Fe(CN)_6](0.1\ mol \cdot L^{-1})$。

固体:$FeSO_4 \cdot 7H_2O$,$KSCN$,Cu。

其他:$H_2O_2(3\%)$,溴水,碘水,丁二酮肟,丙酮,淀粉溶液,淀粉 KI 试纸

五、实验步骤

1. $Fe(II)$、$Co(II)$、$Ni(II)$氢氧化物的制备与性质

(1)$Fe(OH)_2$ 的生成与性质。取 2 支试管,在 A 试管中加 2mL 水和数滴稀 H_2SO_4 溶液,煮沸片刻,以去除溶解产生的氧,然后溶入少量 $FeSO_4 \cdot 7H_2O$ 晶体;在 B 试管中加入 1 mL $6.0\ mol \cdot L^{-1} NaOH$ 溶液,煮沸,冷却后用一长滴管吸取该溶液 0.5mL,迅速将滴管插入 A 试管溶液(直至试管底部),缓慢放出 $NaOH$ 溶液,观察产物的颜色和状态。振荡后分装于 3 支试管中,第一支试管振荡后放置一段时间,观察实验现象。第二支试管中加 $2.0\ mol \cdot L^{-1} HCl$ 溶液,第三支试管中加入

$2.0\ mol \cdot L^{-1}$ NaOH 溶液，观察实验现象，写出有关反应方程式。

（2）$Co(OH)_2$ 的生成与性质。在试管中加入少量 $0.5\ mol \cdot L^{-1}\ CoCl_2$ 溶液，逐滴加入 $2.0\ mol \cdot L^{-1}$ NaOH 溶液，将试管不断振荡或微热，观察粉红色 $Co(OH)_2$ 沉淀的生成。分别制得沉淀三份，两份试验 $Co(OH)_2$ 的酸碱性（分别加入 $2.0\ mol \cdot L^{-1}$ HCl 溶液和 $2.0\ mol \cdot L^{-1}$ NaOH 溶液），一份静置数分钟，观察沉淀颜色的变化。解释实验现象，写出有关化学方程式。

（3）$Ni(OH)_2$ 的制备与性质。在试管中加入少量 $0.5\ mol \cdot L^{-1}\ NiSO_4$ 溶液，逐滴加入 $2.0\ mol \cdot L^{-1}$ NaOH 溶液，边加边将试管不断振荡或微热，观察沉淀的生成。分别制得沉淀三份，两份试验 $Ni(OH)_2$ 的酸碱性（分别加入 $2.0\ mol \cdot L^{-1}$ HCl 溶液和 $2.0\ mol \cdot L^{-1}$ NaOH 溶液），一份静置数分钟，观察沉淀颜色的变化。解释实验现象，写出有关化学方程式。

通过以上实验结果，比较 Fe（Ⅱ）、Co（Ⅱ）、Ni（Ⅱ）的氢氧化物的酸碱性和还原性，并进行归纳与总结。

2.Fe（Ⅲ）、Co（Ⅲ）、Ni（Ⅲ）氢氧化物的制备与性质

（1）$Fe(OH)_3$ 的生成和性质。在一支试管放入 5 滴 $0.1 mol \cdot L^{-1}\ FeCl_3$ 溶液，再滴入 $2.0\ mol \cdot L^{-1}$ NaOH 溶液，观察产生沉淀的颜色和状态，然后加入 $2.0 mol \cdot L^{-1}$ HCl 溶液，观察实验现象，写出化学方程式。

（2）$Co(OH)_3$ 的生成和性质。取一支试管放入 5 滴 $0.5 mol \cdot L^{-1}\ CoCl_2$ 溶液，滴加几滴溴水，然后加入 $2.0 mol \cdot L^{-1}$ NaOH 溶液，振荡试管，观察产生沉淀的颜色。离心分离，弃去清液，在沉淀中滴几滴浓 HCl，加热，并用湿润的淀粉-KI 试纸检验逸出的气体。解释实验现象，写出有关反应方程式。

（3）$Ni(OH)_3$ 的生成和性质。用与上面制备 $Co(OH)_3$ 相同的方法，由 $0.5 mol \cdot L^{-1}\ NiSO_4$ 溶液制备 $Ni(OH)_3$。然后检验 $Ni(OH)_3$ 与盐酸反应，应有氯气产生。

根据上述实验结果，比较 Fe（Ⅲ）、Co（Ⅲ）、Ni（Ⅲ）氢氧化物的氧化性，并进行归纳与总结。

3.铁盐的酸碱性与氧化还原性

（1）Fe^{2+} 的酸碱性。在一试管内滴入少量 $FeSO_4$ 溶液，用 pH 试纸检验其溶液的酸碱性。

（2）Fe^{2+} 的还原性。

①在一试管内滴入 5 滴 $0.01 mol \cdot L^{-1}$ KMnO₄ 溶液，酸化后滴加 $0.1 mol \cdot L^{-1}$ FeSO₄ 溶液，观察现象，写出化学方程式。再加入几滴 $0.1 mol \cdot L^{-1}$ $K_4[Fe(CN)_6]$ 溶液，又有什么变化？写出反应方程式。

②在一试管内滴入 10 滴 $0.1 mol \cdot L^{-1}\ FeSO_4$ 溶液，酸化后加入 $3\%\ H_2O_2$ 溶

液,微热,观察溶液颜色的变化,然后再加 2 滴 $0.1mol \cdot L^{-1}$ KSCN 溶液,观察实验现象,写出化学方程式。

(3)Fe^{3+} 的氧化性。

①在一试管内放入 $0.1mol \cdot L^{-1}$ $FeCl_3$ 溶液,加入 $0.02mol \cdot L^{-1}$ KI 溶液,再加 3 滴淀粉溶液观察实验现象,写出反应方程式。

②在一试管内放入 $0.1mol \cdot L^{-1}$ 在 $FeCl_3$ 溶液,逐滴加入 H_2S 溶液,观察实验现象,写出反应方程式。

4. $Fe(Ⅱ)$、$Co(Ⅱ)$、$Ni(Ⅱ)$ 硫化物的性质

在 A、B、C 3 支试管中分别加入 1mL 均为 $0.1 \ mol \cdot L^{-1}$ 下列溶液:$FeSO_4$,$CoCl_2$ 和 $NiSO_4$,各加 5 滴 $2mol \cdot L^{-1}$ HCl 酸化,然后逐滴加入饱和 H_2S 溶液(或者 5% 的硫代乙酰胺),观察有无沉淀生成?然后再各加入 $2.0 \ mol \cdot L^{-1}$ $NH_3 \cdot H_2O$,观察沉淀的出现及其颜色,最后离心分离,再在上述沉淀中逐滴加入 $2.0 \ mol \cdot L^{-1}$ HCl 溶液,观察实验现象。

5. **铁、钴、镍的配合物**

(1)用 Fe^{3+} 溶液与氨水作用,观察实验现象,写出反应方程式。

(2)在试管中加入 $0.1mol \cdot L^{-1}$ 的 $CoCl_2$ 溶液 0.5mL,再滴加 $6.0 \ mol \cdot L^{-1}$ 氨水,振荡试管,观察产生沉淀的颜色,再加氨水至生成的沉淀溶解,此时生成物是什么?静置放一段时间后,观察溶液颜色有什么变化,解释此现象,写出有关反应方程式。

(3)在 $0.5 \ mol \cdot L^{-1}$ $NiSO_4$ 溶液中逐滴加入 5 滴 $2.0 \ mol \cdot L^{-1}$ 氨水,微热,观察产生沉淀的颜色,然后加入几滴 NH_4Cl 溶液,继续加 $6.0 \ mol \cdot L^{-1}$ 氨水至沉淀溶解,观察溶液的颜色,写出有关反应方程式

(4)往 Fe^{3+} 溶液中滴入 2 滴 $0.1 \ mol \cdot L^{-1}$ KSCN 溶液,观察血红色配合物的生成,然后再加入少量 NH_4F 固体,观察溶液颜色的变化,写出反应方程式。

(5)在一试管中加入 5 滴 $0.1 \ mol \cdot L^{-1}$ $CoCl_2$ 溶液,加入少量固体 KSCN,再加数滴丙酮,观察蓝色 $[Co(NCS)_4]^{2-}$ 的生成,此反应可用来鉴定 Co^{2+}。

(6)在一试管中加入 5 滴 $0.1 \ mol \cdot L^{-1}$ $NiSO_4$ 溶液,然后滴加几滴 $2.0 \ mol \cdot L^{-1}$ $NH_3 \cdot H_2O$ 溶液,再加 3 滴丁二酮肟,观察有何现象并写出反应方程式。

请根据理论课程的教学,再自行设计 3 个铁、钴、镍的配位反应,进行实验。

6. Fe^{2+}、Fe^{3+}、Ni^{2+} 的鉴定

(1)Fe^{2+} 的鉴定:在一试管中加入 5 滴 Fe^{2+} 溶液,加入 2mL 去离子水稀释,逐滴加入 2 滴 $K_3[Fe(CN)_6]$ 溶液,观察实验现象,写出反应方程式。

(2)Fe^{3+} 的鉴定:在一试管中加入 5 滴 Fe^{3+} 溶液,加 2mL 去离子水稀释,逐滴加入 2 滴 $K_4[Fe(CN)_6]$ 溶液,观察实验现象,写出反应方程式。

（3）Ni^{2+} 的鉴定：在一试管中加入加入 5 滴 $NiSO_4$ 溶液，加入几滴 NH_4Cl 溶液和 5 滴 $2\ mol \cdot L^{-1}$ 氨水，再加入 2 滴丁二酮肟的乙醇溶液，观察实验现象，写出反应方程式。

7. 混合离子的分离与鉴定

（1）设计实验方案，将 Fe^{3+} 和 Co^{2+} 的混合溶液进行分离与鉴定。

（2）设计实验方案，将 Fe^{3+} 和 Ni^{2+} 的混合溶液进行分离与鉴定。

六、分析与思考

1. 在碱性介质中，氯水能把 Co^{2+} 氧化成 Co^{3+}，而在酸性介质中，Co^{3+} 能把氯离子氧化成氯气放出，为什么？

2. 实验室是如何配制与保存 $FeSO_4$ 溶液的，为什么？

3. 试用电极电势分析 $CoCl_2$、$NiSO_4$ 能否被 Cl_2 氧化，为什么？

4. 为什么 $Co(Ⅱ)$ 离子在水溶液中可呈不同颜色？

实验 15 铜、银系列实验

一、实验目的

1. 掌握铜、银氢氧化物与氧化物的生成与性质。

2. 了解铜、银氢氧化物的酸碱性与热稳定性。

3. 掌握 $Cu(I)$、$Cu(Ⅱ)$ 重要化合物的性质与相互转化条件以及 Cu^{2+}、Ag^+ 的氧化性。

4. 理解铜、银配合物的生成与性质。

5. 掌握铜、银的鉴定方法。

二、技术要素

1. 巩固进行元素性质实验的实验技巧，熟练掌握溶液的滴加、振荡和离心分离技术。

2. 进一步掌握混合离子分离的实验技术，巩固离子的鉴定技术。

3. 熟练掌握沉淀的分离、洗涤等技术。

三、实验原理

铜、银是 ds 区元素，是元素周期表 IB 族的元素，价电子构型分别为 $3d^{10}4s^1$ 和 $4d^{10}5s^1$，最高氧化值分别是 $+2$ 和 $+1$。

ds 区元素的主要特点：

①具有强的极化力。外层价电子构型为$(n-1)d^{10}ns^1$、$(n-1)d^{10}ns^2$，形成的二元化合物一般部分或完全带有共价性。

②易形成配合物。

1. 铜、银主要化合物

铜、银主要化合物有氧化物及氢氧化物、卤化物、硝酸盐、硫酸盐等，其主要性质如下：

(1) 溶解性。氧化物都是难溶于水的共价型碱性化合物，CuO 略显两性，$Cu(OH)_2$ 两性偏碱性。

$$Cu(OH)_2+2OH^-\Longrightarrow [Cu(OH)_4]^{2-}（亮蓝色）$$

Cu^+、Ag^+ 为 18 电子构型，相应的盐大多也难溶于水。

如卤化银溶解度：$AgCl > AgBr > AgI$。

(2) 热稳定性。一般来说，固态时 Cu(Ⅰ)的化合物比 Cu(Ⅱ)化合物来得稳定。

氧化物分解温度：$Cu_2O > CuO$。

银的化合物更不稳定，分解温度：$Cu_2O > Ag_2O$。

(3) 其他较典型的性质。

①无水 $CuSO_4$ 具强吸水性，呈蓝色。可利用其颜色的转变检验或除去有机液体中微量的水。

②当有氧存在时，适当加热 Cu_2O 能生成 CuO，利用这性质可除去氮气中的微量氧：

$$2Cu_2O（暗红色）+O_2\Longrightarrow 4CuO（黑色）$$

③Ag^+ 还有一个典型反应：

$$2Ag^++S_2O_3^{2-}\Longrightarrow Ag_2S_2O_3\downarrow$$

$$Ag_2S_2O_3+H_2O\Longrightarrow Ag_2S\downarrow +H_2SO_4$$

(注意：$Ag^++2S_2O_3^{2-}（过量）\Longrightarrow [Ag(S_2O_3)_2]^{3-}$)

2. Cu(Ⅰ)与 Cu(Ⅱ)的相互转化

Cu^+ 外层价电子构型为 $3d^{10}$，

①在高温固态时，Cu(Ⅰ)化合物稳定性>Cu(Ⅱ)化合物的稳定性。

②在水溶液中，稳定性 Cu(Ⅰ) < Cu(Ⅱ)

$$E^{\ominus}: Cu^{2+}\xrightarrow{+0.159}Cu^+\xrightarrow{+0.52}Cu$$

显然，Cu^+ 易歧化，不稳定。

$$2Cu^+\Longrightarrow Cu^{2+}+Cu, K^{\ominus}=10^{6.12}$$

若要使 Cu(Ⅱ) 转变为 Cu(Ⅰ)，必须要有还原剂存在，同时要降低 Cu(Ⅰ)

浓度。如：

$$2Cu^{2+} + 4I^- \Longrightarrow 2CuI\downarrow + I_2$$

3. 铜族元素的配合物

Cu^{2+} 与 Ag^+ 均能与 $NH_3 \cdot H_2O$ 形成氨配合物。$CuSO_4$ 与适量氨水反应可以生成淡蓝色的碱式硫酸铜，氨水过量则生成深蓝色的 $[Cu(NH_3)_4]^{2+}$：

$$2Cu^{2+} + SO_4^{2-} + 2NH_3 \cdot H_2O \Longrightarrow Cu_2(OH)_2SO_4 + 2NH_4^+$$

$$Cu_2(OH)_2SO_4 + 6NH_3 + 2NH_4^+ \Longrightarrow 2[Cu(NH_3)_4]^{2+} + SO_4^{2-} + 2H_2O$$

$Cu(OH)_2$、$AgOH$、Ag_2O 都能溶于氨水形成配合物。在 $CuCl$ 沉淀中加入氨水，则形成 $[Cu(NH_3)_4]^{2+}$：

$$CuCl + 2NH_3 \Longrightarrow [Cu(NH_3)_2]^+ + Cl^-$$

$$4[Cu(NH_3)_2]^+ + 8NH_3 + O_2 + 2H_2O \Longrightarrow 4[Cu(NH_3)_4]^{2+} + 4OH^-$$

Cu^{2+} 与浓 HCl 作用生成黄绿色的 $[CuCl_4]^{2-}$，如用 Br^- 取代，则生成紫色的 $[CuBr_4]^{2-}$。

(1) Cu(Ⅰ)配合物。Cu(Ⅰ)的配合物多为 2 配位。如：$CuCl_2^-$，$CuBr_2^-$，CuI_2^-，$Cu(SCN)_2^-$，$Cu(CN)_2^-$。

$$Cu + Cu^{2+} + 4HCl(浓) \Longrightarrow 2[CuCl_2]^-（泥黄色）$$

$$\xrightarrow{\ |\ H_2O\ } CuCl\downarrow$$

(2) Cu(Ⅱ)配合物。Cu(Ⅱ)的配合物多为 4 配位。

①与浓盐酸反应。

$$Cu^{2+} + 4Cl^-（浓） \Longrightarrow [CuCl_4]^{2-}$$

$$\xrightarrow{\ |\ H_2O\ } [Cu(H_2O)_6]^{2+}（蓝色）$$

② 在弱酸性条件下，Cu^{2+} 与 $[Fe(CN)_6]^{4-}$ 反应生成棕红色的 $Cu_2[Fe(CN)_6]$：

$$2Cu^{2+} + [Fe(CN)_6]^{4-} \Longrightarrow Cu_2[Fe(CN)_6](s)$$

此反应用来检验 Cu^{2+} 的存在。在加热的碱性溶液中，Cu^{2+} 能氧化醛或糖类，并有暗红色的 Cu_2O 生成。

$$Cu^{2+} + 4OH^-（过量） \Longrightarrow [Cu(OH)_4]^{2-}（亮蓝色）$$

$$2[Cu(OH)_4]^{2-} + C_6H_{12}O_6 \Longrightarrow Cu_2O\downarrow（暗红色） + C_6H_{12}O_7 + 2H_2O + 4OH^-$$

③与氨水反应。

$$Cu^{2+} + 4NH_3（过量） \Longrightarrow [Cu(NH_3)_4]^{2+}（蓝色）$$

(3) Ag(Ⅰ)配合物。

①Ag 的配合物多为 2 配位。

$$2Ag^+ + 2NH_3 + H_2O \Longrightarrow Ag_2O\downarrow + 2NH_4^+$$

$$Ag_2O+4NH_3+H_2O=\!=\!=2[Ag(NH_3)_2]^++2OH^-$$

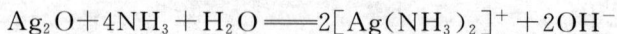

②银镜反应：$[Ag(NH_3)_2]^+$能将醛或某些糖类氧化，自身还原为 Ag：

$$2[Ag(NH_3)_2]^++HCHO+3OH^-=\!=\!=HCOO^-+2Ag\downarrow+4NH_3+2H_2O$$

4. Cu 的卤化物

(1)Cu(I)的卤化物(Cl^-、Br^-、I^-)、氰化物、硫化物、硫氰化物均难溶于水，其溶解度按 Cl^-、Br^-、I^-、SCN^-、CN^-、S^{2-} 顺序递减。

(2)Cu(II)的卤素配合物均不太稳定，卤离子可以被氨取代。Cu^{2+} 与 $P_2O_7^{4-}$ 可生成蓝白色的 $Cu_2P_2O_7$ 沉淀，$P_2O_7^{4-}$ 过量时可以生成蓝色的$[Cu(P_2O_7)_2]^{6-}$。

四、仪器与试剂

1. 仪器

离心机、烧杯，台秤，试管，离心试管。

2. 试剂

酸：HNO_3（2.0 $mol\cdot L^{-1}$，浓），HCl（2.0 $mol\cdot L^{-1}$，浓），H_2SO_4（2.0 $mol\cdot L^{-1}$），HAc（2.0 $mol\cdot L^{-1}$）

碱：NaOH（2.0 $mol\cdot L^{-1}$，6.0 $mol\cdot L^{-1}$），$NH_3\cdot H_2O$（2.0 $mol\cdot L^{-1}$，6.0 $mol\cdot L^{-1}$）

盐：Cu（NO_3）$_2$（0.1 $mol\cdot L^{-1}$），Fe（NO_3）$_3$（0.1 $mol\cdot L^{-1}$），Co（NO_3）$_2$（0.1 $mol\cdot L^{-1}$），Ni（NO_3）$_2$（0.1 $mol\cdot L^{-1}$），$AgNO_3$（0.1 $mol\cdot L^{-1}$），NaCl（0.1 $mol\cdot L^{-1}$），$CuCl_2$（0.1 $mol\cdot L^{-1}$，1.0 $mol\cdot L^{-1}$），KBr（0.1 $mol\cdot L^{-1}$），KI（0.1 $mol\cdot L^{-1}$，饱和），$CuSO_4$（0.1 $mol\cdot L^{-1}$），$Na_2S_2O_3$（0.1 $mol\cdot L^{-1}$），KSCN（饱和），$K_4[Fe(CN)_6]$（0.1 $mol\cdot L^{-1}$），Na_2S（0.1 $mol\cdot L^{-1}$）

固体：KBr，Cu 粉

其他：10％葡萄糖溶液，淀粉溶液

五、实验步骤

1. 氢氧化铜、氧化铜的生成与性质

在 A、B、C 3 支试管中分别加入 0.1$mol\cdot L^{-1}$的 $CuSO_4$ 溶液 0.5mL，再各加数滴 2.0 $mol\cdot L^{-1}$的 NaOH 溶液，至生成沉淀，观察生成沉淀的颜色。接着进行下列操作：

(1)在 A 管中加入 2.0 $mol\cdot L^{-1}$的 H_2SO_4 溶液，观察沉淀是否溶解。

(2)在 B 管中加入 6.0 $mol\cdot L^{-1}$的 NaOH 观察沉淀是否溶解，然后再加入10％的葡萄糖溶液，摇均，加热至沸，观察有什么物质生成？离心分离，弃去清液，沉淀洗涤后加入 2.0 $mol\cdot L^{-1}$的 H_2SO_4 溶液，观察实验现象。

(3)将 C 管加热至固体变黑,冷却后加入 2.0 mol·L⁻¹ 的 H_2SO_4 溶液,是否溶解?写出有关反应方程式。

2. 氢氧化银、氧化银的生成与性质

(1)在 A、B 2 支试管中分别加入 0.1mol·L⁻¹ 的 $AgNO_3$ 溶液 0.5mL,再各加数滴 2.0 mol·L⁻¹ 的 NaOH 溶液,至有沉淀生成,然后离心分离,弃去清液,在 A 试管中加入 2.0mol·L⁻¹ 的 HNO_3 溶液,在 B 试管中加 2.0 mol·L⁻¹ 的 $NH_3 \cdot H_2O$ 溶液,观察实验现象。

(2)在 $AgNO_3$ 溶液中滴加 2.0mol·L⁻¹ $NH_3 \cdot H_2O$ 溶液,有无沉淀生成?

请写出上述反应方程式。

3. Cu(Ⅱ)配合物的生成与性质

在 0.1mol·L⁻¹ $CuSO_4$ 溶液中,加入几滴 2 mol·L⁻¹ $NH_3 \cdot H_2O$ 溶液,观察有无沉淀生成以及沉淀的颜色,再加入 2 mol·L⁻¹ $NH_3 \cdot H_2O$ 直至沉淀刚好完全溶解为止,观察溶液的颜色。将所得溶液分成两个试管,一试管逐滴加入 2 mol·L⁻¹ H_2SO_4,另一试管加热至沸。观察实验现象,并写出反应方程式。

4. 卤化银和银的配合物的生成与性质

在 A、B、C 3 支试管中分别加入 5 滴下列溶液:0.1 mol·L⁻¹ NaCl,0.1 mol·L⁻¹ KBr,0.1 mol·L⁻¹ KI,再在各试管中分别各加 5 滴 0.1 mol·L⁻¹ $AgNO_3$ 溶液,离心分离,弃去清液。接着进行下列操作:

(1)在 A 管中加入 6.0 mol·L⁻¹ $NH_3 \cdot H_2O$ 溶液。

(2)在 B 管中加入 0.1 mol·L⁻¹ $Na_2S_2O_3$ 溶液。

(3)在 C 管中加入饱和 KI 溶液,振荡使其溶解。

在 A、B、C 3 支试管中再各加入 0.1 mol·L⁻¹ Na_2S 溶液,离心分离,弃去清液,在沉淀中加入浓 HNO_3,振荡摇匀,然后加热。观察实验现象,并进行解释,写出反应方程式。

5. 卤化亚铜的生成与性质

(1)在 50mL 烧杯中加入 2.0 mL 1.0 mol·L⁻¹ $CuCl_2$ 溶液,然后加入 4.0mL 浓 HCl 和少量铜粉,加热一段时间,当溶液转变为泥黄色时,此时溶液中生成了 $[CuCl_2]^-$,停止加热,取少量溶液慢慢滴入盛有蒸馏水的试管中,如有白色沉淀生成,则将剩下的溶液迅速倒入盛有大量去离子水的烧杯中,放置沉降,然后采用倾析法分出溶液,将沉淀洗涤后分成两份,分别加入 2.0 mol·L⁻¹ $NH_3 \cdot H_2O$ 溶液和浓 HCl,观察实验现象,并进行解释,写出反应方程式。

(2)在 0.5mL 的 0.1 mol·L⁻¹ $CuSO_4$ 溶液中,滴加 0.1 mol·L⁻¹ KI 溶液至有沉淀生成,离心分离,在清液中加两滴淀粉溶液,观察实验现象。将沉淀洗涤后分成两份,一份加饱和 KI 溶液至沉淀溶解,然后加入大量水稀释,观察实验

现象;另一份加入饱和 KSCN 溶液直到沉淀溶解,然后再加水稀释,观察实验现象,写出有关反应方程式。

6. 银镜反应

在一支试管中加入 1mL0.1 mol·L^{-1}AgNO$_3$ 溶液,逐滴加入 2.0 mol·L^{-1}NH$_3$·H$_2$O 溶液至生成的沉淀恰好溶解,然后加 2.0mL10% 葡萄糖溶液,将试管放入沸水浴中加热片刻,取出试管观察银镜的生成。然后倒掉溶液,加入 2.0 mol·L^{-1}HNO$_3$ 溶液使生成的银溶解。完成有关反应方程式。

7. Cu^{2+}、Ag^+ 的鉴定

(1)取 5 滴 0.1 mol·L^{-1} CuSO$_4$ 溶液,加 3 滴 2.0 mol·L^{-1}HAc 溶液和 5 滴 0.1mol·L^{-1}K$_4$[Fe(CN)$_6$]溶液,至有棕红色沉淀生成,然后在沉淀中加入 6.0mol·L^{-1}NH$_3$·H$_2$O 溶液,至沉淀溶解呈深蓝色,则表示有 Cu^{2+} 存在。完成有关反应方程式。

(2)在 5 滴 AgNO$_3$ 溶液中加数滴 2.0 mol·L^{-1}HCl 溶液至沉淀完全,离心分离并弃去清液,在沉淀中加 2.0 mol·L^{-1}NH$_3$·H$_2$O 溶液,直至沉淀溶解,再加数滴 KI 溶液,有黄色沉淀生成,则表示有 Ag^+ 存在。完成有关反应方程式。

8. 混合离子的分离与鉴定

(1)对 5 滴 0.1 mol·L^{-1}Cu(NO$_3$)$_2$ 和 5 滴 0.1 mol·L^{-1}AgNO$_3$ 混合的溶液进行分离与鉴定,写出设计方案,完成有关反应方程式。

(2)对下列混合溶液进行分离与鉴定:0.1 mol·L^{-1}Cu(NO$_3$)$_2$,0.1 mol·L^{-1}AgNO$_3$,0.1 mol·L^{-1}Fe(NO$_3$)$_3$,0.1 mol·L^{-1}Co(NO$_3$)$_2$,写出设计方案,完成有关反应方程式。

六、分析与思考

1. 在氯化亚铜沉淀中加入 2.0 mol·L^{-1}NH$_3$·H$_2$O 溶液时是否会形成[Cu(NH$_3$)$_4$]$^{2+}$的颜色,为什么?

2. 如何鉴定 Ag^+ 与 Cu^{2+}?

3. 在配制 Ag^+、Cu^{2+}、Fe^{3+}、Co^{2+} 混合溶液时,为什么使用硝酸盐,而不用硫酸盐或氯化物,请说明原因?

实验 16 锌、镉、汞系列实验

一、实验目的

1. 掌握锌、镉、汞氢氧化物与氧化物的生成与性质。

2. 了解锌、镉、汞氢氧化物的酸碱性与热稳定性。

3. 掌握 Hg_2^{2+} 与 Hg^{2+} 重要化合物的性质与相互转化条件。

4. 掌握锌、镉、汞离子的鉴定方法。

二、技术要素

1. 掌握进行元素性质实验的实验技巧,熟练掌握溶液的滴加、振荡和离心分离技术。

2. 进一步掌握混合离子分离的实验技术,巩固离子的鉴定技术。

3. 熟练掌握沉淀的分离、洗涤等技术。

三、实验原理

锌、镉、汞是 ds 区元素,是 ⅡB 族的元素,价电子构型分别为 $3d^{10}4s^2$、$4d^{10}5s^2$ 和 $5d^{10}6s^2$,最高氧化值均为 +2。

1. **锌族元素单质的主要特点**

(1)低熔点。汞是室温下唯一的液态金属.

(2)易形成合金。如黄铜(Cu-Zn);汞齐(Ag-Hg,Na-Hg 等)等.

(3)锌和镉化学性质相似,汞的化学活泼性要差得多。

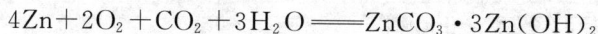
$$4Zn+2O_2+CO_2+3H_2O \Longrightarrow ZnCO_3 \cdot 3Zn(OH)_2$$

另外,锌与稀酸的反应难易与锌的纯度有关,越纯越难溶。

2. **锌族元素的主要化合物**

(1)氧化物及氢氧化物。

①ZnO 和 $Zn(OH)_2$ 都是两性物质,$Cd(OH)_2$ 显两性偏碱性。

②氢氧化物稳定性变化有以下规律:

$$Zn(OH)_2 > Cd(OH)_2 > Hg(OH)_2 > Hg_2(OH)_2$$

$Hg(OH)_2$ 和 $Hg_2(OH)_2$ 均极不稳定。

$$Hg^{2+}+2OH^- \Longrightarrow HgO\downarrow(黄色)+H_2O$$

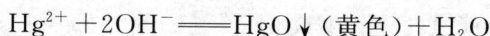
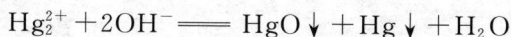
$$Hg_2^{2+}+2OH^- \Longrightarrow HgO\downarrow+Hg\downarrow+H_2O$$

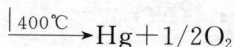
$$\xrightarrow{400℃} Hg+1/2O_2$$

(2)卤化物。

①许多难溶于水的亚汞盐见光或受热易歧化生成 Hg(Ⅱ)化合物和单质汞(Hg_2Cl_2 除外)。

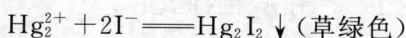
$$Hg_2^{2+}+2I^- \Longrightarrow Hg_2I_2\downarrow(草绿色)$$

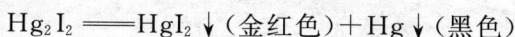
$$Hg_2I_2 \Longrightarrow HgI_2\downarrow(金红色)+Hg\downarrow(黑色)$$

$$HgI_2 + 2I^- \Longrightarrow [HgI_4]^{2-}$$

$[HgI_4]^{2-}$ 称为奈斯勒(Nessler)试剂,碱性条件下与 NH_4^+ 生成红棕色沉淀,用于鉴定 NH_4^+。

Hg_2Cl_2 又称"甘汞",无毒,见光易分解,是一种直线型共价分子。

Hg_2Cl_2 与氨水生成白色 $HgNH_2Cl$ 和黑色的 Hg:

$$Hg_2Cl_2 + 2NH_3 \Longrightarrow HgNH_2Cl\downarrow + Hg\downarrow + NH_4Cl$$

②$HgCl_2$ 易升华,俗称"升汞",略溶于水,剧毒,其稀溶液能杀菌。$HgCl_2$ 分子中 Hg 以 sp 杂化形式与 Cl 结合,也是一种直线型共价分子。

$HgCl_2$ 与稀氨水作用生成氨基氯化汞:

$$HgCl_2 + 2NH_3 \Longrightarrow HgNH_2Cl\downarrow(白色) + NH_4Cl$$

若氨水过量,则:

$$HgCl_2 + 4NH_3 \Longrightarrow [Hg(NH_3)_4]Cl_2$$

另外可利用 $HgCl_2$ 在酸性溶液中具氧化性来鉴定 Hg^{2+}:

$$2HgCl_2 + SnCl_2 \Longrightarrow Hg_2Cl_2\downarrow(白色) + SnCl_4$$

$$Hg_2Cl_2 + SnCl_2 \Longrightarrow 2Hg\downarrow(黑色) + SnCl_4$$

③$ZnCl_2$ 具强吸水性,在水中水解形成配合酸。

$$ZnCl_2 + H_2O \Longrightarrow H[ZnCl_2(OH)]$$

水解产物能溶解某些金属氧化物:

$$6H[ZnCl_2(OH)] + Fe_2O_3 \Longrightarrow 2Fe[ZnCl_2(OH)]_3 + 3H_2O$$

(3)硫化物。ZnS 可用于制作白色颜料以及荧光屏等。

可利用 CdS 的黄色来鉴定镉。

HgS 的溶解度极小,只有在王水中才能溶解。

$$3HgS + 12Cl^- + 8H^+ + 2NO_3^- \Longrightarrow 3[HgCl_4]^{2-} + 3S\downarrow + 2NO\uparrow + 4H_2O$$

3. $Hg(Ⅰ)$ 与 $Hg(Ⅱ)$ 的相互转化

$$E^{\ominus}/V \quad Hg^{2+} \xrightarrow{\ +0.92\ } Hg^+ \xrightarrow{\ +0.793\ } Hg$$

显然,根据电极电势,Hg^{2+} 能氧化 Hg 生成 Hg_2^{2+}。

$$Hg^{2+} + Hg \Longrightarrow Hg_2^{2+}$$

如:$Hg(NO_3)_2 + Hg \Longrightarrow Hg_2(NO_3)_2$

若要使 Hg_2^{2+} 转化为 Hg^{2+},就必须降低 Hg^{2+} 的浓度。

$$Hg_2^{2+} + S^{2-} \Longrightarrow HgS\downarrow + Hg\downarrow$$

可见,$Hg(I)$ 在游离时不歧化,当形成沉淀或配合物时会发生歧化。

$$Hg_2Cl_2 + 2NH_3 \Longrightarrow HgNH_2Cl\downarrow + Hg\downarrow + NH_4Cl$$

4. 锌族元素配合物

一般形成配位数为 4 的配合物.

$$Zn^{2+} + 4OH^-（过量）=\!=\!=[Zn(OH)_4]^{2-}$$

$$CdS + 2H^+ + 4Cl^- =\!=\!=[CdCl_4]^{2-} + H_2S\!\uparrow$$

$$HgS + S^{2-} =\!=\!=[HgS_2]^{2-}$$

$$Hg^{2+} + 4Cl^-（过量）=\!=\!=[HgCl_4]^{2-}$$

四、仪器与试剂

1. 仪器

烧杯,酒精灯,台秤,离心分离机,离心试管。

2. 试剂

酸:HNO_3(2.0 mol·L^{-1},浓),H_2SO_4(2.0 mol·L^{-1}),HAc(2.0 mol·L^{-1})。

碱:$NaOH$(2.0 mol·L^{-1},10.0 mol·L^{-1}),$NH_3·H_2O$(2.0 mol·L^{-1},6.0 mol·L^{-1})。

盐:$Zn(NO_3)_2$(0.5 mol·L^{-1}),$Cd(NO_3)_2$(0.5 mol·L^{-1}),$Hg(NO_3)_2$(0.1 mol·L^{-1}),$Hg_2(NO_3)_2$(0.1 mol·L^{-1}),KI(0.1 mol·L^{-1}),$HgCl_2$(0.1 mol·L^{-1}),$SnCl_2$(0.1 mol·L^{-1})。

其他:硫代乙酰胺(5%),CCl_4,二苯硫腙。

五、实验步骤

1. 锌、镉、汞氢氧化物的生成和性质

(1)取 A、B 2 个离心试管,分别加入 0.5 mol·L^{-1}Zn(NO$_3$)$_2$ 溶液,然后分别滴加适量的 2.0 mol·L^{-1}NaOH 溶液,直至沉淀生成。离心分离,在 A 试管中加入 2.0 mol·L^{-1}H$_2$SO$_4$ 溶液,直至沉淀生成。在 B 试管中加2.0 mol·L^{-1} NaOH 溶液,观察实验现象,解释并写出有关反应方程式。

(2)取 A、B 2 个离心试管,分别加入 0.5 mol·L^{-1}Cd(NO$_3$)$_2$ 溶液,然后分别滴加适量的 2 mol·L^{-1}NaOH 溶液,直至沉淀生成。离心分离,在 A 试管中加入 2.0 mol·L^{-1}H$_2$SO$_4$ 溶液,直至沉淀生成。在 B 试管中加 2.0 mol·L^{-1} NaOH 溶液,观察实验现象,解释并写出有关反应方程式。

(3)取 A、B 2 个离心试管,分别加入 0.1 mol·L^{-1}Hg(NO$_3$)$_2$ 溶液与 0.1 mol·L^{-1} Hg$_2$(NO$_3$)$_2$ 溶液各 0.5mL,然后往两试管中分别滴加 2.0mol·L^{-1} NaOH 溶液,观察生成物的状态与颜色,并用 2.0 mol·L^{-1}HNO$_3$ 溶液与 10.0 mol·L^{-1}NaOH 溶液检验沉淀是否溶解,解释实验现象,写出有关反应方程式。

总结比较 Zn^{2+}、Cd^{2+}、Hg^{2+}、Hg_2^{2+} 与 NaOH 反应生成的产物及其酸碱性。

2. 锌、镉、汞盐和氨水的反应

在 A、B、C、D 4 支试管中分别加入 $0.1\ mol \cdot L^{-1}\ Zn(NO_3)_2$、$0.1\ mol \cdot L^{-1}$ $Cd(NO_3)_2$、$0.1\ mol \cdot L^{-1}\ Hg(NO_3)_2$、$0.1\ mol \cdot L^{-1}\ Hg_2(NO_3)_2$，然后在四支试管中分别加入少量的 $2.0\ mol \cdot L^{-1}$ 氨水，观察实验现象，写出反应方程式。接着继续加过量 $6.0\ mol \cdot L^{-1}$ 氨水。观察并解释实验现象，写出有关反应方程式。

根据上述实验现象，总结比较它们与氨水反应的情况。

3. Hg^{2+}、Hg_2^{2+} 与 KI 反应

（1）在一试管中加入 5 滴 $0.1\ mol \cdot L^{-1}\ Hg(NO_3)_2$ 溶液，然后逐滴加入少量 $0.1\ mol \cdot L^{-1}\ KI$ 溶液，观察实验现象，再加入过量 $0.1\ mol \cdot L^{-1}\ KI$ 溶液，则生成 $[HgI_4]^{2-}$。接着向 $[HgI_4]^{2-}$ 配离子溶液中逐滴加入 $10.0\ mol \cdot L^{-1}\ NaOH$，即成为"奈斯勒试剂"，再设计实验以证明该试剂可以检验出 NH_4^+。

（2）在一试管中加入 5 滴 $0.1\ mol \cdot L^{-1}\ Hg_2(NO_3)_2$ 溶液，然后逐滴加入少量 $0.1\ mol \cdot L^{-1}\ KI$ 溶液，观察实验现象。继续加入 $0.1\ mol \cdot L^{-1}\ KI$ 溶液，观察有什么变化？解释实验现象，写出有关反应方程式。

4. 锌、镉离子的鉴定反应

（1）Zn^{2+} 的鉴定。在一试管中加入 2 滴 $0.5\ mol \cdot L^{-1}\ Zn(NO_3)_2$ 溶液，然后逐滴加入 5 滴 $6.0\ mol \cdot L^{-1}\ NaOH$ 溶液，接着再加入 15 滴二苯硫腙，加热，观察水溶液中粉红色沉淀的生成。用 CCl_4 萃取，此沉淀在 CCl_4 层呈棕色，则说明有 Zn^{2+} 存在。

（2）Cd^{2+} 的鉴定。在一试管中加入 5 滴 $0.1\ mol \cdot L^{-1}\ Cd(NO_3)_2$ 溶液，然后加入加 2 滴 5% 的硫代乙酰胺溶液，如产生黄色 CdS 沉淀生成，则可证明有 Cd^{2+} 存在。

（3）Hg^{2+} 的鉴定。在一试管中加入 3 滴 $0.1\ mol \cdot L^{-1}$ 的 $HgCl_2$，加过量的 $0.1\ mol \cdot L^{-1}$ 的 $SnCl_2$，观察实验现象，放置片刻看沉淀颜色的变化情况。根据实验现象可以鉴定 Hg^{2+}。

5. 混合离子的分离与鉴定

对 5 滴 $0.1\ mol \cdot L^{-1}\ Zn(NO_3)_2$、5 滴 $0.1\ mol \cdot L^{-1}\ Cd(NO_3)_2$ 和 5 滴 $0.1\ mol \cdot L^{-1}\ Hg(NO_3)_2$ 混合的溶液进行分离并进行鉴定。

六、分析与思考

1. $Hg(I)$ 和 $Hg(II)$ 相互转化的条件是什么？

2. 在 $Hg(NO_3)_2$ 和 $HgCl_2$ 溶液中加入氨水的产物是什么？

3. 在 $Hg_2(NO_3)_2$ 溶液中滴加 KI 会产生沉淀，沉淀的颜色会产生什么变化，解释并分析原因，写出有关方程式。

第五章　容量分析实验

实验 17　滴定操作和酸碱标准溶液的配制及浓度比较

一、实验目的

1. 学习滴定管的准备和滴定操作。
2. 练习酸碱标准溶液的配制和体积比的测定。
3. 学习甲基橙和酚酞指示剂的使用和终点颜色变化。
4. 初步掌握有效数字的正确使用及修约规则。

二、技术要素

1. 酸、碱式滴定管的洗涤、涂油(酸式滴定管)、试漏、赶气泡、滴液速度的控制(连续滴定、逐滴、半滴加入)和锥形瓶的摇动、滴定管的读数。
2. 酸碱指示剂的选择及终点颜色变化的判断。
3. 标准溶液的配制方法及其操作技术。

三、实验原理

配制标准溶液常有以下两种方法：

(1)直接法：准确称取一定量的基准物质，溶解后，在容量瓶中定容，即可计算该标准溶液的准确浓度。作为基准物质必须具备的条件：具有足够的纯度，其含量＞99.9％；其组成与化学式完全相符合，若含结晶水，其含量也应与化学式相符合；稳定性好；最好具有较大的摩尔质量。

(2)间接法：粗略地称取(或量取)一定量的物质，配制成近似浓度的溶液，再用基准物质或用另一种已知浓度的标准溶液标定其准确浓度。在实际工作中，绝大部分物质均不能满足直接法的配制条件。如常用的氢氧化钠和盐酸标准溶液、$Na_2S_2O_3$ 标准溶液等，只能采用间接法配制。

浓盐酸易挥发，而固体 NaOH 容易吸收空气中 CO_2 和水分，因此，不能用直接法配制准确浓度的 HCl 和 NaOH 标准溶液，只能先配成近似浓度的溶液，再

选择合适的基准物质标定其浓度。或用另一已知准确浓度的标准溶液滴定该溶液,并根据它们的体积比计算该溶液的浓度。

酸碱指示剂都具有一定的变色范围。$0.1mol \cdot L^{-1}$ NaOH 和 $0.1mol \cdot L^{-1}$ HCl 溶液的滴定为强碱与强酸的滴定,其突越范围为 pH$=4\sim10$,应选用在此范围内变色的指示剂,如甲基橙(其 pH 的变色范围为 $3.1\sim4.4$)、酚酞(其 pH 的变色范围为 $8.2\sim10.0$)等。

四、仪器与试剂

1.仪器　台秤,50mL 酸、碱式滴定管,250mL 锥形瓶,烧杯,1000mL 试剂瓶,滴瓶,10、1000mL 量筒,洗瓶。

2.试剂　浓盐酸,固体 NaOH,1%酚酞和0.1%甲基橙指示剂。

五、实验步骤

1. 800mL $0.1mol \cdot L^{-1}$ HCl 溶液的配制:通过计算求出配制 800mL 0.1mol $\cdot L^{-1}$ HCl 溶液所需浓盐酸(相对密度 1.19,约 $12mol \cdot L^{-1}$)的体积。然后,用小量筒量取浓盐酸,加入到去离子水中,初步混合,加水稀释成 800mL,充分摇匀后,贮于带玻璃塞的细口瓶中,贴上标签。

2. 400mL $0.1mol \cdot L^{-1}$ NaOH 溶液的配制:通过计算,求出配制 400mL $0.1mol \cdot L^{-1}$ NaOH 溶液所需固体 NaOH 的量,在台秤上迅速称出,置于小烧杯中,立即用少量水溶解,并转移至 1000mL 带橡皮塞的细口瓶中,加水稀释至 400mL,充分摇匀后,贴上标签。

在配制溶液后均须立即贴上标签,标签上应注明试剂名称、配制日期、使用者姓名,并留一空位以备填入此溶液的准确浓度。

长期使用的 NaOH 标准溶液,应装入下口瓶中,瓶塞上部装一碱石灰管防止溶液吸潮和吸收 CO_2。

3. 用洗液(如铬酸洗液)清洗酸式和碱式滴定管各一支。练习并掌握酸式滴定管的玻璃塞涂油方法和酸、碱式滴定管赶气泡方法。

4. 用蒸馏水冲洗已洗净的酸式滴定管内壁 $2\sim3$ 次。然后用配制好的 $0.1mol \cdot L^{-1}$ HCl 标准溶液淌洗酸式滴定管 $2\sim3$ 次,再用该盐酸标准溶液将管内装满;用 $0.1mol \cdot L^{-1}$ NaOH 标准溶液淌洗碱式滴定管 $2\sim3$ 次,再用该 NaOH 标准溶液将管内装满。然后赶出两滴定管管尖的气泡;练习酸式和碱式滴定管的滴定操作以及控制液滴大小和滴定速度的方法,并初步掌握这些内容。

5. 分别调节两滴定管液面至 0.00 刻度或附近,静止 1min 后,精确读取滴定管内凹液面与刻度相切的位置(精确至 0.01mL),并立即将读数记录在实验报告本上。

取 250mL 锥形瓶一只，洗净后放在碱式滴定管下，以约 10mL/min 的速度放出约 20mL0.1mol·L^{-1}NaOH 溶液于锥形瓶中，加入 1～2 滴 0.1‰甲基橙指示剂，用 0.1mol·L^{-1} HCl 溶液滴定至溶液由黄色变橙色，30s 不褪色，读取 NaOH 溶液及 HCl 溶液的精确体积，并记录。反复滴定几次，记下读数，分别求出体积比（V_{NaOH}/V_{HCl}），直至 3 次测定结果的相对平均偏差≤0.2‰，取其平均值。

6. 以 1‰酚酞为指示剂，用 0.1mol·L^{-1} NaOH 溶液滴定 0.1mol·L^{-1} HCl 溶液，终点由无色变微红色，30s 不褪色，其他步骤同上。

六、记录和计算

见下面实验报告示例。

七、实验报告示例

在预习时要求在实验记录本上写好下列示例之（一）、（二）、（三）、（四），画好（五）之表格和做好必要的计算。实验过程中把数据记录在表中，实验后完成计算及讨论。

实验名称：滴定操作和酸碱标准溶液的配制及浓度比较

（一）实验日期：　　年　　月　　日
（二）实验目的：
（三）实验原理：
（四）实验步骤：

1. 配制 800mL0.1mol·L^{-1}HCl 溶液：量取约 6.7mL 的浓盐酸加入到已盛有约 300mL 去离子水的 1000mL 中细口瓶中，混匀，并加水稀释成 800mL，充分摇匀，贴上标签，备用。

2.400mL0.1mol·L^{-1}NaOH 溶液：用台秤称取约 1.6g NaOH 固体（A.R）于小烧杯中，加少量水溶解，转入 1000mL 细口瓶中，并加水稀释成 400mL，充分摇匀，贴上标签，备用。

3. 酸、碱式滴定管的清洗，酸式滴定管的涂油，酸、碱式滴定管的试漏、赶气泡（具体步骤同学们自己写，下同）。

4. 以甲基橙、酚酞为指示剂进行 HCl 溶液与 NaOH 溶液的浓度比较滴定，

第五章　容量分析实验

反复练习。

5. 计算 NaOH 溶液与 HCl 溶液的体积比。

（五）记录和计算：

1. $0.1mol \cdot L^{-1}$ NaOH 标准溶液和 $0.1mol \cdot L^{-1}$ HCl 标准溶液的配制

浓 HCl 溶液体积＝

固体 NaOH 的质量＝

列出算式，并计算

2. NaOH 溶液与盐酸溶液浓度的比较

（1）以甲基橙为指示剂（如表 1 所示）。

表 1　以甲基橙为指示剂，HCl 标准溶液滴定 NaOH 标准溶液

项目＼记录　　次序	Ⅰ	Ⅱ	Ⅲ
NaOH 终读数/mL NaOH 初读数/mL 消耗 V_{NaOH}/mL			
HCl 终读数/mL HCl 初读数/mL 消耗 V_{HCl}/mL			
V_{NaOH}/V_{HCl}			
$\overline{V}_{NaOH}/\overline{V}_{HCl}$			
个别测定偏差			
平均偏差			
相对平均偏差（‰）			

（2）以酚酞为指示剂（表 2，同表 1）。

（六）结果与讨论。

八、分析与思考

1. 为什么不能用直接法配制氢氧化钠和盐酸标准溶液？

2. 滴定管在装入标准溶液前为什么要用该标准溶液淌洗内壁 2～3 次？用于滴定的锥形瓶是否需要干燥？是否也要用标准溶液淌洗？为什么？

3. 配制 $0.1mol \cdot L^{-1}$ HCl 溶液及 $0.1mol \cdot L^{-1}$ NaOH 溶液所用水的体积，是否需要准确量度？为什么？

4. 为什么装 NaOH 标准溶液的瓶或滴定管不宜用玻塞？

5. 用 $0.1\text{mol}\cdot\text{L}^{-1}$ HCl 溶液滴定 $0.1\text{mol}\cdot\text{L}^{-1}$ NaOH 标准溶液时,是否可用酚酞作指示剂? 为什么?

6. 在完成每次滴定后,为什么要将标准溶液加至滴定管零点或零点附近,再进行第二次滴定?

实验 18　酸、碱标准溶液浓度的标定

一、实验目的

1. 进一步练习滴定操作。

2. 学习电子分析天平的工作原理及减量法称量技术。

3. 学习酸碱溶液浓度的标定方法和基准物质的选择。

4. 进一步掌握酸碱滴定指示剂的选择及以甲基橙为指示剂时滴定终点颜色的变化。

5. 掌握定量分析中有效数字的正确使用、精密度和准确度的计算。

二、技术要素

1. 掌握酸式滴定管的洗涤、涂油、试漏、赶气泡、滴液速度的控制(连续滴定、逐滴、半滴加入)和锥形瓶的摇动、滴定管的准确读数。

2. 掌握甲基橙为指示剂时终点颜色变化的判断。

3. 学习电子分析天平的基本操作技术,基本掌握减量法称量技术。

三、实验原理

标定酸溶液和碱溶液所用的基准物质有多种,本实验中各介绍一种较常用的。标定 NaOH 标准溶液的浓度,可用酸性基准物质——邻苯二甲酸氢钾 ($KHC_8H_4O_4$),以酚酞为指示剂,在使用前应将 $KHC_8H_4O_4$(A.R)于 105 ～ 110℃下烘干 1h。邻苯二甲酸氢钾的结构式为 ,其中只有一个可电离的 H^+ 离子。标定时其反应式如下:

$$KHC_8H_4O_4 + NaOH \longrightarrow KNaC_8H_4O_4 + H_2O$$

邻苯二甲酸氢钾作为基准物质的优点:①易于获得纯品;②不吸湿,易于干燥;③摩尔质量大,可以相对降低称量误差。

标定 HCl 标准溶液的浓度,用无水 Na_2CO_3 为基准物。由于 Na_2CO_3 容易

吸收空气中的水分,使用时,应预先在180℃下烘干2h,并保存于干燥器中,以甲基橙为指示剂进行标定。

NaOH标准溶液与HCl标准溶液的浓度,一般只需要标定其中一种,另一种通过NaOH标准溶液与HCl标准溶液滴定的体积比算出。至于标定哪一种标准溶液,要视采用何种标准溶液测定何种样品而定。原则上,应直接标定测定时所用的标准溶液,标定的条件与测定的条件应尽可能一致。

四、仪器与试剂

1. **仪器** 电子分析天平,50mL酸、碱式滴定管,250mL锥形瓶,烧杯,1000mL试剂瓶,滴瓶,量筒,洗瓶。

2. **试剂** $0.1mol \cdot L^{-1}$ HCl标准溶液,$0.1mol \cdot L^{-1}$ NaOH标准溶液,邻苯二甲酸氢钾(基准级或A.R),无水碳酸钠(基准级),甲基橙和酚酞指示剂。

五、实验步骤

1. $0.1mol \cdot L^{-1}$ HCl标准溶液浓度的标定:在万分之一的电子分析天平上,准确称取已烘干的无水碳酸钠3份(其重量按消耗20~30mL HCl溶液计,约为0.1~0.2g),分别置于3只250mL锥形瓶中,加约30mL水,温热,振摇使之溶解,以甲基橙为指示剂,用$0.1mol \cdot L^{-1}$ HCl标准溶液滴定至溶液由黄色变为橙色,且30s不褪,即为终点。记下消耗$0.1mol \cdot L^{-1}$ HCl标准溶液的体积,重复测定3次,计算HCl标准溶液的浓度(c_{HCl})。3份测定的相对平均偏差≤0.2%,否则应重测。

2. $0.1mol \cdot L^{-1}$ NaOH标准溶液浓度的标定:准确称取3份已于105~110℃烘干1h以上的邻苯二甲酸氢钾(A.R),每份1~1.5g,放入250mL锥形瓶中,用50mL新煮沸而刚刚冷却的水使之溶解,若没有完全溶解,可微热。冷却,加入2滴1%酚酞指示剂,用NaOH标准溶液滴定至溶液呈微红色且30s内不退,即为终点。3份测定的相对平均偏差≤0.2%,否则应重测。

六、记录和计算

1. $0.1mol \cdot L^{-1}$ HCl标准溶液浓度的标定(表1)。
2. 计算HCl标准溶液的浓度。

表1 盐酸标准溶液浓度的标定

记录项目 \ 次序	I	II	III
称量瓶＋Na_2CO_3（前）/g 称量瓶＋Na_2CO_3（后）/g Na_2CO_3 的质量/g			
HCl 终读数/mL HCl 初读数/mL 消耗 V_{HCl}/mL			
c_{HCl}/mol·L^{-1}			
平均 c_{HCl}/mol·L^{-1}			
个别测定偏差			
平均偏差			
相对平均偏差(‰)			

$c_1 = 2m_I / (105.99V_{HCl\ I})$

$c_2 = 2m_{II} / (105.99V_{HCl\ II})$

$c_3 = 2m_{III} / (105.99V_{HCl\ III})$

（式中 m 为基准物质量）

3. 计算 NaOH 标准溶液浓度。

4. 讨论。

七、分析与思考

1. 溶解基准物 Na_2CO_3 所用水的体积是否需要准确量度？为什么？

2. 用 Na_2CO_3 为基准物质标定 HCl 溶液时，为什么不用酚酞作指示剂？

3. 如果 NaOH 标准溶液在保存过程中吸收了空气中的 CO_2，用该标准溶液滴定盐酸，以甲基橙为指示剂，用 NaOH 标准溶液原来的浓度进行计算，会不会引入误差？若改用酚酞为指示剂进行滴定，又如何？

实验 19 有机酸相对分子量的测定

一、实验目的

1. 掌握移液管、容量瓶的基本操作及其相对校正方法。

2. 准确测定有机酸的相对分子质量。

3.通过偏差及误差计算,加深对精密度、准确度概念的理解。

二、技术要素

1.学习移液管、容量瓶的基本操作技术及其相对校正方法。
2.掌握减量法称量技术。
3.进一步练习酸碱滴定基本操作技术。

三、实验原理

酸性物质的相对分子质量可以根据酸碱中和滴定反应,从理论上进行计算。

大多数有机酸是固体弱酸,在水中的溶解度不大。由于酒石酸易溶于水,且 $cK_a>10^{-8}$,故可在水性介质中用 NaOH 标准溶液进行滴定,其滴定突跃发生在弱碱性范围内,常用酚酞为指示剂,终点颜色由无色变为粉红色。根据消耗 NaOH 标准溶液的体积和浓度,即可计算有机酸(酒石酸)的相对分子量。并与理论值进行比较。

酒石酸(tartaric acid)是一种羧酸,化学名称为 2,3-二羟基丁二酸,分子式:HOOCCHOHCHOHCOOH,即二羟基琥珀酸。其结构式如右图,存在于多种植物中,如葡萄和罗望子,也是葡萄酒中主要的有机酸之一。作为食品中添加的抗氧化剂,可以使食物具有酸味。

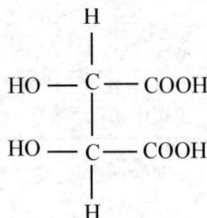

四、仪器与试剂

1.仪器 电子分析天平,碱式滴定管,250mL 锥形瓶,烧杯,250mL 容量瓶,量筒,洗瓶。

2.试剂 0.1mol·L^{-1}NaOH 标准溶液;1%酚酞指示剂;酒石酸试样。

五、实验步骤

1.练习移液管的基本操作技术及移液管与容量瓶的相对校正。

2.用减量法在电子分析天平上准确称取酒石酸试样两份,每份 1.6～2.0 g,分别置于 250mL 烧杯中,各加少量水搅拌溶解,分别完全转移至 250 mL 容量瓶中,加水稀释到刻度,摇匀。分别准备移取该试液 25.00mL 于 250 mL 锥形瓶中,加 2 滴 1%酚酞指示剂,用 0.1mol·L^{-1}NaOH 标准溶液滴定至溶液呈粉红色,30s 不褪即为终点。计算该有机酸的相对分子质量。

六、数据记录与结果计算

1. 请学生自行设计数据记录表格，并进行记录与计算。

2. 根据实验过程及结果，开展讨论，分析引起实验测量误差的原因。

3. $M_{真值} = 150.09 \text{g} \cdot \text{mol}^{-1}$。

七、分析与思考

1. 如果 $0.1 \text{mol} \cdot \text{L}^{-1}$ NaOH 标准溶液吸收了 CO_2，对酒石酸相对分子质量的测定结果有何影响？请用计算式加以说明。

2. 按消耗 $0.1 \text{mol} \cdot \text{L}^{-1}$ NaOH 体积为 25mL 计，应称取酒石酸（$H_2C_4H_4O_6$）样品多少克？酒石酸的两个氢能否分步滴定？

实验 20　混合碱液中 NaOH 及 Na₂CO₃ 含量的测定

一、实验目的

1. 进一步掌握移液管、容量瓶的基本操作技术。

2. 学习容量瓶、移液管的相对校准方法，了解滴定管的校准方法。

3. 掌握双指示剂法测定碱液中 NaOH 和 Na_2CO_3 含量的原理。

4. 了解混合指示剂的使用及其特点。

二、技术要素

1. 掌握移液管、容量瓶的基本操作技术及其相对校正方法。

2. 掌握双指示剂法进行分步滴定的基本操作技术。

3. 学习甲酚红-百里酚蓝混合指示剂的用途及特点。

三、实验原理

混合碱液中可能含有 NaOH、$NaHCO_3$ 和 Na_2CO_3 中的一种或两种，其含量可以在同一份试样中用两种不同的指示剂进行测定，这种测定方法即所谓"双指示剂法"。此方法快速，应用普遍。见反应式(3)。

常用的两种指示剂为酚酞和甲基橙。在待测试液中先加酚酞指示剂，用盐酸标准溶液滴定至红色刚刚褪去。由于酚酞的变色范围为 pH = 8～10，此时，不仅 NaOH 完全被中和，Na_2CO_3 也被滴定成 $NaHCO_3$，记下此时消耗的 HCl 标准溶液的体积 V_1，反应式见(1)、(2)。继续加入甲基橙指示剂，溶液呈黄色，

滴定至溶液呈橙色时为终点,此时 $NaHCO_3$ 被滴定成 H_2CO_3,消耗的 HCl 标准溶液的体积为 V_2,反应式见(3)。根据 V_1、V_2 可以分析出混合碱液的组成,若 $V_1 > V_2$ 试液中含有 NaOH 和 Na_2CO_3,可根据下式计算试液中 NaOH 和 Na_2CO_3 的含量 X。

$$NaOH + HCl \longrightarrow NaCl + H_2O \tag{1}$$

$$Na_2CO_3 + HCl \longrightarrow NaCl + NaHCO_3 \tag{2}$$

$$NaHCO_3 + HCl \longrightarrow NaCl + H_2O + CO_2 \uparrow \tag{3}$$

$$X_{NaOH} = (V_1 - V_2) \times c_{HCl} \times M_{NaOH} / V_{试}$$

$$X_{Na_2CO_3} = V_2 \times c_{HCl} \times M_{Na_2CO_3} / V_{试}$$

式中:c——浓度,单位为 $mol \cdot L^{-1}$;

$\quad\quad X$——NaOH 或 Na_2CO_3 的含量,单位为 $g \cdot L^{-1}$;

$\quad\quad M$——物质的摩尔质量,单位为 $g \cdot mol^{-1}$;

$\quad\quad V$——溶液的体积,单位为 mL。

上述所有的双指示剂中的酚酞指示剂可以用甲酚红和百里酚蓝混合指示剂代替。由于甲酚红的变色范围 pH 为 6.7(黄)～8.4(红),百里酚蓝的变色范围的 pH 为 8.0(黄)～9.6(红),混合后的变色点是 8.3,酸色呈黄色,碱色呈紫色,在 pH＝8.2 时为樱桃色,终点变化敏锐。

三、仪器与试剂

1. 仪器　25mL 移液管,50mL 酸式滴定管,250mL 锥形瓶,烧杯,25mL 容量瓶,洗瓶。

2. 试剂　0.1mol·L^{-1} HCl 标准溶液,甲酚红和百里酚蓝混合指示剂,0.1％甲基橙指示剂,1％酚酞指示剂。

四、实验步骤

1. 容量瓶、移液管的使用及相对校准

(1) 洗净 1 支 25mL 移液管,认真、多次练习移液管的使用方法。

(2) 取清洁、干燥的 250mL 容量瓶 1 只,用 25mL 的移液管准确移取纯水 10 次,放入容量瓶中(注意,在此处,强调的是操作的准确,而不是快速)。观察凹液面最低点是否与标线相切,如不相切,可用记号笔等另作标记。经相互校准后,此容量瓶与移液管可配套使用。

2. 查阅资料,了解用重量法校准酸、碱式滴定管的方法及具体操作,学习滴定管各体积范围校正系数的计算。

3. 用胖肚移液管准确移取碱液 25mL,加 0.1％酚酞指示剂 1 滴(或混合指示剂 2 滴），用 $0.1\ mol \cdot L^{-1}$ HCl 标准溶液滴定，边滴边充分摇动（注意：应严格控制滴液速度）。滴定至酚酞恰好褪色为止（溶液的红色刚好褪去，变成无色），此时即为终点，记下消耗的盐酸标准溶液的体积 V_1。然后再加 2 滴甲基橙指示剂，继续用 HCl 标准溶液滴定至溶液由黄色变橙色，即为终点，记下消耗的 HCl 标准溶液的体积 V_2。

五、记录与计算

请学生自行设计数据记录表格，并记录。

六、结果与讨论

根据实验过程及测定结果，开展误差分析，并就自身存在的问题等进行讨论。

七、分析与思考

1. 如欲测定碱液的总碱度，应选择何种指示剂？并拟出测定步骤及以 $Na_2O\ g \cdot L^{-1}$ 表示的总碱度的计算公式。

2. 有一碱液样品，可能为 $NaOH$、$NaHCO_3$、Na_2CO_3 中的一种或两种共存物质的混合液。用盐酸标准溶液滴定，以酚酞为指示剂时的确定终点，耗去酸 V_1 mL，继续以甲基橙为指示剂滴定至终点时又耗去酸 V_2 mL。根据 V_1 与 V_2 的关系判断该碱液的组成：

关系	组成
$V_1 > V_2$	
$V_1 < V_2$	
$V_1 = V_2$	
$V_1 = 0$ $V_2 > 0$	
$V_1 > 0$ $V_2 = 0$	

3. 某固体试样，可能含有 Na_2HPO_4、NaH_2PO_4、惰性杂质中的一种或两种共存混合物。试拟定分析方案，测定其中 Na_2HPO_4 和 NaH_2PO_4 的含量。注意考虑以下问题：①方法原理；②用什么标准溶液；③用什么指示剂；④测定结果的计算公式。

实验 21　EDTA 标准溶液的配制和标定

一、实验目的

1. 学习 EDTA 标准溶液的配制和标定方法。
2. 掌握络合滴定的原理,了解络合滴定的特点。
3. 熟悉钙指示剂的使用及特点。

二、技术要素

1. 了解 EDTA 物性,掌握 EDTA 标准溶液的配制方法和标定方法。
2. 根据络合滴定的特点,控制好滴液速度和滴定介质适宜的 pH 值。
3. 了解金属指示剂的使用及特点,合理控制指示剂的加入量,准确判断滴定终点。
4. 进一步掌握移液管、容量瓶的基本操作技术。

三、实验原理

乙二胺四乙酸,简称 EDTA,常用 H_4Y 表示,难溶于水,常温下其溶解度为 $0.2g \cdot L^{-1}$,其二钠盐的溶解度为 $120\ g \cdot L^{-1}$,可配成 $0.3mol \cdot L^{-1}$ 以上浓度的溶液,其水溶液的 $pH = 4.8$,所以,通常使用其二钠盐配制标准溶液。其配制方法可用直接法和间接法,但间接法配制比较普遍。

标定 EDTA 溶液常用的基准物有金属、金属氧化物及盐,如 Zn、ZnO、Bi、Cu、$CaCO_3$、$MgSO_4 \cdot 7H_2O$、Hg、Ni、Pb 等。但在实际分析工作中,通常选用其与被测物组分相同的物质作基准物,可减小误差。

EDTA 标准溶液若用于测定水、石灰石或白云石中 CaO、MgO 的含量,则选用 $CaCO_3$ 为基准物。先用稀 HCl 溶液溶解,其反应如下:

$$CaCO_3 + 2HCl \Longrightarrow CaCl_2 + CO_2 \uparrow + H_2O$$

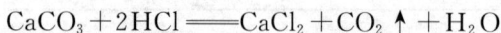

然后把溶液完全转移至容量瓶中,并加水稀释至刻度,配成钙标准溶液。吸取一定量的钙标准溶液,调节酸度至 $pH \geqslant 12$,加适量钙指示剂,用 EDTA 标准溶液滴定至溶液由酒红色变成纯蓝色,即为终点。以"H_3Ind"表示钙指示剂,其变色原理如下:

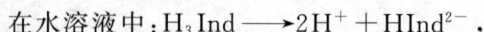

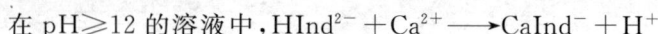

在水溶液中:$H_3Ind \longrightarrow 2H^+ + HInd^{2-}$,

在 $pH \geqslant 12$ 的溶液中,$HInd^{2-} + Ca^{2+} \longrightarrow CaInd^- + H^+$

纯蓝色　　　　　酒红色

所以,当在钙标准溶液中加入钙指示剂时,溶液应呈酒红色。当用 EDTA 标准溶液滴定时,由于 EDTA 能与 Ca^{2+} 离子形成的 CaY^{2-} 比 $CaInd^-$ 更加稳定,因此,在滴定终点附近 EDTA 夺取 $CaInd^-$ 的钙离子,而使指示剂游离出来,其反应式如下:

$$CaInd^- + HY^{2-} + OH^- \longrightarrow CaY^{2-} + HInd^{2-} + H_2O$$

酒红色　　　　　　　　　　无色　　纯蓝色

此法测定钙时,若有 Mg^{2+} 离子共存,会使终点比 Ca^{2+} 离子单独存在时更加稳定敏锐,而它还不会干扰钙的测定。

四、仪器与试剂

1.仪器　台秤,电子分析天平,50mL 酸式滴定管,250mL 锥形瓶,烧杯,1000mL 试剂瓶,量筒,洗瓶,玻璃研钵,滴瓶,烘箱。

2.试剂　乙二胺四乙酸二钠盐(固体,A. R),$CaCO_3$(固体,G. R. 或 A. R),$NH_3 \cdot H_2O$,10%NaOH 溶液,6mol·L^{-1}HCl;镁溶液:溶解 5g $MgSO_4 \cdot 7H_2O$ 于水中,稀释至 1000mL;1%钙指示剂:100gNaCl 中加 1g 钙指示剂,在研钵中研细,混匀。

五、实验步骤

1.0.01mol·L^{-1} EDTA 溶液的配制:用台秤称取乙二胺四乙酸二钠盐 1.9g,溶解于约 200mL 温水中,稀释至 500mL。转移至 1000mL 细口瓶中,摇匀,贴上标签。

2.EDTA 溶液的标定

(1) 0.01mol·L^{-1}标准钙溶液的配制:在电子天平上准确称取 $0.25 \sim 0.3$g 已于 110℃下烘干 2h 的 $CaCO_3$ 于小烧杯中,盖上表面皿,用少许水润湿,再从杯嘴边缘逐滴加入 6mol·L^{-1}HCl 至完全溶解(无气泡放出),用水淋洗表面皿,将可能溅在表面皿上的溶液洗入小烧杯中,加热煮沸溶液,待冷却后完全转移至 250mL 容量瓶中,稀释至刻度,摇匀,贴上标签。

(2)标定:用胖肚移液管准确移取 25mL 上述配制的钙标准溶液,置于 250mL 锥形瓶中,加约 25mL 水、2mL 镁溶液、5mL10%NaOH 溶液及适量 1% 钙指示剂(以溶液为明显的酒红色为好),摇匀后,用 EDTA 标准溶液滴定至溶液由酒红色变至纯蓝色,即为滴定终点。记下消耗的 EDTA 溶液的体积,平行测定 3 次。

六、记录和计算

1.请学生自拟记录表格,可参考"盐酸标准溶液的标定"。

2. 计算实验结果。

七、结果与讨论

写出实验最终结果,并就实验过程中遇到的问题及结果展开分析、讨论。

注意

1. 络合滴定中对水质要求较高,应该用不含有 Fe^{3+}、Al^{3+}、Cu^{2+}、Ca^{2+}、Mg^{2+} 等杂质离子的水。

2. 由于络合滴定近终点时是个置换反应,其反应的速率不如酸碱滴定,能在瞬间完成,故滴定时控制好加入 EDTA 溶液的速度,不能太快,室温低时,更要注意。尤其是在近终点时,一定要逐滴加入,并充分摇动。其次,加入指示剂的量应适当,这对于滴定终点的观察十分重要。

八、分析与思考

1. 为什么通常选用乙二胺四乙酸二钠盐来配制 EDTA 标准溶液,而不用乙二胺四乙酸呢?

2. 用 $CaCO_3$ 作基准物,以钙指示剂为指示剂标定 EDTA 溶液时,应控制滴定溶液的 pH 值为多少?为什么?如何控制?

3. 络合滴定法与酸碱滴定法相比,有哪些不同点?在具体操作中应注意哪些问题?

4. 如果 EDTA 标准溶液在长期贮存中因侵蚀玻璃而含有少量 CaY^{2-}、MgY^{2-} 络离子,则在 pH=10 的氨性溶液中用 Mg^{2+} 离子的标准溶液标定与 pH 为 4～5 的酸性介质中用 Zn^{2+} 离子的标准溶液标定,分析所得结果是否一致?为什么?

● 实验技术示范,参见浙江科技学院"无机及分析化学"精品课程网站。
网址:http://zlq.zust.edu.cn/wjfx/
实验指导栏—典型实验(1)—EDTA 标准溶液的配制与标定

实验 22 水的硬度测定

一、实验目的

1. 了解水的硬度测定意义和常用的硬度表示方法。
2. 掌握络合滴定法测定水的硬度的原理和方法。
3. 掌握铬黑 T 和钙指示剂的应用,了解金属指示剂的特点。

二、技术要素

1. 进一步练习络合滴定操作。
2. 熟悉铬黑 T 和钙指示剂的使用及特点,准确判断滴定终点。
3. 了解络合滴定样品中干扰离子的消除方法。

三、实验原理

在水质分析中,一般将含有钙、镁盐类的水叫硬水。用硬度来衡量水中钙、镁盐类含量的高低,硬度又可分为暂时硬度和永久硬度。因含有钙、镁的酸式碳酸盐引起的硬度称为暂时硬度;因含有钙、镁的硫酸盐、硝酸盐、氯化物引起的硬度称为永久硬度。暂时硬度和永久硬度的总和称为“总硬”。由镁离子形成的硬度称为“镁硬”,而由钙离子形成的硬度称为“钙硬”。

可采用 EDTA 为标准溶液的络合滴定法测定水中钙、镁离子的含量。钙硬的测定原理同以 $CaCO_3$ 为基准的 EDTA 标准溶液的标定。总硬的测定,则以铬黑 T 为指示剂,在 $pH \approx 10$ 的氨性缓冲溶液中,用 EDTA 标准溶液滴定溶液中的 Ca^{2+}、Mg^{2+},铬黑 T 和 EDTA 都能和 Ca^{2+}、Mg^{2+} 形成配合物,其稳定性顺序:$CaY^{2-} > Mg^{2-} > MgIn^- > CaIn^-$。加入铬黑 T 时,部分 Mg^{2+} 与铬黑 T 形成酒红色配合物。用 EDTA 滴定时,EDTA 先与 Ca^{2+} 和游离 Mg^{2+} 反应成无色配合物,到达化学计量点时,EDTA 夺取指示剂配合物中的 Mg^{2+},而使指示剂游离出来,溶液由酒红色转变成蓝紫色至纯蓝色即为终点。根据 EDTA 标准溶液的浓度和消耗的体积,即可计算水的总硬;镁硬=总硬-钙硬。

水的硬度表示方法有多种,因各国的习惯不同而有所差异。我国目前常用的表示方法以度(°)计,1 硬度单位表示十万份水中含 1 份 CaO,即 $1° = 10 \ \mu g \cdot mL^{-1}$ CaO,其计算式如下:

$$硬度(°) = c_{EDTA} \times V_{EDTA} \times M_{CaO} \times 100 / V_{水}$$

式中:c_{EDTA}——EDTA 标准溶液浓度,单位:$mol \cdot L^{-1}$;

V_{EDTA}——滴定时消耗的 EDTA 标准溶液体积,单位:mL;

M_{CaO}——CaO 的摩尔质量,单位:$g \cdot mol^{-1}$;

$V_{水}$——水样体积,单位:mL。

方法的干扰:水中若含有 Fe^{3+}、Al^{3+},可加三乙醇胺掩蔽;若有 Cu^{2+}、Pb^{2+}、Zn^{2+} 等,可用 Na_2S 掩蔽。如果 Mg^{2+} 浓度小于 Ca^{2+} 浓度的 1/20,则需加 5mL MgY^{2-} 溶液。

四、仪器与试剂

1. **仪器** 台秤,电子分析天平,50mL 酸式滴定管,250mL 锥形瓶,烧杯,

1000mL 试剂瓶,50mL 移液管,量筒,洗瓶,玻璃研钵,滴瓶。

2. 试剂　0.01mol·L^{-1} EDTA 标准溶液,pH≈10 的 NH$_3$-NH$_4$Cl 缓冲溶液,10％NaOH 溶液;1％钙指示剂:100gNaCl 中加 1g 钙指示剂,在研钵中研细,混匀;0.5％铬黑 T 指示剂:100gNaCl 中加 0.5g 铬黑 T 指示剂,在研钵中研细,混匀。

五、实验步骤

1. 总硬的测定:用移液管移取澄清的水样 50mL,放入洗净的 250mL 锥形瓶中,加入 5mLpH＝10 的 NH$_3$-NH$_4$Cl 缓冲溶液,摇匀。再加入适量的铬黑 T 固体指示剂,边加边摇,至溶液呈明显的酒红色,用 0.01 mol·L^{-1} EDTA 标准溶液滴定至溶液由酒红色转变为蓝紫色、最后呈纯蓝色即为终点,记下消耗 ED-TA 标准溶液的体积。

2. 钙硬的测定:用移液管移取澄清的水样 50 mL,放入 250 mL 锥形瓶内,加入 4 mL10％ NaOH 溶液,摇匀,再加适量的钙指示剂,边加边摇,至溶液呈明显的淡红色。用 0.01 mol·L^{-1} EDTA 标准溶液滴定至溶液淡红色转变为蓝紫色、最后呈纯蓝色即为终点,记下消耗的 EDTA 标准溶液的体积。

3. 镁硬的测定:镁硬＝总硬－钙硬

六、记录和计算

1. 请学生自拟记录表格。

2. 计算实验结果。

七、结果与讨论

写出最终实验结果,说明测定的水样是否是硬水?并就实验过程中遇到的问题及结果展开分析、讨论。

八、分析与思考

1. 如果对硬度测定中的数据要求保留 3 位有效数字,应如何量取 50mL 水样?

2. 用 EDTA 法如何测出水的总硬?用什么指示剂?产生什么反应?终点颜色变化如何?滴定介质的 pH 值应控制在什么范围?应如何控制?测定钙硬又如何呢?

3. 用 EDTA 为标准溶液的络合滴定法测定水的硬度时,其干扰离子有哪些?如何消除?

4. 当水样中 Mg^{2+} 离子含量低时,用铬黑 T 作指示剂测定水中 Ca^{2+} 离子总量时,终点不清晰,常在水样中预先加入少量 MgY^{2-} 络合物,再用 EDTA 滴定,其终点变化更加敏锐。请问这样做对测定结果有无影响?说明其原理?

实验 23 硫酸铜中铜含量的测定

一、实验目的

1. 学习 $Na_2S_2O_3$ 标准溶液的配制及标定。
2. 掌握间接碘量法的原理及测定条件。
3. 掌握间接碘量法测定铜含量的原理和方法。
4. 了解吸附指示剂的特点及使用。
5. 学习化合物结晶水的测定方法。

二、技术要素

1. 掌握硫代硫酸钠标准溶液的配制、标定及保存条件。
2. 掌握吸附指示剂(淀粉指示剂)的使用及特点,准确控制指示剂和 KSCN 的加入时间和加入量。
3. 掌握氧化还原反应的特点,合理控制滴液速度,准确判断滴定终点。
4. 学习坩埚、箱式电阻炉、干燥器等重量分析法基本操作技术。

三、实验原理

在弱酸性溶液中,二价铜盐与过量的 KI 发生下列反应:

$$2Cu^{2+} + 4I^- = 2CuI + I_2$$
$$I_2 + I^- = I_3^-$$

析出的 I_2 再用 $Na_2S_2O_3$ 标准溶液滴定,以淀粉为指示剂,即可计算出铜的含量。由于 Cu^{2+} 与 I^- 之间的反应是可逆的,实验中加入过量的 KI 促使反应趋于完全。但是,由于反应生成的 CuI 沉淀强烈吸附 I_3^- 离子,会使实验结果偏低,所以,加入 KSCN,使 $CuI(K_{sp} = 5.06 \times 10^{-12})$ 转化为溶解度更小的 $CuSCN(K_{sp} = 4.8 \times 10^{-15})$,其反应式:

$$CuI + SCN^- = CuSCN \downarrow + I^-$$

释放出被吸附的 I_3^- 离子,使反应进行完全。但是,KSCN 只能在接近终点时加入,否则,因为反应溶液中大量存在的 I_2 被 KSCN 所还原,使测定结果偏低。

为了防止铜盐水解,滴定反应一般应控制 pH 在 3.0～4.0。若酸度过低,

Cu^{2+} 氧化 I^- 的反应就不完全,使结果偏低,且反应速率慢,终点拖长;若酸度过高,则 I^- 被空气氧化成 I_2,使结果偏高。而且溶液的酸性最好用硫酸而不用盐酸调节,因大量氯离子能与 Cu^{2+} 络合,且 I^- 不易从 Cu(Ⅱ)的氯络合物中将 Cu(Ⅱ)完全定量地还原。

本测定的干扰物质:能氧化 I^- 离子的物质。如 Fe^{3+} 等。

由于硫代硫酸钠($NaS_2O_3 \cdot 5H_2O$)一般含有少量杂质,同时还易风化、潮解,溶液还易被空气、微生物等的作用而分解,日光也能促使其分解。所以,用间接法配制其标准溶液,避光保存,配好的溶液放暗处 1~2 周后再标定。若长期使用,定期标定。其标定可用 KIO_3、$K_2Cr_2O_7$ 作基准物,由于所产生的废液污染环境,通常选用 KIO_3 作基准物,其反应式:

$$IO_3^- + 5I^- + 6H^+ == 3I_2 + 3H_2O$$

析出碘再用 NaS_2O_3 标准溶液滴定:$I_2 + 2S_2O_3^{2-} == S_4O_6^{2-} + 2I^-$

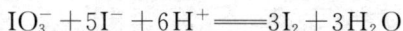

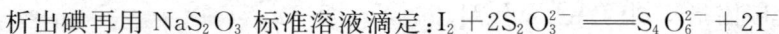

这种测定方法是间接碘量法的应用。

四、仪器与试剂

1.仪器　电子分析天平,10、25mL 移液管,100、250mL 容量瓶,250mL 碘量瓶,小烧杯,18mL 瓷坩埚,箱式电阻炉。

2.试剂　$Na_2S_2O_3 \cdot H_2O(s)$,10%KI,2mol·L^{-1} H_2SO_4,1%淀粉溶液,15%KSCN 溶液。

五、实验步骤

1.0.01mol·L^{-1} $Na_2S_2O_3$ 标准溶液的配制

称取 1.3g $Na_2S_2O_3 \cdot 5H_2O$ 溶于 500mL 新煮沸的纯水中,加入约 $0.1gNa_2CO_3$,冷却后,保存于棕色细口瓶中,放暗处 1~2 周后再进行标定。

2.0.01mol·L^{-1} $Na_2S_2O_3$ 标准溶液的标定

在电子分析天平上用减量法准确称取约 0.1g KIO_3(A. R)于小烧杯中,加少量水溶解,完全转移至 250mL 容量瓶中,加水稀释至刻度,摇匀。用胖肚移液管准确移取 25mL,置于 250mL 碘量瓶中,加 4mL10%KI 溶液、1mL6mol·L^{-1} HCl 溶液,摇匀,立即用 0.01mol·L^{-1} $Na_2S_2O_3$ 标准溶液滴定至溶液为淡黄色后,加入 3~5 滴 1%淀粉指示剂至溶液呈深蓝色,继续滴定至蓝色退去,恰好为无色时为终点。记录 $Na_2S_2O_3$ 体积读数,重复滴定 2~3 次。根据消耗 $Na_2S_2O_3$ 标准溶液的体积,即可计算 $Na_2S_2O_3$ 标准溶液的浓度。

3.硫酸铜中铜含量的测定

(1)试样制备:准确称取含结晶水的硫酸铜试样 0.50~0.75g 于 250mL 烧

杯中,加少量水溶解,完全转入 250mL 容量瓶中,稀释至刻度,摇匀。用 25mL 移液管吸取试液数份,分别放入 250 mL 碘量瓶中。

(2)测定:在上述碘量瓶中,加入 1mL2 mol·L^{-1} H$_2$SO$_4$,4mL10％KI,用少量纯水润洗瓶壁,立即用 0.01mol·L^{-1} Na$_2$S$_2$O$_3$ 标准溶液滴定至溶液呈浅黄色,然后加入 3～5 滴淀粉,继续滴定至浅蓝色,再加入 1.5mL15％KSCN,摇匀后溶液的蓝色加深,再滴定至蓝色恰好消失,溶液成米色的悬浮液即为终点。记录消耗 Na$_2$S$_2$O$_3$ 的体积,重复滴定 3 次。根据实验数据,计算 Cu 和 CuSO$_4$·5H$_2$O 的质量分数(％)。

4. 硫酸铜结晶水的测定

取一个 18mL 的瓷坩埚,洗净烘干,冷却,在电子天平上准确称量,记下读数。坩埚中加入约 1 g 硫酸铜晶体,再在电子天平上称量,记下读数。将坩埚放入箱式电阻炉中,在 260～280℃ 温度下灼烧,待晶体由蓝色全部变成白色或灰色后,取出,稍冷,放入干燥器中冷却至室温,再称量、记录。计算 1mol 硫酸铜晶体中含结晶水的量。

六、实验结果和计算

1. 0.01mol·L^{-1} Na$_2$S$_2$O$_3$ 标准溶液浓度的标定(请学生自行设计表格)

2. CuSO$_4$·5H$_2$O 纯度鉴定

表 1　CuSO$_4$·5H$_2$O 纯度鉴定

记录项目 ＼ 测量次数	Ⅰ	Ⅱ	Ⅲ
$m_{CuSO_4·5H_2O}$(前)/g			
$m_{CuSO_4·5H_2O}$(后)/g			
$m_{CuSO_4·5H_2O}$/g			
Na$_2$S$_2$O$_3$ 溶液终读数/mL			
Na$_2$S$_2$O$_3$ 溶液初读数/mL			
消耗 Na$_2$S$_2$O$_3$ 溶液的体积 V/mL			
Cu 的质量分数/％			
Cu 的质量分数的平均值/％			
个别测定偏差			
平均偏差			
相对平均偏差(％)			
CuSO$_4$·5H$_2$O 的质量分数％			

119

3. $CuSO_4 \cdot 5H_2O$ 晶体结晶水的测定

坩埚质量＝_____ g

$CuSO_4 \cdot 5H_2O$ 晶体质量＋坩埚质量的_____ g

$CuSO_4 \cdot 5H_2O$ 晶体脱水后质量＋坩埚质量＝_____ g

1mol 晶体含结晶水的量＝_____

七、分析与思考

1. 用间接碘量法测定 Cu 含量时,加入 KSCN 溶液有何作用?能否在酸化后立即加入 KSCN 溶液?为什么?

2. 碘量法的主要误差来源是什么?如何减少其误差?

3. 本实验有可能存在哪些干扰离子?若用本方法测定的样品为铜合金呢?

实验 24 可溶性氯化物中氯的测定

一、实验目的

1. 学习 $AgNO_3$ 标准溶液的配制及标定方法。

2. 了解莫尔法测定氯离子的方法和原理。

二、技术要素

1. 掌握莫尔法的滴定条件和操作要点,掌握好滴定过程和近终点时锥形瓶的摇动力度。

2. 掌握 K_2CrO_4 指示剂的用量及终点颜色变化。

3. 掌握沉淀滴定法的基本操作技术。

三、实验原理

测定可溶性氯化物中氯的含量,常用莫尔法,该法是在中性或弱碱性的条件下,以 K_2CrO_4 为指示剂,用 $AgNO_3$ 标准溶液直接滴定 Cl^-,由于生成物 AgCl 的溶解度比 Ag_2CrO_4 小而先析出沉淀,当 AgCl 定量沉淀后,过量的 $AgNO_3$ 再与 K_2CrO_4 生成砖红色的沉淀 Ag_2CrO_4,指示终点的到达。

$$Ag^+ + Cl^- \rightleftharpoons AgCl\downarrow(白)\ (K_{sp} = 1.8 \times 10^{-10})$$

$$2Ag^+ + CrO_4^{2-} \rightleftharpoons Ag_2CrO_4\downarrow(砖红)(K_{sp} = 2.0 \times 10^{-12})$$

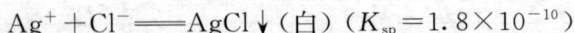

滴定时,控制溶液的 pH 值在 6.5～10.5 之间,若试液中有铵盐,则 pH 值上限不能超过 7.2。酸度过高,Ag_2CrO_4 沉淀不产生;过低,则形成 Ag_2O 沉淀。

指示剂的用量会影响滴定终点的准确判断,一般以 5×10^{-3} mol·L^{-1} 为宜。若溶液中存在较大量的 Cu^{2+}、Co^{2+}、Cr^{3+} 等有色离子时,将影响终点判断。

方法干扰:能与 Ag^+ 或 CrO_4^{2-} 发生化学反应的阴、阳离子都会干扰测定。

四、仪器与试剂

1.仪器　电子分析天平,25mL 移液管,250mL 容量瓶,250mL 锥形瓶,小烧杯,50mL 滴定管。

2.试剂　NaCl(基准试剂),$AgNO_3$(s,AR),50g·L^{-1}K$_2$CrO$_4$。

五、实验步骤

(1)0.01mol·L^{-1}NaCl 标准溶液的配制:准确称取 0.15g 基准 NaCl 于小烧杯中,加少量水溶解,完全转移至 250mL 容量瓶中,加水稀释至刻度,摇匀。

(2)0.01mol·L^{-1}AgNO$_3$ 标准溶液的配制:在台秤上称取 500mL0.01mol·L^{-1}AgNO$_3$ 溶液所需的固体 AgNO$_3$,加少量水溶解,将溶液转入棕色细口瓶中,加水稀释至 500mL,置暗处保存。

(3)0.01mol·L^{-1}AgNO$_3$ 标准溶液的标定:用移液管准确移取 25.00mL NaCl 标准溶液于 250mL 锥形瓶中,滴加 1mL50g·L^{-1}K$_2$CrO$_4$ 溶液,用 AgNO$_3$ 标准溶液滴定,在用力摇动下滴定至白色沉淀中刚刚出现砖红色即为终点。平行滴定 3 次,计算 AgNO$_3$ 标准溶液的浓度。

(4)生理盐水中 NaCl 含量的测定:先粗测其大致浓度,再决定取样量进行取样滴定,指示剂用量及操作等与标定一致。结果以 NaClg/100mL 表示。

六、数据记录和计算

1.请学生自拟记录表格。

2.计算实验结果。

七、结果与讨论

写出最终实验结果,并就实验过程中遇到的问题及结果展开分析、讨论。

八、分析与思考

1.滴定溶液中 K$_2$CrO$_4$ 指示剂的浓度对测定 Cl$^-$ 有何影响?请计算说明 50g·L^{-1}K$_2$CrO$_4$ 溶液的适宜加入量。

2.用莫尔法测定 Cl$^-$,为何不能在酸性溶液中进行?pH 过高有什么影响?

3.滴定后的含银废液是否可倒入水池中?为什么?

第五章　容量分析实验

实验 25　邻二氮杂菲分光光度法测定铁

一、实验目的

1. 掌握邻二氮杂菲分光光度法测定铁的原理和方法。
2. 学习如何选择分光光度分析的实验条件。
3. 了解 722 型分光光度计的构造,熟悉其操作方法。
4. 学习用 excel 进行数据处理,正确制作吸收曲线和工作曲线。

二、技术要素

1. 了解可见分光光度计的光路组成及测量原理,掌握 722 型分光光度计的操作技术。
2. 熟练掌握吸量管、移液管的使用。
3. 掌握一般分光光度法分析条件的选择及分析方法的建立。
4. 学习吸收曲线和工作曲线的制作及样品的测定。

三、实验原理

分光光度法是测定微量铁的一种常用分析方法,所用的显色剂比较多,常见的有邻二氮杂菲、硫氰酸钾、磺基水杨酸等,其中邻二氮杂菲吸光光度法因生成的邻二氮杂菲-亚铁络合物稳定性好,方法的灵敏度高,共存离子的干扰少且易消除,采用较为普遍。

分光光度法测定物质含量的条件可分为:显色反应的条件与测量吸光度的条件。显色反应的条件:①显色剂用量,②介质的酸度,③显色时溶液的温度,④显色时间及干扰离子的消除等;测量吸光度的条件:①入射光的波长,②吸光度范围,③参比溶液等。

邻二氮杂菲(phen)是个很好的络合试剂,在 pH $= 3-9$ 的条件下,能与 Fe^{2+} 离子生成极稳定的橘红色络合物,其反应式如下:

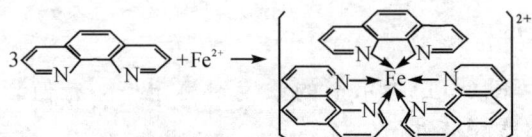

该络合物的 $\lg K_稳 = 21.3$,摩尔吸光系数 $\varepsilon_{510} = 1.1 \times 10^4\ \mathrm{L \cdot mol^{-1} \cdot cm^{-1}}$,铁离子浓度在 $0.1 \sim 6\ \mu g \cdot mL^{-1}$ 范围内遵守朗伯-比尔定律。而 Fe^{3+} 与邻二氮杂菲生成

1：3淡蓝色配合物，其$\lg K_{稳}=14.1$。在显色前，先用盐酸羟胺将Fe^{3+}离子全部还原为Fe^{2+}离子，其反应式：

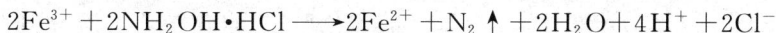

$$2Fe^{3+}+2NH_2OH\cdot HCl \longrightarrow 2Fe^{2+}+N_2\uparrow+2H_2O+4H^++2Cl^-$$

测定时，为了尽量减少其他离子的影响，通常控制溶液的$pH=5$左右较为适宜。

用分光光度法测定物质的含量，常用标准曲线法，即配制一系列浓度的标准溶液，在一定的实验条件下依次测量各标准溶液的吸光度(A)，再以溶液的浓度为横坐标，对应的吸光度A为纵坐标，绘制标准曲线，得到一次线性回归方程。在相同的实验条件下，测定样品溶液的吸光度A，根据测得的A值，从标准曲线上即可查出相应的浓度值，计算试样中被测物质的浓度。

方法的干扰：本实验方法的选择性很高，但相当于Fe^{2+}离子40倍的Sn^{2+}、Al^{3+}、Sn^{2+}、Mg^{2+}、Zn^{2+}、SiO_3^{2-}；20倍的Cr^{3+}、Mn^{2+}、PO_4^{3-}；5倍的Co^{2+}、Cu^{2+}等均会干扰测定。

四、仪器和试剂

1. 仪器

722型分光光度计；电子分析天平；2mL、5mL、10mL吸量管；1cm比色皿；50mL、1000mL容量瓶。

2. 试剂

10%溶液盐酸羟胺固体(临用时配制)，0.1%邻二氮杂菲溶液(新配制)；$6mol\cdot L^{-1}$ HCl溶液；$10\mu g\cdot mL^{-1}$的铁标准溶液；HAc-NaAc缓冲溶液($pH=4.7$)。

$100\mu g\cdot mL^{-1}$的铁标准溶液的配制：准确称取0.864g分析纯$NH_4Fe(SO_4)_2\cdot 12H_2O$，置于小烧杯中，加30mL $6mol\cdot L^{-1}$ HCl溶液和少量水溶解，完全转移至1000mL容量瓶中，加水稀释至刻度，摇匀。

$10\mu g\cdot mL^{-1}$的铁标准溶液的配制：由$100\mu g\cdot mL^{-1}$的铁标准溶液准确稀释10倍而成。

$pH=4.7$的HAc-NaAc缓冲溶液的配制：用台秤取120g NaAc固体，加少量水溶解，完全转移至1000mL容量瓶中，加60mL冰醋酸，用水稀释至刻度，摇匀。

五. 实验步骤

1. 条件试验

(1)吸收曲线的测绘和测量波长的选择：准确移取$10\mu g\cdot mL^{-1}$的铁标准溶

液 5mL 于 50mL 容量瓶中,加 1mL 10% 盐酸羟胺溶液,摇匀,放置 2min 后,加入 5mL HAc-NaAc 缓冲溶液、3mL 0.1% 邻二氮杂菲溶液,加水稀释至刻度,摇匀。在 722 型分光光度计上,用 1cm 的比色皿,以水为参比溶液,波长从 570nm 开始到 430nm 为止,每隔 10 nm 测定一次吸光度值。在 510nm 附近,每隔 5nm 测定一次吸光度。所得数据以波长 λ 为横坐标,吸光度 A 为纵坐标,绘制邻二氮菲-亚铁的吸收曲线,确定测定 Fe 的最大吸收波长 λ_{max},即为适宜波长。

(2)邻二氮杂菲-亚铁配合物的稳定性试验:测定溶液同上,其方法是:在最大吸收波长 510nm 处,在加入显色剂后立即测定一次吸光度,然后每隔 30、60、90、120min 时间分别再测一次吸光度,再以时间(t)为横坐标,吸光度 A 为纵坐标绘制曲线。观察该配合物的稳定性。

(3)显色剂浓度试验:取 7 个 50mL 容量瓶进行编号,用移液管准确移取 $10\mu g \cdot mL^{-1}$ 铁标准溶液 5mL 于容量瓶中,加入 1mL 10% 盐酸羟胺溶液,摇匀,放置 2min 后,再加入 5mL 1mol·L^{-1} NaAc 溶液,再分别加入 0.30、0.60、1.00、1.50、2.00、3.00 和 4.00mL 0.1% 邻二氮杂菲溶液,且每加一种试剂后都需摇匀,加水稀释至刻度,摇匀。在 722 型分光光度计上,用 510nm 波长、1cm 比色皿、水为参比溶液,测定上述各溶液的吸光度值。然后以显色剂邻二氮杂菲试剂的体积为横坐标,吸光度为纵坐标,绘制曲线,找出显色剂最适宜的加入量。

(4)溶液酸度的选择:取 50mL 容量瓶 7 个进行编号,用移液管分别准确移取 $10\mu g \cdot mL^{-1}$ 铁标准溶液 5mL 和盐酸羟胺 1.0mL 于各容量瓶中,摇匀。再加入 3.0mL 0.1% 邻二氮菲溶液,用 10mL 移液管分别加入 0.4mol·L^{-1} 的 NaOH 溶液 0.0、2.0、3.0、4.0、6.0、8.0 及 10.0mL,以水稀释至刻度,摇匀,使各溶液的 pH 从 ≤2 开始逐步增加至 12 以上,放置 10min。用精密 pH 试纸或 pH 计测定各溶液的 pH 值。同时在分光光度计上用适宜之波长(例如 510nm)、1cm 比色皿、水为空白测定各溶液吸光度 A。以 pH 值为横坐标,吸光度为纵坐标,绘制 A-pH 曲线。确定适宜的 pH 范围。

根据条件试验的结果,拟出邻二氮杂菲分光光度法测定铁的分析方案。

2. 铁含量的测定

(1)标准曲线的测绘:分别准确移取 0.00、2.00、4.00、6.00、8.00 和 10.00mL 的 $10\mu g \cdot mL^{-1}$ 铁标准溶液于 6 只 50mL 容量瓶中,各加 1mL 10% 盐酸羟胺,摇匀,放置 2min 后,各加 5mL 的 HAc-NaAc 缓冲溶液、3mL 的 0.1% 邻二氮杂菲,且每加一种试剂后都需摇匀,加水稀释至刻度,摇匀。在 722 型分光光度计上,用 1cm 比色皿,以空白溶液(不含铁标准溶液)为参比,在所选择的最大吸收波长(510nm)处,测量各溶液的吸光度值。以铁含量为横坐标,吸光度 A 为纵坐标,绘制标准曲线,得线性回归方程。

（2）未知试液中铁含量的测定：准确移取 5mL 未知试液于 50mL 容量瓶中，其他实验步骤同标准曲线的测绘。由测得的未知液的吸光度 A 值，在标准曲线上查出或计算出 5mL 未知试液中铁的总量，计算未知试液中铁的含量，结果以 $\mu g \cdot mL^{-1}$ 表示。

3．注意事项

（1）试剂加入必须按顺序进行；分光光度计必须预热 30min，待稳定后才能进行测量；（2）比色皿必须配套，装上待测液后透光面必须擦拭干净；切勿用手接触透光面；

（3）测量时，每改变一次试液浓度，比色皿都要清洗干净，每改变波长，仪器必须重新调零和调 100％；

（4）标准曲线的质量是测定准确与否的关键，因此，标准系列配制时，必须严格按规范进行操作，如每加一次试剂后都必须摇匀。

（5）待测溶液一定要在工作曲线线性范围内，如果浓度超出标准曲线的线性范围，则有可能会偏离朗伯-比尔定律，就不能进行测定。

六、记录及分析结果

1．记录：

比色皿＿＿＿＿＿＿＿　　光源电压＿＿＿＿＿＿＿

2．绘制曲线：

（1）吸收曲线；（2）A-t 曲线；（3）A-c 曲线；（4）标准曲线。

3．对各项测定结果进行分析并得出结论：例如从吸收曲线可得出：邻二氮杂菲-亚铁配合物在波长 510nm 处吸光度最大，因此测定铁时宜选用 510nm 的波长等等。

（1）吸收曲线的测绘：

表 1　吸收曲线测绘的数据记录表

λ/nm	420	430	440	450	460	470	480	490	500	505
吸光度 A										

λ/nm	510	515	520	530	540	550	560	570	580	590
吸光度 A										

（2）邻二氮杂菲-亚铁络合物的稳定性：

表 2　邻二氮杂菲-亚铁络合物的稳定性的数据记录表

放置时间 t/min	吸光度 A
0	
30	
60	
90	
120	

(3)显色剂浓度的试验：

表 3　显色剂浓度试验数据记录表

容量瓶(或比色管)号	显色剂量 V/mL	吸光度 A
1	0.3	
2	0.6	
3	1.0	
4	1.5	
5	2.0	
6	3.0	
7	4.0	

(4)标准曲线的测绘与铁含量的测定：

表 4　标准曲线测绘数据记录

试液编号	标准溶液的量/mL	总含铁量/μg	吸光度 A
1#	0	0	
2#	2.0	20	
3#	4.0	40	
4#	6.0	60	
5#	8.0	80	
6#	10.0	100	
未知液 (记下编号)			

七、分析与思考

1. 如何确定邻二氮杂菲分光光度法测定铁的适宜条件,具体是什么?

2. 在显色前,Fe^{3+} 离子标准溶液要加盐酸羟胺的目的是什么? 如果用配制已久的盐酸羟胺溶液作还原剂,对分析结果会有什么影响?

4. 本实验中的参比溶液应如何选择? 为什么?

5. 溶液介质的 pH 值,对邻二氮杂菲铁的吸光度有何影响? 为什么?

6. 根据本次实验的数据,计算在该测定波长下邻二氮杂-菲亚铁络合物的摩尔吸光系数 ε。

● 实验技术示范,参见浙江科技学院"无机及分析化学"精品课程网站。

网址:http://zlq.zust.edu.cn/wjfx/

实验指导栏—典型实验(3)—邻二氮杂菲分光光度法测定铁

实验 26　高锰酸钾标准溶液的配制与标定

一、实验目的

1. 了解高锰酸钾标准溶液的配制和保存条件。
2. 掌握用草酸钠为基准物标定高锰酸钾标准溶液浓度的原理和方法。
3. 了解氧化-还原滴定中控制反应条件的重要性。

二、技术要素

1. 学习间接法配制高锰酸钾标准溶液的方法和技术。
2. 掌握如何严格控制氧化-还原滴定中的反应温度、酸度和滴液速度。
3. 掌握深色溶液滴定管的准确读数。

三、实验原理

$KMnO_4$ 是一种强氧化剂,易与水中的有机物、空气中的尘埃及氨等还原性物质作用,还能自行分解,分解速度随 pH 值而改变。在中性溶液中,分解很慢,但 Mn^{2+} 离子和 MnO_2 存在,能加速其分解,见光则分解得更快。市售的高锰酸钾常含有少量杂质,如硫酸盐、氯化物、硝酸盐及 MnO_2 等,因此,$KMnO_4$ 标准溶液常采用间接法配制,储存于棕色试剂瓶中,置暗处 7~10d 后,用砂芯漏斗过滤去 MnO_2 沉淀,再进行标定。标定好的 $KMnO_4$ 标准溶液,隔一段时间后要重新标定。

KMnO₄ 溶液的标定,基准物很多,常以还原剂草酸钠 NaC_2O_4 作基准物,因为它不含结晶水,性质稳定,易精制。其反应如下:

$$2MnO_4^- + 5H_2C_2O_4 + 6H^+ \Longrightarrow 2Mn^{2+} + 10CO_2\uparrow + 8H_2O$$

滴定时采用 KMnO₄ 自身作指示剂。

四、仪器和试剂

1.仪器　电子分析天平,托盘天平,50mL 酸式滴定管,250mL 锥形瓶,1000mL 棕色试剂瓶,表面皿,烧杯,砂芯漏斗。

2.试剂　$Na_2C_2O_4(s,AR)$,$KMnO_4(s,AR)$,$3mol \cdot L^{-1} H_2SO_4$。

五、实验步骤

1. 500mL 0.02 mol·L⁻¹ KMnO₄ 溶液的配制

在台秤上称取计算量的 KMnO₄ 置于大烧杯中,加 500mL 去离子水,盖上表面皿,加热煮沸,保持微沸 1h,加热过程中,随时补充因蒸发而损失的水分。冷却后,静置过夜,用砂芯漏斗过滤,滤液储存在棕色试剂瓶中备用。若不煮沸,可将溶液放暗处 7~10d 后,过滤备用。

2. 0.02 mol·L⁻¹ KMnO₄ 溶液的标定

电子分析天平上准确称取 3 份 0.15~0.20g 已在 110℃烘干并冷却的 NaC_2O_4 基准物,分别置于 250mL 锥形瓶中,加约 25mL 水溶解,再加入 10mL $3mol \cdot L^{-1} H_2SO_4$,加热至 75~85℃,注意,不能煮沸!趁热立即用 KMnO₄ 标准溶液滴定至呈粉红色 30s 不褪,即为终点。记下消耗 KMnO₄ 溶液的体积。平行测定 3 次,计算 KMnO₄ 标准溶液的浓度。

六、数据记录与计算:

1. 表 1　KMnO₄ 标准溶液的标定(表格请学生自行设计)
2. 计算结果。

七、注意事项

1.标定时,为了加快氧化还原的反应速率,被滴溶液需加热到 75~85℃。但若温度太高易引起 $H_2C_2O_4$ 的部分分解,导致结果偏高。滴定结束时,被滴溶液的温度不能低于 60℃,否则反应速率太慢,容易导致滴定终点提前到达的假象。

2.标定时,第 1 滴 KMnO₄ 溶液加入时褪色很慢,在没有完全褪色之前不要加入第 2 滴,否则可能会出现棕色浑浊现象,随着反应进行,由于产生 Mn²⁺ 离子对此反应有自身催化作用,滴定速度可稍快,但不宜太快,否则滴入的 $KMnO_4$ 来不及与 NaC_2O_4 反应,就受热分解了,会导致结果偏低。近终点时还要减慢其滴定速度。

3.反应时,溶液要保持一定的酸度,酸度过低,部分 $KMnO_4$ 还原成 $MnO(OH)_2$ 而出现棕色浑浊,在滴定过程中若发现溶液有棕色浑浊,说明酸度不够,必须立即补加 $3mol \cdot L^{-1}$ H_2SO_4 进行补救,若在滴定终点时出现棕色浑浊,实验必须重做。酸度过高,会使 $H_2C_2O_4$ 分解。

4.$KMnO_4$ 法滴定时,终点不太稳定,放置较长时间后,会使终点时的颜色消失,所以当粉红色保持 $30s$ 不褪,即可认定滴定终点。

八、分析与思考

1.应用何种方法配制 $KMnO_4$ 标准溶液?为什么?

2.粗配的 $KMnO_4$ 溶液在暗处放置几天后才能过滤?用何种过滤方法过滤?为什么?

3.用 NaC_2O_4 标定 $KMnO_4$ 溶液浓度时,能否用 HCl 或 HNO_3 溶液代替 H_2SO_4 调节介质酸度?酸度过高或过低有无影响?

4.装 $KMnO_4$ 溶液的器皿久置,器壁上会有棕色沉淀物,这棕色沉淀是什么物质?如何洗涤?

实验 27 过氧化氢含量的测定(高锰酸钾法)

一、实验目的

1.掌握用高锰酸钾法测定过氧化氢含量的原理和方法。
2.了解过氧化氢的物性及用途。

二、技术要素

1.掌握高锰酸钾法的基本操作技术及特点。
2.进一步巩固容量分析的基本操作技术。

三、实验原理

过氧化氢(分子式:H_2O_2),又称双氧水,在工业、生物、医药等方面有着广泛的用途,利用其氧化性可以用作漂白剂,漂白毛、丝织物;医药上常用于消毒和杀菌;纯 H_2O_2 等可作火箭燃料的氧化剂;工业上利用 H_2O_2 的还原性除去氯气

等。由于双氧水有着广泛的应用,常需测定其含量。市售的双氧水含 H_2O_2 约 330g·L^{-1},医用双氧水含 H_2O_2 约 25~35 g·L^{-1}。

H_2O_2 分子中有一个过氧键(—O—O—),在酸性介质中它是一个强氧化剂。但遇强氧化剂 $KMnO_4$ 表现为还原性。在稀 H_2SO_4 溶液中能被 $KMnO_4$ 定量氧化,其反应式为:

$$2MnO_4^- + 5H_2O_2 + 6H^+ = 2Mn^{2+} + 5O_2\uparrow + 8H_2O$$

因为 H_2O_2 受热易分解,该反应在室温下进行,其滴定过程与用草酸钠标定 $KMnO_4$ 溶液相似。

四、仪器和试剂

1.仪器 电子分析天平,50mL 酸式滴定管,250mL 容量瓶,250mL 锥形瓶,10mL 移液管。

2.试剂 0.02 mol·L^{-1} $KMnO_4$ 标准溶液,浓度大约为 3‰ H_2O_2 样品,3 mol·L^{-1} H_2SO_4。

五、实验步骤

用移液管准确移取 10.00mL H_2O_2 样品于 250 mL 容量瓶中,用水稀释至刻度,摇匀。

准确移取稀释后的 H_2O_2 溶液 25.00mL 于 250 mL 锥形瓶中,加入 10mL 水和 15mL 3mol·L^{-1} H_2SO_4 溶液。用 0.02 mol·L^{-1} $KMnO_4$ 标准溶液滴定至溶液呈浅红色且 30s 不褪色,即为终点。记下消耗 $KMnO_4$ 标准溶液的体积。平行测定 3 次,计算 H_2O_2 样品的质量浓度(g·L^{-1})。

六、数据记录与计算

1.记录表格请学生自行设计。

2.样品中过氧化氢的浓度计算式如下:

$$c_{H_2O_2} = \frac{\frac{5}{2} \times c_{KMnO_4} \times V_{KMnO_4} \times M_{H_2O_2}}{\frac{25.00}{250.00} \times 10.00 \times 10^{-3}} (g·L^{-1})$$

七、注意事项

1.若双氧水中使用了如乙酰苯胺或其他有机物作稳定剂,这些有机物能与 $KMnO_4$ 作用,会干扰 H_2O_2 的测定,使测定结果不准确,应采用碘量法或铈量法测定。

2. H_2O_2 与 $KMnO_4$ 溶液反应速率较慢,可加入 $2\sim3$ 滴 $1mol\cdot L^{-1}MnSO_4$ 溶液作催化剂,加快反应速率。

八、分析与思考

1. 用高锰酸钾法测定 H_2O_2 时,应注意哪些因素?
2. 用高锰酸钾法测定 H_2O_2 时,为什么不用加热的方法加快反应速率?

实验 28　水中化学需氧量的测定

一、实验目的

1. 了解国家污水排放标准中化学需氧量允许排放的浓度。
2. 了解环境分析的意义及水样的采集和保存。
3. 学习掌握 $K_2Cr_2O_7$ 法测定化学需氧量的原理和方法,了解其测定的意义。
4. 了解引起水体污染的污染物的分类。

二、技术要素

1. 掌握水样采集和保存方法。
2. 掌握 $K_2Cr_2O_7$ 法测定化学需氧量的原理和基本操作技术。
3. 学习加热回流等操作技术。

三、实验原理

化学需氧量(COD),是指在一定条件下,用强氧化剂处理水样时所消耗氧化剂的量,以氧($mg\cdot L^{-1}$)来表示。COD 反映的是水中还原性物质污染的程度,是环境保护和水质控制中的常规项目。

水中化学耗氧量的测定有高锰酸钾法和重铬酸钾法,$K_2Cr_2O_7$ 法是测定 COD 分析的标准方法。酸性高锰酸钾法虽然简便、快速,但由于 Cl^- 离子对测定有干扰,因此,仅适用于地表水、地下水、饮用水、生活用水等污染不十分严重的水质。工业污水及生活污水中含有较多成分复杂的污染物质,宜用重铬酸钾法。

本实验采用重铬酸钾法。在强酸性溶液中,以 Ag_2SO_4 作催化剂,加过量的 $K_2Cr_2O_7$ 氧化水中的还原性物质,以试亚铁灵为指示剂,用硫酸亚铁铵标准溶液回滴过量的 $K_2Cr_2O_7$。根据消耗的 $K_2Cr_2O_7$ 标准溶液的体积和浓度,计算水样

131

中还原性物质消耗氧的量。

干扰消除方法：氯离子存在会影响测定，采用在回流前向水样中加入$HgSO_4$，消除干扰。

四、仪器和试剂

1. 仪器　电子分析天平，带 250mL 锥形瓶的全玻璃回流装置，电炉（300W），酸式滴定管，移液管。

2. 试剂　浓硫酸（AR），$HgSO_4$（s，CP）。

0.04000mol·L^{-1} $K_2Cr_2O_7$ 标准溶液：准确称取已于 150～180℃下烘干的 $K_2Cr_2O_7$（基准试剂）11.7672g，加少量纯水溶解，完全转移至 1000mL 容量瓶中，稀释至刻度，摇匀。

试亚铁灵指示剂：称取邻二氮菲（AR）1.485g 和 $FeSO_4$·$7H_2O$（AR）0.695g，溶于 100mL 纯水中，摇匀，贮存于棕色瓶中。

0.1 mol·L^{-1} $FeSO_4$·$(NH_4)_2$·$6H_2O$ 标准溶液：称取 39.5g $FeSO_4$·$(NH_4)_2$·$6H_2O$，加少量纯水溶解，边搅拌边慢慢加入 20mL 浓 H_2SO_4，冷却后，完全转移至 1000mL 容量瓶中，加水稀释至刻度。每次使用前用 $K_2Cr_2O_7$ 标准溶液标定。

H_2SO_4-Ag_2SO_4 溶液：在 500mL 浓 H_2SO_4（AR）中，加入 5gAg_2SO_4（AR），放置，间隙摇动使之溶解。

五、实验步骤

1. 0.1 mol·L^{-1} $FeSO_4$·$(NH_4)_2$·$6H_2O$ 标准溶液的标定：准确移取 10.00mL0.04000mol·L^{-1} $K_2Cr_2O_7$ 标准溶液于 500mL 锥形瓶中，加 100mL 蒸馏水，缓慢加入 30mL 浓硫酸，摇匀。冷却后，加入 3 滴试亚铁灵指示剂，用 0.1 mol·$L^{-1}$$FeSO_4$·$(NH_4)_2$·$6H_2O$ 标准溶液滴定至溶液由黄色变为蓝绿色至红褐色，即为终点。根据消耗的 $FeSO_4$·$(NH_4)_2$·$6H_2O$ 标准溶液的体积，计算浓度，其计算式：

$$c_{Fe} = 6 \times 0.04000 \times 10.00 / V_{Fe}$$

式中：c_{Fe}为 0.1 mol·$L^{-1}$$FeSO_4$·$(NH_4)_2$·$6H_2O$ 标准溶液浓度（mol·L^{-1}）；

V_{Fe}为滴定所消耗 0.1 mol·$L^{-1}$$FeSO_4$·$(NH_4)_2$·$6H_2O$ 标准溶液的体积（mL）。

2. 水样中化学需氧量的测定

(1)移取 20.00mL 已混合均匀的水样于 250mL 磨口的回流锥形瓶中，准确加入 10.00mL 0.04000mol·L^{-1} $K_2Cr_2O_7$ 标准溶液，加数粒玻璃珠，连接磨口回流冷凝管，从冷凝管上口慢慢加入 30mL H_2SO_4-Ag_2SO_4 溶液，轻轻摇动混合均

匀,加热回流 2h。

（2）冷却,用少量蒸馏水冲洗冷凝管,取下锥形瓶,加蒸馏水稀释至 140mL。

（3）溶液再次冷却,加 3 滴试亚铁灵指示剂,以 0.1 mol·L^{-1} FeSO$_4$·(NH$_4$)$_2$·6H$_2$O 标准溶液滴定至溶液由黄色变为蓝绿色至红褐色,即为终点,记下消耗的 0.1 mol·L^{-1} FeSO$_4$·(NH$_4$)$_2$·6H$_2$O 标准溶液的体积。

（4）空白试验:以 20.00mL 二次重蒸水按以上同样步骤做空白试验。记下空白滴定时消耗的 0.1 mol·L^{-1} FeSO$_4$·(NH$_4$)$_2$·6H$_2$O 标准溶液的体积。

（5）水中 COD$_{Cr}$（mg·L^{-1}）的计算:

$$COD_{Cr} = c_{Fe}(V_0 - V_1) \times 8 \times 10^3 / V_样$$

式中:c_{Fe} 为 0.1 mol·L^{-1} FeSO$_4$·(NH$_4$)$_2$·6H$_2$O 标准溶液的浓度（mol·L^{-1}）;

V_0 为空白滴定所用的 0.1 mol·L^{-1} FeSO$_4$·(NH$_4$)$_2$·6H$_2$O 溶液的体积（mL）;

V_1 为滴定水样所用的 0.1 mol·L^{-1} FeSO$_4$·(NH$_4$)$_2$·6H$_2$O 溶液的体积（mL）;

$V_样$ 为所取水样的体积（mL）;8 为氧（1/2O）的摩尔质量（g·mol^{-1}）。

六、数据记录与计算

1. 请学生自行设计记录表格。

2. 计算水样中的 COD 值,并讨论影响测定准确度和精密度的因素。

七、注意事项

1. 若实验时间有限,回流时间可缩短为 0.5～1h。回流时间缩短后,视样品不同测得 COD 偏低 10%～40%,实际应用时必需回流 2h。

2. 取样后应迅速测定,如果不能及时进行测定,水样需用 H$_2$SO$_4$ 调至 pH <2 加以保存。对于废水,取样量可以减少。若遇加热后溶液变为绿色现象,应再适当减少废水取用量,重新测定。

3. 当水样含 Cl$^-$ 超过 30 g·mol^{-1} 时,应先在回流锥形瓶中加入 0.4g HgSO$_4$,再加 20.00mL 水样,摇匀后,再加 K$_2$Cr$_2$O$_7$ 标准溶液、2～4 粒玻璃珠和 H$_2$SO$_4$-Ag$_2$SO$_4$ 溶液,混合均匀后加热回流。加多少 HgSO$_4$ 合适,视水样中含 Cl$^-$ 多少而定。两者的质量比一般为 HgSO$_4$:Cl$^-$ =10:1。

4. 滴定时,溶液的总体积不得少于 140mL ,否则酸度太高,滴定终点不明显。

八、分析与思考

1. 水中 COD 的测定有何意义？测定 COD 有哪些方法？
2. 水样中氯离子含量高时，为什么对测定有干扰？干扰是如何消除的？
3. 如果水样中 COD 值较高，应做如何处理？
4. 简述空白实验的意义。

第6章　设计性、综合性、拓展性实验

实验 29　三氯化六氨合钴(Ⅲ)的制备及组成测定

一、实验目的

1. 学习分子间化合物的制备方法。
2. 加深理解配合物的形成对三价钴稳定性的影响。
3. 学习水蒸气蒸馏的操作。
4. 进一步掌握无机合成的基本步骤和熟练掌握容量分析的基本操作技术。
5. 了解 Co^{2+}、NH_3、Cl^- 等各组分的定量分析。
6. 开阔视野,灵活应用基础实验知识及技能,设计综合实验方案。

二、技术要素

1. 无机物制备的基本操作技术,包括称量、加热、结晶、减压过滤等。
2. 巩固容量分析基本操作技术,包括减量法称量、标准溶液的配制及标定、滴液速度控制、滴定管读数、移液管的使用、滴定终点的判断等。
3. 学会简易的水蒸气蒸馏装置的安装及蒸馏操作技术。

三、实验原理

Co 为正三价离子,d^2sp^3 杂化,内轨型配合物。$[Co(NH_3)_6]Cl_3$ 为橙黄色单斜晶体,20℃在水中的溶解度为 $0.26mol \cdot L^{-1}$。

$[Co(NH_3)_6]^{3+}$ 离子是很稳定的,其 $K_稳 = 1.6 \times 10^{35}$,因此在冷的强碱作用下或强酸作用下基本不被分解,只有加入强碱并在煮沸的条件下才分解。

在酸性溶液中,Co^{3+} 具有很强的氧化性 ,易与许多还原剂发生氧化还原反应而转变成稳定的 Co^{2+}。

在水溶液中,一般情况下,Co^{2+} 是稳定的,不易被氧化为 Co^{3+},相反,Co^{3+} 很不稳定,易氧化水放出氧气($\varphi^\ominus(Co^{3+}/Co^{2+}) = 1.84V > \varphi^\ominus(O_2/H_2O) = 1.229V$)。但在有配合剂氨水存在时,由于形成相应的配合物 $[Co(NH_3)_6]^{2+}$,

其电极电势为 $\varphi^{\ominus}(Co(NH_3)_6^{3+}/Co(NH_3)_6^{2+})=0.1V$,故 Co^{2+} 很容易被氧化为 Co^{3+} 而得到较稳定的 Co(Ⅲ) 配合物。因此,常采用空气或过氧化氢氧化二价钴的配合物的方法,来制备三价钴的配合物。

氯化钴(Ⅲ)的氨合物有多种,主要有三氯化六氨合钴(Ⅲ) $[Co(NH_3)_6]Cl_3$(橙黄色晶体)、三氯化一水五氨合钴(Ⅲ) $[Co(NH_3)_5H_2O]Cl_3$(砖红色晶体)、二氯化一氯五氨合钴(Ⅲ) $[Co(NH_3)_5Cl]Cl_3$(紫红色晶体)等,其制备条件各不相同。制备三氯化六氨合钴(Ⅲ)的条件是:以活性炭为催化剂,在氨和氯化铵存在下的氯化钴(Ⅱ)溶液中,用过氧化氢作氧化剂。其反应式为:

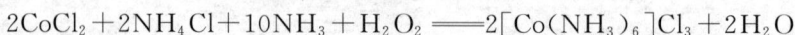

$$2CoCl_2+2NH_4Cl+10NH_3+H_2O_2 == 2[Co(NH_3)_6]Cl_3+2H_2O$$

将粗产物溶解在酸性溶液中除去其中混有的催化剂,再抽滤除去活性炭,然后在较浓的盐酸存在下使产物结晶析出。

所得产品 $[Co(NH_3)_6]Cl_3$ 的 $K_{不稳}=2.2\times10^{-34}$,在过量强碱存在且煮沸的条件下会分解:

$$2[Co(NH_3)_6]Cl_3+6NaOH \xrightarrow{煮沸} 2Co(OH)_3+12NH_3\uparrow+6NaCl$$

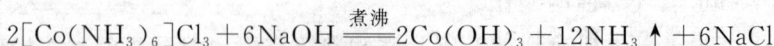

利用上述反应可以测定配合物的组成:①用过量标准酸吸收反应中逸出的氨,再用标准碱反滴剩余的酸,根据加入标准酸和消耗标准碱的体积和浓度,即可测出氨的含量;②配合物溶解后,游离的 Cl^- 离子与 $AgNO_3$ 标准溶液作用,定量生成 AgCl 沉淀,由 $AgNO_3$ 标准溶液的消耗量和浓度,可以计算样品中 Cl^- 离子的含量;③配合物经完全分解反应后的溶液,在酸性介质中与 KI 作用,定量析出 I_2,用标准 $Na_2S_2O_3$ 溶液滴定,根据消耗标准 $Na_2S_2O_3$ 溶液的体积和浓度,即可计算 Co 的含量。其反应式如下:

$$Co(OH)_3+3H^++I^- == Co^{2+}+1/2I_2+3H_2O$$
$$I_2+2S_2O_3^{2-} == 2I^-+S_4O_6^{2-}$$

四、仪器与试剂

1. 仪器

台秤,电子分析天平(0.1mg),烘箱,恒温水浴,减压过滤装置一套,漏斗和漏斗架,0~100℃酒精温度计,酸、碱式滴定管。

2. 试剂

$0.1\ mol\cdot L^{-1}$ HCl 标准溶液,(6 $mol\cdot L^{-1}$,浓)HCl,$0.1\ mol\cdot L^{-1}$ NaOH 标准溶液,10%NaOH 溶液,(浓)$NH_3\cdot H_2O$,$0.01\ mol\cdot L^{-1}$ $Na_2S_2O_3$ 标准溶液,$0.01\ mol\cdot L^{-1}$ $AgNO_3$ 标准溶液,5% K_2CrO_4 溶液,$CoCl_2\cdot6H_2O$ NH_4Cl,KI,KIO_3,活性炭,$60\ g\cdot L^{-1}$ H_2O_2 溶液,无水 C_2H_5OH,1%淀粉溶液,冰块,pH 试纸。

五、实验步骤

1. 制备三氯化六氨合钴(Ⅲ)

将 9g 研细的氯化钴 $CoCl_2·6H_2O$ 和 6g 氯化铵加入至 100mL 锥形瓶内,加 10mL 水,加热溶解。稍冷,加 0.5g 活性炭,加热煮沸。冷却后,加 20mL 浓氨水,进一步冷却至 10℃ 以下,缓慢加入 20mL60g·L^{-1} 过氧化氢溶液。在 60℃ 的恒温水浴上恒温加热 20min。流水冷却后,再以冰水浴冷却之,减压过滤。将沉淀溶于含有 3mL 浓盐酸的 80mL 沸水中,趁热过滤。滤液中加 10mL 浓盐酸,再以冰水冷却,即有晶体析出,等析出完全后,减压过滤,并用少量 C_2H_5OH 洗涤抽干。将固体置于真空干燥器中干燥或在 105℃ 以下烘干,称量,计算产率。

2. 三氯化六氨合钴(Ⅲ)组成的测定

(1) 氨的测定:用减量法精确称取所得产品 0.1g 左右,用少量水溶解,完全转入 250mL 三口烧瓶中,加入 10mL10%NaOH 溶液。在另一洁净的锥形瓶中准确加入 40mL0.1mol·L^{-1} HCl 标准溶液吸收,安装水蒸气蒸馏装置如图 6-1,加热水蒸汽发生器,产生的蒸汽加热样品溶液,蒸出的氨通过导管被 HCl 标准溶液吸收。约 1h 左右可将氨全部蒸出,用 pH 试纸加以检验。取出并拔掉插入 HCl 溶液中的导管,用少量水将导管内外可能黏附的溶液洗入锥形瓶内。以酚酞为指示剂,用 0.1mol·L^{-1} NaOH 标准溶液反滴定过量 HCl 溶液。根据加入的 HCl 溶液体积及浓度和滴定所用 NaOH 标准溶液的体积和浓度,计算样品中氨的质量分数,与理论值比较。氨的质量分数计算式如下:

$$NH_3\% = \frac{(c_{HCl}V_{HCl} - c_{NaOH}V_{NaOH}) \times 17.03}{1000 \times m} \times 100\%$$

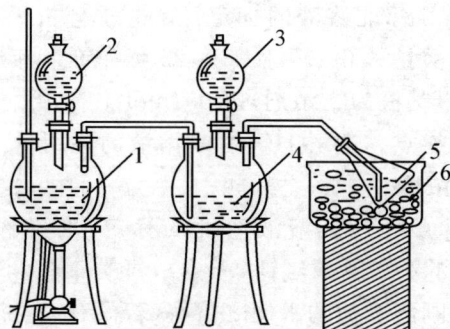

图 6-1 水蒸气蒸馏

1.2—水;3—10%NaoH;4—样品溶液;5—0.1mol/L 标准 HCl;6—冰盐水

(2)钴的测定:精确称取 0.1g 左右的产品于 250mL 锥形瓶中,加 20mL 水

溶解。加入 10mL 10%氢氧化钠溶液。将锥形瓶放在水浴上加热,间隙振荡,待氨全部被赶走后冷却,加入 1g 碘化钾固体及 10mL 6mol·L^{-1} HCl 溶液,放置暗处 5min 左右。用 0.01mol·L^{-1} Na$_2$S$_2$O$_3$ 溶液滴定至溶液呈浅黄色,加入 5 滴新配制的 1g·L^{-1} 的淀粉溶液,再滴至蓝色消失,溶液为淡粉红色即为终点。其反应式:

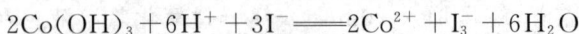

$$2Co(OH)_3 + 6H^+ + 3I^- = 2Co^{2+} + I_3^- + 6H_2O$$
$$I_3^- + 2S_2O_3^{2-} = 3I^- + S_4O_6^{2-}$$

按下式计算钴的质量分数,与理论值比较。

$$Co\% = \frac{c_{Na_2S_2O_3} \times V_{Na_2S_2O_3} \times 58.93}{1000 \times m} \times 100\%$$

m:样品重量,单位为"g"

(3)氯的测定:采用莫尔法测定样品中的氯含量。准确称取样品 0.2g 于小烧杯中,加适量水溶解,完全转入 250mL 容量瓶中,准确移取 25mL 样液,以 2mL 5% K$_2$CrO$_4$ 为指示剂,在不断摇动下,滴入 0.01 mol·L^{-1} AgNO$_3$ 标准溶液,直至溶液呈砖红色,即为终点(土黄色时已到终点,再加半滴)。记下 AgNO$_3$ 标准溶液的体积,样品中氯的百分含量按下式计算:

$$Cl\% = \frac{c \times V \times 35.45}{100m} \times 100\%$$

c、V 分别是 AgNO$_3$ 标液的浓度和体积,m 为样品重

(4)产品实验式的计算:由以上分析可得钴、氨、氯的质量百分含量,计算其摩尔比,写出产品的实验简式。

3. 实验中各标准溶液的配制与标定

(1)0.1mol·L^{-1} HCl 标准溶液的标定:在电子分析天平上,准确称取已在 170℃下烘干的无水碳酸钠 3 份,置于 3 只 250mL 锥形瓶中,加水约 30mL,温热,摇动使之溶解,以甲基橙为指示剂,以 0.1mol·L^{-1} HCl 标准溶液滴定至溶液由黄色变为橙色,即为终点。记下 HCl 标准溶液的耗用量,重复测定 3 次,并计算出 HCl 标准溶液的浓度。

(2)0.1mol·L^{-1} NaOH 标准溶液浓度的标定:准确称取 3 份已在 105～110℃烘干 1h 以上的邻苯二甲酸氢钾(A. R),每份 1～1.5g,放入 250mL 锥形瓶中,用 50mL 煮沸后刚刚冷却的水使之溶解(若没有完全溶解,可微热)。冷却后加入 2 滴酚酞指示剂,用 NaOH 标准溶液滴定至溶液呈微红色 30s 内不褪,即为终点。计算出 NaOH 标准溶液的浓度。

(3)0.01 mol·L^{-1} AgNO$_3$ 标准溶液的配制与标定

①0.01 mol·L^{-1} NaCl 标准溶液的配制。精确称取预先在 400℃下干燥的

0.15g 左右基准 NaCl 于小烧杯中,加少量水溶解,完全转移至 250mL 容量瓶中,加水稀释至刻度,摇匀。

②0.01 mol·L⁻¹ AgNO₃ 标准溶液的配制。在台秤上称取 1.69g AgNO₃ 溶解于水中,稀释至 1L,摇匀,储于棕色试剂瓶中。

③0.01 mol·L⁻¹ AgNO₃ 标准溶液浓度的标定。准确移取 25mL 0.0100 mol·L⁻¹ NaCl 标准溶液于 250mL 锥形瓶中,加 1mL 5‰ K₂CrO₄ 溶液,在不断摇动下用 AgNO₃ 标准溶液滴定,直至溶液由黄色变为稳定的砖红色,即为终点。同时作空白实验。

AgNO₃ 标准溶液的浓度可按下式计算:

$$c_{AgNO_3} = \frac{c_{NaCl} V_1}{V - V_0}$$

式中:c_{AgNO3}——AgNO₃ 标准溶液的浓度,mol·L⁻¹;

V——滴定用去 AgNO₃ 标准溶液的总体积,mL;

c_{NaCl}——NaCl 标准溶液的浓度,mol·L⁻¹;

V_1——NaCl 标准溶液的体积,mL;

V_0——空白滴定用去的 AgNO₃ 标准溶液的总体积,mL;

(4)0.01mol·L⁻¹ Na₂S₂O₃ 溶液的配制与标定

①0.01mol·L⁻¹ Na₂S₂O₃ 溶液的配制:称取 1.3g Na₂S₂O₃·5H₂O 溶于 500mL 新煮沸的纯水中,加入约 0.1gNa₂CO₃,冷却后,保存于棕色细口瓶中,放暗处 1~2 周后再进行标定。

②0.01mol·L⁻¹ Na₂S₂O₃ 溶液的标定。NaS₂O₃ 标准溶液的标定:可用 KIO₃、K₂Cr₂O₇ 作基准物,通常用 KIO₃,其反应式:

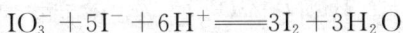

$$IO_3^- + 5I^- + 6H^+ = 3I_2 + 3H_2O$$

析出碘再用 NaS₂O₃ 滴定:$I_2 + 2S_2O_3^{2-} = S_4O_6^{2-} + 2I^-$。

在分析天平上用减量法准确称取约 0.1g KIO₃ 于小烧杯中,加少量水溶解,完全转入 250mL 容量瓶中,用水定容至刻度,摇匀,用移液管准确移取 25mL 该溶液于 250mL 碘量瓶中,加入 4mL10% KI 溶液、1mL 6mol·L⁻¹ HCl 溶液,摇匀后,立即用 0.01mol·L⁻¹ Na₂S₂O₃ 标准溶液滴定至淡黄色,然后加入 1% 淀粉溶液 3~5 d 至溶液呈深蓝色,继续滴定至蓝色刚好褪去时为终点。记录 Na₂S₂O₃ 体积读数,平行滴定 3 次。根据消耗 Na₂S₂O₃ 标准溶液的体积数,计算出 Na₂S₂O₃ 标准溶液的浓度。

六、注意事项

1. 三氯化六氨合钴(Ⅲ)的制备中,注意,一定要缓慢加入过氧化氢,加入过

氧化氢后的溶液要在 60℃恒温 20min,确保过量的过氧化氢能完全分解。

2. 在氨含量测定的水蒸汽蒸馏时,注意装置的密封性和安全性,确保氨完全分解和被吸收液完全吸收。

七、分析与思考

1. 在制备过程中,在溶液中加入了过氧化氢后,为什么要在 60℃恒温一段时间? 为什么在滤液中加 10mL 浓盐酸? 为什么用冷的稀盐酸洗涤产品?

2. 为了使合成三氯化合钴(Ⅲ)产率高,哪些步骤是比较关键的? 为什么?

3. 若钴的分析结果偏低,可能的因素有哪些? 钴含量的测定还有什么分析方法?

八、参考文献

1. 陈烨璞主编. 无机及分析化学实验. 北京:化学工业出版社,2001

2. 武汉大学主编. 分析化学(第 4 版). 北京:高等教育出版社,2005

3. 南京大学大学化学实验教学组. 大学化学实验. 北京:高等教育出版社,1999

实验 30　水泥熟料中 Fe_2O_3,Al_2O_3,CaO 和 MgO 含量的测定

一、实验目的

1. 了解重量法测定水泥熟料中 SiO_2 含量的方法。

2. 进一步掌握络合物滴定法的原理,特别是在铁、铝、钙、镁共存时,通过控制试液的酸度、温度及选择适当的掩蔽剂和指示剂直接测定它们含量的方法。

3. 掌握络合物的几种方法,即直接滴定法、返滴定法和差减法。

4. 掌握水浴加热、沉淀、过滤、洗涤、灰化、灼烧等基本操作技术。

二、技术要素

1. 掌握重量法基本操作技术,包括水浴加热、沉淀、过滤、洗涤、灰化、灼烧、称量、干燥等。

2. 掌握在铁、铝、钙、镁共存时,如何消除干扰,用络合滴定法直接测定它们含量的方法及技巧。

3. 掌握几种络合物滴定的方法,即直接滴定法、返滴定法和减量法的操作技术。

三、实验原理

水泥熟料是生料经调和及 1400℃ 以上的高温煅烧而成。通过熟料分析,可以检验熟料质量和烧成情况的好坏,及时调整原料的配比,控制生产。

普通水泥熟料的主要化学成分及大概的含量范围为:

SiO_2	Fe_2O_3	Al_2O_3	CaO	MgO
18%~24%	2.0%~5.5%	4%~9.5%	60%~67%	<4.5%

其中碱性氧化物的含量超过 60%,易被酸分解。水泥熟料主要为硅酸三钙（$3CaO \cdot SiO_2$）、硅酸二钙（$2CaO \cdot SiO_2$）、铝酸三钙（$3CaO \cdot Al_2O_3$）和铁铝酸四钙（$4CaO \cdot Al_2O_3 \cdot Fe_2O_3$）等混合物。这些化合物与盐酸作用,生成硅酸和可溶性氯化物,反应式如下:

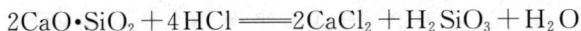

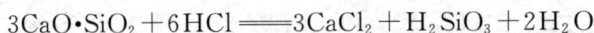

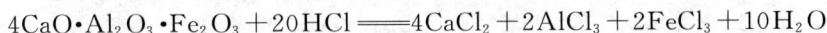

$$2CaO \cdot SiO_2 + 4HCl == 2CaCl_2 + H_2SiO_3 + H_2O$$
$$3CaO \cdot SiO_2 + 6HCl == 3CaCl_2 + H_2SiO_3 + 2H_2O$$
$$3CaO \cdot Al_2O_3 + 12HCl == 3CaCl_2 + 2AlCl_3 + 6H_2O$$
$$4CaO \cdot Al_2O_3 \cdot Fe_2O_3 + 20HCl == 4CaCl_2 + 2AlCl_3 + 2FeCl_3 + 10H_2O$$

硅酸是一种无机酸,绝大部分以溶胶状态存在于水溶液中,其化学式以 $SiO_2 \cdot H_2O$ 表示。用浓酸、加热蒸干等方法处理后,能使绝大部分硅酸水溶胶脱水成凝胶析出,用沉淀分离方法将硅酸与水泥中的其他组分铁、铝、钙、镁等分开。

SiO_2 含量测定原理:在水泥分析中 SiO_2 含量的测定常用重量法,水泥熟料经酸分解后,其溶液采用热蒸发和加固体 NH_4Cl 两种措施,尽可能使水溶胶硅胶全部脱水析出。控制溶液在蒸发脱水时的温度在 100~110℃,加热 10~15min。由于 HCl 的蒸发,带走硅酸中所含的大部分水分,从而析出水凝胶。加入固体 NH_4Cl 后,由于氯化铵水解夺取了硅酸中的水分,从而加速了其脱水过程,反应如下:

$$NH_4Cl + H_2O == NH_3 \cdot H_2O + HCl$$

含水硅胶的组成不固定,其沉淀经过滤、洗涤、灰化后,还需在 950~1000℃ 高温灼烧成固定成分的 SiO_2,再称量,根据沉淀物的质量计算 SiO_2 的含量。

滤液中的铁、铝、钙、镁等离子,都能与 EDTA 形成稳定的络离子,但稳定性有较显著的差别,只要控制适当的酸度,就可用 EDTA 分别滴定它们。

Fe^{3+} 离子的测定:控制溶液的酸度 pH=2~2.5,消除溶液中共存的 Al^{3+}、Ca^{2+}、Mg^{2+} 等干扰离子的干扰。以磺基水杨酸为指示剂,在 pH=2~2.5 时,与 Fe^{3+} 形成的络合物为紫红色。而 Fe^{3+} 与 EDTA 形成的 FeY^- 是亮黄色络合物,终点的颜色变化是紫红色变为亮黄色。滴定反应如下:

滴定反应 $\qquad$ $Fe^{3+} + H_2Y^{2-} = FeY^- + 2H^+$

指示剂显色反应 $\quad Fe^{3+} + HIn^- = FeIn^+ + H^+$

$\qquad\qquad\qquad$ 无色 $\qquad$ 紫红色

终点时 $\qquad\qquad FeIn^+ + H_2Y^{2-} = FeY^- + HIn^- + H^+$

$\qquad\qquad$ 紫红色 $\qquad\qquad$ 亮黄色

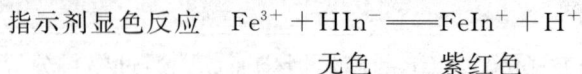

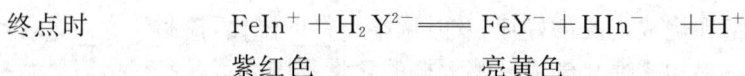

因 Fe^{3+} 与 EDTA 的反应速率比较慢,为加快反应速率,滴定时溶液温度以 $60\sim70\ ^{\circ}C$ 为宜,温度过高会促进 Fe^{3+} 离子水解,也会促使 Al^{3+} 与 EDTA 反应,影响分析结果。

Al^{3+} 离子的测定:采用返滴定法,在滴定 Fe^{3+} 后的溶液中,加过量 EDTA 标准溶液,再调节溶液的 $pH = 4.3$,为了加快 Al^{3+} 与 EDTA 络合反应,加热煮沸溶液,确保反应定量完成后,加 PAN 指示剂,用 $CuSO_4$ 标准溶液滴定溶液中过剩的 EDTA。终点时的变色:由于 Al-EDTA 络合物是无色的,而 Cu^{2+} 离子与过量的 EDTA 生成的 Cu-EDTA 是蓝色,PAN 指示剂是黄色,随着 $CuSO_4$ 标准溶液的不断滴入,溶液逐渐由黄变绿。终点时,过量的 Cu^{2+} 离子与 PAN 反应生成的络合物是红色,与溶液中 Cu-EDTA 的蓝色组成亮紫色,故溶液中 Cu-EDTA 络合物的量,对滴定终点的影响很大,所以必须控制过量的 EDTA 的量,一般在 100mL 溶液中加入过量的 $0.01\ mol \cdot L^{-1}$ EDTA 标准溶液以 15mL 左右为宜,其终点由绿色变为亮紫色。

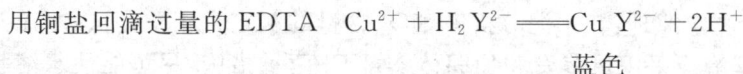

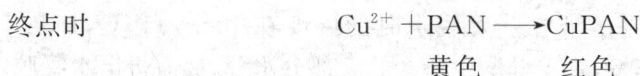

滴定反应 $\qquad\qquad\quad Al^{3+} + H_2Y^{2-} = AlY^- + 2H^+$

用铜盐回滴过量的 EDTA $\quad Cu^{2+} + H_2Y^{2-} = CuY^{2-} + 2H^+$

$\qquad\qquad\qquad\qquad\qquad\qquad\qquad$ 蓝色

终点时 $\qquad\qquad\quad Cu^{2+} + PAN \longrightarrow CuPAN$

$\qquad\qquad\qquad$ 黄色 $\quad$ 红色

Ca^{2+} 离子的测定:由于 Ca-EDTA 络合物的 $\lg K_{CaY} = 10.69$ 较小,只有在 $pH = 8\sim13$ 时,Mg^{2+} 才能定量络合。而 $pH = 8\sim9$ 时 Mg^{2+} 有干扰,故一般选择 $pH > 12.5$ 下进行测定,在此条件下,Mg^{2+} 形成 $Mg(OH)_2$ 沉淀而被掩蔽。用三乙醇胺消除 Fe^{3+}、Al^{3+} 的干扰。以钙黄绿素为指示剂,在 $pH > 12$ 时,钙黄绿素本身呈橘红色,与 Ca^{2+}、Sr^{2+}、Ba^{2+} 等离子络合后呈黄绿色荧光。钙黄绿素与碱金属离子反应也有微弱荧光,碱金属离子中以钾离子最弱,因此用 KOH 调节 pH。为了改善终点,本实验应用钙黄绿素、甲基百里香酚蓝、酚酞混合指示剂(CMP),其中的酚酞与甲基百里香酚蓝在 $pH > 12.5$ 下所呈的混合色调为紫红色,能起到遮盖残余荧光的作用。

Ca^{2+}、Mg^{2+} 离子总量的测定:镁的含量是采用差碱法获得。即在另一份试液中,于 $pH = 10$ 时用 EDTA 标准溶液测定钙、镁总量,再从钙、镁总量中减去钙量后,即为镁的含量。

测定钙、镁总量时,指示剂有铬黑 T、酸性铬蓝 K-萘酚绿 B 混合指示剂,由于铬黑 T 易受某些重金属离子所封闭,本实验采用 K-B 指示剂。用三乙醇胺和酒石酸钾钠联合掩蔽剂消除 Fe^{3+}、Al^{3+} 离子的干扰。

四、仪器与试剂

1. 仪器

电子天平(0.1mg),10mL 移液管,50mL、250mL、400mL 烧杯,250mL 容量瓶,电炉,250mL 锥形瓶,漏斗,滤纸,恒温水浴锅,滴定管,坩埚。

2. 试剂

$0.01mol \cdot L^{-1}$ EDTA 标准溶液,(3%、1∶1、$6mol \cdot L^{-1}$、浓)HCl,浓硝酸,$NH_4Cl(s)$,氨水(1∶1),三乙醇胺(1∶2),20%KOH 溶液。

0.05% 溴甲酚绿指示剂:0.05g 溴甲酚绿溶解在 100mL 20% 乙醇溶液中。

10% 磺基水杨酸:10g 磺基水杨酸溶解在 100mL 水中。

$0.01mol \cdot L^{-1}CuSO_4$ 标准溶液:称取 1.3g $CuSO_4 \cdot 5H_2O$,加少量水溶解,加 80mL 冰醋酸,加水稀释至 500mL。

pH=4.3 的 HAc-NaAc 缓冲溶液:称取 33.7 g 无水醋酸钠,加水溶解,加 2～3 滴 1∶1H_2SO_4,用水稀释至 1L,摇匀。

0.3%PAN 指示剂:称取 0.3gPAN 溶于 100mL 乙醇中。

CNP 指示剂(钙黄绿素-甲基百里香酚蓝-酚酞混合指示剂):准确称取 1g 钙黄绿素、1g 甲基百里香酚蓝、0.2g 酚酞与 50g 已在 105℃ 下烘干的硝酸钾,研细,混合均匀,保存在细口瓶中。

10% 酒石酸钾钠:称取 10g 酒石酸钾钠溶解于 100mL 水中。

NH_3-NH_4Cl 缓冲溶液(pH=10):称取 67.5g 氯化氨,加水溶解,加入 570mL 氨水(相对密度 0.9),加水稀释至 1L。

K-B 指示剂(酸性铬蓝 K-萘酚绿 B 混合指示剂):准确称取 1g 酸性铬蓝 K、2.5g 萘酚绿 B 与 50g 已在 105℃ 烘干的硝酸钾,研细,混合均匀,保存在磨口瓶中。

五、实验步骤

1. SiO_2 的测定

准确称取试样 0.5g 左右,置于干燥的小烧杯中,加 2gNH_4Cl 固体,搅拌混匀,盖上表面皿,沿烧杯嘴滴加 2mL 浓 HCl 和 1 滴浓 HNO_3,搅拌充分,待所有深灰色试样均变为浅黄色糊状物后,再盖上表面皿,在沸水浴上加热 10～

15min，取下烧杯。加 10mL 3‰HCl 的热溶液，搅拌溶解可溶性盐，用中速定量滤纸趁热过滤，用 250mL 容量瓶盛接滤液，加 3‰HCl 热溶液洗涤烧杯及玻棒 5～6 次，继续用 3‰HCl 热溶液洗涤沉淀 3～4 次，再加热水洗涤沉淀至无 Cl^- 离子。冷却滤液，加水稀释至刻度，摇匀，供测定铝、铁、钙、镁等含量用。

将滤纸包裹好沉淀，放入已恒重的坩埚中，在电炉上加热，干燥、灰化。然后在 950～1000℃的高温炉内灼烧 30min，取出，稍凉，放于干燥器中冷却至室温后，称量，反复灼烧直至恒重。

2. Fe^{3+} 离子的测定

准确移取已分离 SiO_2 后的滤液 25mL，置于 400～500mL 烧杯中，加 75mL 水，加 2 滴 0.05％溴甲酚绿指示剂，逐滴加入 1∶1 氨水，使之呈绿色，再用 6mol·L^{-1} HCl 溶液调至黄色后，再加 3 滴，此时溶液酸度约为 pH=2，加热至溶液温度 60～70℃，取下，滴加 6～8 滴 10％磺基水杨酸，用 0.01mol·L^{-1} EDTA 标准溶液滴定至淡黄色为终点，记下消耗 EDTA 标准溶液的体积。保存该溶液，供 Al^{3+} 测定。

3. Al^{3+} 离子的测定

在测 Fe^{3+} 离子后的溶液中加入 0.01mol·L^{-1} EDTA 标准溶液约 15～20mL，加水稀释至约 200mL，再加 15mL pH=4.3 的 HAc-NaAc 缓冲溶液，加热煮沸 1～2min，取下稍冷，滴加 4 滴 0.3％PAN 指示剂，用 0.01 mol·L^{-1} $CuSO_4$ 标准溶液滴定至溶液呈亮紫色为终点，记下消耗 $CuSO_4$ 标准溶液的体积。

EDTA 与 $CuSO_4$ 标准溶液体积比的测定：在 400mL 烧杯中，加 15mL 0.01mol·L^{-1} EDTA 标准溶液，加水稀释至约 200mL，加 15mL pH=4.3 的 HAc-NaAc 缓冲溶液，加热至微沸，取下稍冷，加 3 滴 0.3％PAN 指示剂，用 0.01 mol·L^{-1} $CuSO_4$ 标准溶液滴定至溶液呈亮紫色为终点，记下消耗 $CuSO_4$ 标准溶液的体积。

4. Ca^{2+} 离子的测定

准确移取分离 SiO_2 后的滤液 10 mL 于 250mL 烧杯中，加水稀释至约 100mL，加 5mL 1∶2 三乙醇胺溶液，充分搅拌，加适量 CMP 指示剂，加 20％ KOH 溶液调节溶液至绿色荧光出现后，再加 5～8mL 20％KOH 溶液，用 0.01mol·L^{-1} EDTA 标准溶液滴定至绿色荧光刚好消失，呈稳定的红色为终点。

5. Mg^{2+} 离子的测定

准确移取分离 SiO_2 后的滤液 10 mL，置于 250mL 锥形瓶中，加水稀释至约 100mL，加 1mL 10％酒石酸钾钠溶液和 5mL 1∶2 三乙醇胺，搅拌 1min，加 15mL pH=10 的 NH_3-NH_4Cl 缓冲溶液，再加入适量 K-B 指示剂，用

0.01 mol·L^{-1} EDTA 标准溶液滴定至溶液呈纯蓝色为终点。计算 Ca^{2+}、Mg^{2+} 离子的总量,镁量=钙镁总量－钙量。

六、实数据记录和计算

1. 自行设计记录表格。

2. 列出 SiO_2、Fe_2O_3、Al_2O_3、CaO 和 MgO 含量的计算式。

3. 计算水泥熟料中 SiO_2、Fe_2O_3、Al_2O_3、CaO 和 MgO 含量及它们含量的总和,讨论并分析产生误差的原因。

七、注意事项

1. 用热的浓盐酸加浓硝酸溶解水泥试样,确保样品能完全溶解和使铁全部转化为＋3 价离子。沉淀灰化、灼烧时,可先将沉淀和滤纸在电炉上干燥后,直接送入高温炉中,高温炉的温度应该由低温慢慢升高。

2. 节约使用含铁、铝、钙、镁离子的滤液,尽可能多保留一些,方便必要时的重复滴定。

3. 铁离子测定时,加热温度以 70℃ 为宜,感觉烫手即可,注意防止剧沸,否则 Fe^{3+} 离子会水解形成氢氧化铁,导致实验失败。

八、分析与思考

1. 如何分解水泥熟料试样?分解后的被测组分以什么形式存在?

2. 简述重量法测定 SiO_2 含量的方法原理。

3. 洗涤沉淀的操作要注意什么?如何提高洗涤的效果?

4. 在测定 Fe^{3+} 离子时,如何消除 Al^{3+}、Ca^{2+}、Mg^{2+} 等的干扰?为什么?

5. Fe^{3+} 离子的滴定应控制溶液的温度范围是多少?为什么?

6. 如 Fe^{3+} 离子的测定结果不准确,对 Al^{3+} 的测定有何影响?

7. EDTA 滴定 Al^{3+} 时,为什么要采用返滴定法?还能采用别的滴定方式吗?

8. 在 pH＝4.3 条件下返滴定 Al^{3+} 离子,Ca^{2+} 和 Mg^{2+} 会不会有干扰?为什么?

9. 加入三乙醇胺有何作用?

参考文献

1. 郭伟强主编.大学化学基础实验(第 2 版).北京:科学出版社,2010

2. 成都科学技术大学分析化学教研组,浙江大学分析化学教研组编.无机

及分析化学实验.北京:高等教育出版社,1989

实验 31　食品总酸度的测定

一、实验目的

1.学习用酸碱滴定法、电位滴定法分析食品总酸度的原理和方法。
2.掌握果蔬食品试样预处理的方法。
3.了解有色食品总酸度的测定方法。

二、技术要素

1.掌握酸碱滴定、电位滴定的基本方法及基本操作技术。
2.掌握果蔬食品试样预处理的方法及基本操作技术。
3.了解食品中可能含有的几种酸滴定终点 pH 变化范围及指示剂的选择。
4. 学会有色食品总酸度的 2 种测定方法及酸度计的使用等具体操作技术。

三、实验原理

食品中所有酸性物质的总量称之为总酸度,包括已解离和未解离的酸。通过测定酸度可判断蔬菜、水果的成熟度。不同种类的水果和蔬菜,一般成熟度越高,酸的含量越低;食品的新鲜程度也与酸含量有关,新鲜牛奶中的乳酸含量过高,说明牛奶已腐败变质;食品中有机酸含量的多少,会影响食品的风味、色泽、稳定性和品质,故酸度能反映食品的质量。

食品中的酸是有机酸,一般为弱酸,根据酸碱中和原理,用碱标准溶液滴定试液中的酸,生成盐,通常有两种方法:直接滴定法和电位滴定法。直接滴定法是以酚酞为指示剂,直接用碱标准溶液滴定;电位滴定法,则在待测溶液中由玻璃电极和参比电极两者构成工作电池,滴定时,因溶液的 pH 发生变化,电池的电动势值也随之变化,当达到终点时溶液 pH 发生突跃来判断滴定终点。两种方法均根据消耗碱标准溶液的体积,计算食品中的总酸度。

各种酸滴定终点的 pH:柠檬酸,8.0～8.1;苹果酸,8.0～8.1;酒石酸,8.1～8.2;乳酸,8.1～8.2;乙酸,8.0～8.1;盐酸,8.1～8.2;磷酸,8.7～8.8。一般测定食品的总酸度,其滴定终点 pH 为 8.2,啤酒为 9.0。

四、仪器与试剂

1. 仪器

电子分析天平(0.1mg),电磁搅拌器,玻璃电极,甘汞饱和电极(或复合电极),恒温水浴,碱式滴定管,250mL 容量瓶,250mL 锥形瓶,25、50mL 移液管,研钵,烧杯。

2. 试剂

0.1 mol·L^{-1} NaOH 标准溶液,80％乙醇,酚酞指示剂,pH＝4.00、pH＝6.86 标准缓冲溶液。

五、实验步骤

1. 样品的预处理

(1)固体样品(蔬菜、水果):洗净样品,用滤纸吸干,切碎后于匀浆机匀浆,混合均匀后,取适量样品至烧杯中,加入已除去 CO_2 的蒸馏水溶解样品,在 75～80℃恒温水浴上加热 30min,冷却,完全转移至 250mL 容量瓶中,加水稀释至刻度,摇匀。用干燥滤纸过滤,弃去 15mL 初液,收集滤液备用。

(2)不含二氧化碳饮料、酒类及调味品:充分混匀样品,直接取样,遇浓度太高时加适量水稀释,若浑浊,则需过滤。

(3)含二氧化碳的样品去除二氧化碳的方法:取不少于 200mL 充分混匀的样品于 500mL 锥形瓶中,旋摇至无气泡,装上冷凝管,于水浴锅中加热,并保持沸腾 10min,取出,冷却。

(4)咖啡样品:样品在研钵中研细,过 40 目标准筛。取 10g 已研细的样品于锥形瓶中,加 75mL80％乙醇,加塞放置 16h,并间隙摇动,用干燥滤纸过滤,滤液备用。

2. 直接滴定法测定食品的总酸度

(1)样品测定:准确移取制备的滤液 50.00mL 于锥形瓶中,滴加 2 滴酚酞指示剂,用 0.1 mol·L^{-1} NaOH 标准溶液滴至浅红色,30s 内不褪即为终点,记录所消耗 NaOH 标准溶液的体积,平行测定 3 次。

(2)空白试验:取 100mL 已除去 CO_2 的蒸馏水于锥形瓶中,按样品测定步骤进行滴定,记录消耗 NaOH 标准溶液的体积,平行测定 3 次。

3. 电位滴定法测定食品中的总酸度

(1)样品测定:将酸度计插上电源,开机预热,用标准缓冲溶液对酸度计作双点校正。准确移取上述准备液 25.00mL 于烧杯中,加 75mL 已除去 CO_2 的蒸馏水,放入磁转子,连接好电极,打开磁力搅拌器,调节好搅拌速度,记录滴定开

始前的 pH 值。用 0.1 mol·L^{-1}NaOH 标准溶液滴至终点,记录 NaOH 标准溶液的体积,绘制 pH～V 曲线,确定终点时消耗 NaOH 标准溶液的体积,平行测定 3 次。

(2)空白试验:取 100mL 已除去 CO_2 的蒸馏水于烧杯中,按样品测定步骤进行滴定,确定终点时消耗 NaOH 标准溶液的体积,平行测定 3 次。

六、实数据记录和计算

1.自行设计记录表格。

2.计算:根据测定样品时所消耗 NaOH 标准溶液的体积,减去空白试验消耗 NaOH 标准溶液的体积,就能计算食品的总酸度。

七、注意事项

1.CO_2 溶于水生成 H_2CO_3,会影响酚酞指示剂终点颜色变化的敏锐性,所以本实验所用的水,均为不含 CO_2 的去离子水,一般的做法:将去离子水煮沸,并迅速冷却,除去水中的 CO_2。样品中若含有 CO_2,同样对测定有影响,对含有 CO_2 的如碳酸饮料样品,测定前需除 CO_2。

2.样品的取样量的确定是根据其酸的含量,一般要求滴定时消耗 0.1 mol·L^{-1}NaOH 标准溶液的体积在 10～15mL,不能小于 5mL,才能使误差在允许的范围内。

3.电位确定中,酸度计也可用单点校正法进行校正。

八、分析与思考

1.如何消除有色试样的颜色干扰?

2.为了确保实验结果的可靠性,在样品预处理时,应注意哪些问题?

3.比较指示剂法和电位滴定法的优缺点。

参考文献

1.王凤云,丰利主编.无机及分析化学实验.北京:化学工业出版社,2009

2.魏琴,盛永丽主编.无机及分析化学实验.北京:科学出版社,2008

实验 32　漂白粉中有效氯和固体总钙量的测定

一、实验目的

1. 了解漂白粉起漂白作用的原理和漂白粉的质量标准。
2. 掌握间接碘量法、络合滴定法的原理和应用。
3. 开阔学生视野,拓展思维,培养其解决实际问题的能力。

二、技术要素

1. 巩固络合滴定、氧化还原滴定的原理及基本操作技术。
2. 掌握络合滴定、氧化还原滴定在实际试样分析中的应用,拓展思维,提高解决具体问题的能力。

三、实验原理

漂白粉的主要成分是 $3Ca(ClO)_2 \cdot 2\,Ca(OH)_2 \cdot n\,H_2O$。漂白粉和过量的盐酸作用生成 Cl_2,Cl_2 与漂白粉的质量比称为漂白粉的有效氯,有效氯的百分含量作为漂白粉的质量指标,表示其漂白能力,产品的两个关键指标是有效氯和固体总钙含量。

用间接碘法测定漂白粉中的有效氯。在酸性条件下,漂白粉与 KI 反应,生成定量的碘,再用 $Na_2S_2O_3$ 标准溶液滴定生成的碘,反应式如下:

$$Ca(ClO)_2 + 4KI + 4H^+ \Longrightarrow CaCl_2 + 4K^+ + 2I_2 + 2H_2O$$

$$I_2 + 2Na_2S_2O_3 \Longrightarrow Na_2S_4O_6 + 2NaI$$

漂白粉中固体钙含量的测定,用络合滴定法,在 pH≈12 的强碱性条件下,漂白粉中的钙以游离态存在,以钙指示剂为指示剂,用 EDTA 标准溶液滴定,根据消耗 EDTA 标准溶液的量,即可求出固体钙的含量。

四、仪器与试剂

1. 仪器

电子分析天平,25mL 移液管,250mL 烧杯,250mL 容量瓶,250mL 锥形瓶、碘量瓶,酸式滴定管。

2. 试剂

漂白粉样品,$0.01mol \cdot L^{-1}$ EDTA 标准溶液,$6mol \cdot L^{-1}$ HCl,10% NaOH 溶液,$0.01mol \cdot L^{-1}$ $Na_2S_2O_3$ 标准溶液,10% KI,KIO_3(s,AR),1% 淀粉溶液,

$3mol \cdot L^{-1}H_2SO_4$，氨水（1∶1），钙指示剂，$Na_2S_2O_3(s,AR)$，$Na_2CO_3(s,AR)$，100 $g \cdot L^{-1}NaNO_2$，$Ca_2CO_3(s,GR)$。

五、实验步骤

1. $0.1 mol \cdot L^{-1} Na_2S_2O_3$ 标准溶液的配制与标定

称取 13g $Na_2S_2O_3 \cdot 5H_2O$ 于大烧杯中，溶于 500mL 新煮沸的纯水中，加入约 1gNa_2CO_3，冷却，保存于棕色细口瓶中，放暗处 1～2 周后标定。

在分析天平上用减量法准确称取 KIO_3（A.R）3 份，分别置于 3 个 250mL 碘量瓶中，加 30mL 水溶解，加 4mL10％KI 溶液、1mL6mol·L^{-1}HCl 溶液，摇匀后，立即用 0.1mol·L^{-1} $Na_2S_2O_3$ 溶液滴定至溶液呈淡黄色，然后加 3～5 滴 1％淀粉溶液，此时溶液呈深蓝色，继续滴定至蓝色刚好褪去为终点。记录 $Na_2S_2O_3$ 标准溶液的体积，重复滴定 2～3 次。根据消耗 $Na_2S_2O_3$ 标准溶液的体积，计算出 $Na_2S_2O_3$ 标准溶液的浓度。

2. $0.01mol \cdot L^{-1}EDTA$ 溶液的配制及标定

在台秤上称取乙二胺四乙酸二钠盐 1.9g，溶解于约 200mL 温水中，加水稀释至 500mL。转移至 1000mL 细口瓶中，摇匀。

EDTA 溶液的标定：

（1）0.01mol·L^{-1}标准钙溶液的配制：在电子天平上准确称取 0.25～0.3g 已于 110℃下烘干 2h 的 $CaCO_3$ 于小烧杯中，盖上表面皿，加少许水润湿，再从嘴杯边缘逐滴加入数毫升 6mol·L^{-1}HCl 至完全溶解，边加边摇晃烧杯，用少量水润洗表面皿上的溶液至烧杯中，加热煮沸，冷却后，完全转移至 250mL 容量瓶中，加水稀释至刻度，摇匀，贴上标签。

（2）标定：用移液管准确移取 25mL 上述配制的钙标准溶液于 250mL 锥形瓶中，加约 25mL 水、2mL 镁溶液、5mL10％NaOH 溶液及适量钙指示剂，摇匀后，用 EDTA 标准溶液滴定至溶液由酒红色变至蓝色为终点。记下消耗的 EDTA 溶液的体积，平行测定 3 次。

3. 有效氯的测定

准确称取 0.25～0.30g（精确至 0.0001g）漂白粉于小烧杯中，加少量水溶解，完全转移入 250mL 容量瓶中，加水稀释至刻度，摇匀。用移液管准确移取 25.00mL 该试液于碘量瓶中，加入 3mL6mol·L^{-1}HCl 溶液、5mL10％KI 溶液，盖上塞子摇匀，放暗处反应 5min。取出，加 35mL 去离子水稀释并润洗瓶塞，用 0.1mol·L^{-1} $Na_2S_2O_3$ 标准溶液滴至浅黄色，加 3～5d 1％淀粉溶液，继续滴定至溶液呈亮绿色为终点，记录所消耗 0.1mol·L^{-1} $Na_2S_2O_3$ 标准溶液的体积，平行测定 3 次，计算漂白粉中有效氯的含量 ω_{Cl}。

4. 固体钙含量的测定

准确称取 0.2~0.3g（精确至 0.0001g）漂白粉于小烧杯中，加少量水溶解，完全转移至 250mL 容量瓶中，加水稀释至刻度，摇匀。用移液管准确移取 25.00mL 该试液于锥形瓶中，加 10mL 100 g·L^{-1} NaNO$_2$ 溶液，用 10％NaOH 溶液调节溶液 pH＝12，加适量钙指示剂，使溶液呈明显的酒红色，用 0.01mol·L^{-1} EDTA 标准溶液滴定至溶液由酒红色变成纯蓝色为终点，记录所消耗 EDTA 标准溶液的体积。平行测定 3 次，根据消耗 EDTA 标准溶液的体积，计算漂白粉中固体钙的总量。

六、数据记录和计算

根据实验内容，自行设计记录表格，并将所有实验数据记录在表 1~表 4 中，并列出计算式。

表 1　Na$_2$S$_2$O$_3$ 标准溶液的标定

表 2　EDTA 标准溶液的标定

表 3　漂白粉中有效氯的测定

表 4　漂白粉中固体钙含量的测定

七、注意事项

在测定漂白粉中有效氯和固体钙总量时，要根据漂白粉中这两种成分的多少在实验前进行估算，确定样品的量。

八、分析与思考

1. 请分析用间接碘法测定漂白粉中有效氯的含量时，其主要的误差来源。

2. 为什么加入钙指示剂之前要加入 NaNO$_2$ 溶液？

九、参考文献

1. 王凤云，丰利主编. 无机及分析化学实验. 北京：化学工业出版社，2009

2. 成都科学技术大学分析化学教研组，浙江大学分析化学教研组编. 无机及分析化学实验. 北京：高等教育出版社，1989

实验 33　分光光度法测定瓜果、蔬菜中的维生素 C 含量

一、实验目的

1. 学习用分光光度法测定维生素 C 含量的原理和方法，进一步巩固朗伯-比

尔定律。

2.练习瓜果、蔬菜样品预处理的方法。

3.掌握 UV-260 紫外可见分光光度计的使用。

4.学会用 excel 进行数据处理,正确制作吸收曲线和工作曲线,计算样品中维生素 C 的含量。

二、技术要素

1.了解紫外可见分光光度计的光路组成及测量原理,掌握 UV-260 型紫外可见分光光度计的操作技术。

2.掌握一般分光光度法分析条件的选择及分析方法的建立。

3.学会瓜果、蔬菜样品预处理的方法及基本操作技术。

三、实验原理

维生素 C 是人类营养素中一类最重要的维生素之一,缺乏时会得坏血病,故维生素 C 又称抗坏血酸,其化学名称:3-氧代-L-古龙糖酸呋喃内酯,分子式:$C_6H_8O_6$,为白色或淡黄色粉末,味酸,在空气中尤其是碱性介质中极易被空气氧化成脱氢抗坏血酸。

由于水果和蔬菜等植物中均含有丰富的维生素 C,本实验以它们为原料,采用分光光度法测定维生素 C 的含量。在 pH≥5.0 时,脱氢抗坏血酸的内环开裂,形成二酮古洛糖酸。而这两种化合物均能与 2,4-二硝基苯肼作用生成红色的脎,脎能溶于硫酸,其最大吸收波长为 500nm,且在一定浓度范围内,符合朗伯-比尔定律。样品溶液与维生素 C 标准溶液经上述方法处理,在 500nm 处测定各溶液的吸光度,根据绘制的标准曲线进行定量,可测得瓜果、蔬菜中维生素 C 的含量。

四、仪器与试剂

1. 仪器

电子天平(0.1mg),台秤,UV-260 紫外可见分光光度计,研钵,15mL 或 20mL 比色管,1mL、2mL、5mL、10mL、25mL 移液管,250mL 烧杯,50mL、100mL 容量瓶,250mL 锥形瓶,漏斗和漏斗架,酒精灯。

2. 试剂

新鲜的水果和蔬菜样品,25%、85%H_2SO_4,1%草酸,2%2,4-二硝基苯肼;10%硫脲:50g 硫脲溶于 500mL1%的草酸中;活性炭:100g 加 750mL1mol·L^{-1} HCl,加热 1h,减压过滤,用去离子水洗涤至滤液无 Cl$^-$ 为止,置于 110℃烘箱中烘干;1mg·mL⁻¹ 维生素 C 标准溶液:100mg 纯维生素 C 溶于 100mL1% 草酸中。

五、实验步骤

1. 样品与处理

准确称取新鲜水果或蔬菜 2g 于研钵中,捣烂,加少量 1% 草酸,研磨 10min,将液汁倾入 50mL 容量瓶中,重复提取 3 次,加 1% 草酸稀释至刻度,摇匀。用移液管准确移取该溶液 20mL 于干净的锥形瓶中,加入一钥匙活性炭,充分振荡 2min,过滤,滤液备用。

2. 0.01 mg·mL⁻¹ 维生素 C 标准溶液的配制

用移液管准确移取 1.00mL1 mg·mL⁻¹ 维生素 C 标准溶液于 100mL 容量瓶中,加 1% 草酸稀释至刻度,摇匀。准确移取 30mL 该溶液于 250mL 干净的锥形瓶中,加一钥匙活性炭,振荡 2min,过滤,滤液即为 0.01 mg·mL⁻¹ 维生素 C 标准溶液。

3. 维生素 C 含量的测定

取 7 支已写好标号的比色管,在 1 号管中加入 5.0mL 样品滤液、2 滴 10% 硫脲,以此为空白溶液。在 2 号管中加 5.0mL 样品液,在 3～7 号管中分别加入 1.0mL、3.0 mL、5.0 mL、7.0 mL、9.0 mL 的 0.01mg·mL⁻¹ 维生素 C 标准溶液,每管中再加入 2 滴 10% 硫脲、2.0mL2% 2,4-二硝基苯肼,混匀,置于沸水中加热 10min,于冰水浴中冷却至室温,在 1 号管中再加 2.0mL2% 2,4-二硝基苯肼。将这 7 支比色管均稀释至 10mL,分别缓慢滴加 3.0mL85% H_2SO_4 溶液,并不断摇动,静置 10min。在预先开机且已稳定的 UV-260 紫外可见分光光度计上,将波长固定在 500nm,以 1 号比色管中的溶液为参比溶液,依次测定 2～7 号比色管中溶液的吸光度值,记录吸光度 A 的值。

六、数据记录与计算

1. 将 2～7 号比色管溶液测定的吸光度 A 的值记录在下表中。

标准曲线及样品测定

比色管编号	2	3	4	5	6	7
维生素 C/mg·10mL⁻¹						
吸光度 A						

2.样品中维生素 C 含量的计算

以 3～7 号比色管中溶液的吸光度 A 为纵坐标,维生素 C 的浓度为横坐标,作一次线性回归,得到工作曲线和线性回归方程。根据回归方程和 2 号管中溶液测得的吸光度 A 的值,即可得到相应的维生素 C 的浓度值,根据下式计算样品中维生素 C 的含量:

$$维生素\% = \frac{c(维生素C) \times \frac{50}{5.0} \times 10^{-3}}{m_{样}} \times 100\%$$

式中:c(维生素 C)为实验测得的样品溶液中维生素的浓度($mg \cdot 10mL^{-1}$)。

$m_{样}$ 为样品的总质量(g)。

七、注意事项

1.由于维生素 C 有很强的还原性,见光易变质,其标样应避光保存。

2.维生素 C 在显色反应后,应用冰水浴快速冷却,以避免被氧化。

3.为减少误差,应同时测定标准溶液和样品试液。

八、分析与思考

1.加入活性炭有何作用?

2.为什么 1 号比色管中溶液在加热、冷却后,才能加 2,4-二硝基苯肼,而其他比色管则在加热前加入 2,4-二硝基苯肼?

3.若被测样品吸光度 A 的值不落在制作的标准曲线范围内,该如何处理?

4.为了使测定维生素 C 的含量准确,实验过程中应注意哪些操作步骤?理由是什么?

九、参考文献

1. 周旭光,于名主编.无机及分析化学实验与学习指导.北京:中国纺织工业出版社,2009

2. 王升富,周立群主编.无机及分析化学实验.北京:科学出版社,2009

实验 34 高效液相色谱法测定二甲戊乐灵原药中的亚硝胺含量

一、实验目的

1.了解色谱分离技术及分离原理。

2.了解高效液相色谱法的原理和应用。

3.熟悉高效液相色谱仪的工作原理和构造,学习其基本操作技术。

4.掌握外标法定量分析亚硝胺的原理和方法。

二、技术要素

1.熟悉高效液相色谱仪的工作原理和构造,学会其基本操作技术。

2.掌握外标法定量分析亚硝胺的原理和基本操作技术。

3.初步掌握层析柱的干法装柱方法,学会快速柱层析、薄层色谱的基本操作技术。

4.掌握固体有机化合物重结晶的操作技术,学习旋转蒸发仪的使用。

三、实验原理

有些广泛使用的除草剂中含有少量 N,N-二烷基亚硝胺,Bontoyan 等在仲胺类除草剂二甲戊乐灵[N-(1-乙基丙基)-3,4-二甲基-2,6-二硝基苯胺]中发现二甲戊乐灵的亚硝胺化合物,该化合物系统命名法的名称是:N-(1-乙基丙基)-N-亚硝基-3,4-二甲基-2,6-二硝基苯胺,其英文名称:N-(1-ethyl-propyl)-N-nitroso-3,4-dimenhy-2,6-dinitroben-zenamine,简称:NP。其化学结构式如下:

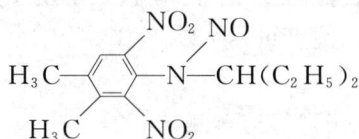

它为淡黄色晶体,熔点 67.5～69℃,较难挥发,在土壤中不易降解,易留在土壤中被植物吸收。亚硝胺是一类已被证实了的对动物和人体均有致癌作用的化合物。各国对其均有严格的监控体系,对所有可能含有该类化合物的农药、水质等等均有严格的质量控制指标,所以对除草剂二甲戊乐灵原药中的亚硝胺含量检测是非常必要的。

本实验采用高效液相色谱法,测定除草剂二甲戊乐灵中的杂质——NP,C_8 反相柱进行分离,由于 NP 在 240nm 波长下有很好的吸收,并且在 2～30μg·mL^{-1} 浓度范围内符合朗伯-定律,用紫外检测器检测,用外标法进行定量。

四、仪器与试剂

1.仪器

层析柱 50×25mm,EF-1 型三用紫外分析仪,旋转蒸发器,高校液相色谱仪,紫外检测器,电子分析天平,移液管(1mL、2mL、5mL、10mL、25mL),烧杯

（250mL），容量瓶（100mL），超声波清洗器，10μL 微量进样针。

2. 试剂

乙腈（HPLC），超纯水，丙酮（AR），粗二甲戊乐灵样品，石油醚（AR），乙酸乙酯（AR），硅胶-H。

3. 色谱条件

柱：Lichrosorberp RP-8(7μm) Pre-Packed Column RT250-4，流动相：水：乙腈＝35∶65，流量：1.0mL·min^{-1}，温度：室温，进样量：5μL，检测波长：240nm。

五、实验步骤

1. 标样制备

由于 NP 在市场上较难买到纯品，采用快速柱层析法，从未除亚硝胺的二甲戊乐灵合成中间体中分离提纯制得。具体操作：称取粗二甲戊乐灵样品 2g 加少量二氯甲烷溶解，在硅胶柱（硅胶-H，60 型）内，用石油醚∶乙酸乙酯＝47∶3 溶液进行洗提，用薄层色谱对流出液跟踪分析，将含二甲戊乐灵、亚硝胺的试管分别合并，在 40℃ 水浴中，用旋转蒸发器分别脱溶，脱溶后残留物进行两次分离，转移至磨口的锥形瓶中，放在冰箱内 24h，分别析出结晶。将析出的结晶分别用丙酮-水在低温下进行重结晶，所得的亚硝胺、二甲戊乐灵在液相色谱仪上，用面积归一化法进行纯度分析，纯度可达 98% 以上。

2. 标样定性鉴定

用毛细管或显微熔点仪进行熔点测定。

用质谱仪和傅立叶变换红外光谱仪进行质谱分析和红外光谱分析。

3. 标准曲线的测绘

称取亚硝胺纯品 20mg，加丙酮溶解，在 100mL 容量瓶中定容，摇匀，得浓度为 $200\mu\text{g·mL}^{-1}$ 标准溶液。二甲戊乐灵也以同样方法配成浓度为 $500\mu\text{g·mL}^{-1}$。分别在 50mL 容量瓶配制亚硝胺的浓度为 30、20、12、8、$2\mu\text{g·mL}^{-1}$，二甲戊乐灵的浓度为 160、170、180、190、$200\mu\text{g·mL}^{-1}$，配好的标准溶液置于超声波清洗器中脱气 5min，用 0.3μm 滤膜过滤。

按上述色谱条件开机，待基线稳定后，进样 5μL 分析，每只标样重复进样 2次，记录其峰面积。

4. 样品测定

称取二甲戊乐灵产品 20mg，加丙酮溶解并在 100mL 容量瓶中定容，置超声波清洗器中脱气 5min，用 0.3μm 滤膜过滤。与标准曲线测绘相同测定方法进样 5μL，记录其峰面积。

六、数据记录与计算

1.以各组分的峰面积 A_i 为纵坐标,质量 W_i 为横坐标作图,可得其线性回归方程和线性相关系数。

2.用线性回归方程计算样品中亚硝胺的质量,由下式计算其质量分数:

$$X\% = \frac{W_i}{W_{样}} \times 100\%$$

七、注意事项

1.快速柱层析建议用干法装柱,硅胶层应压实,上层加一层粗硅胶。

2.亚硝胺易分解,应该避光保存,放置时间较长,其纯度将有所下降,应重新进行重结晶。

3.由于除草剂原药样品制备过程中会残留一些盐类杂质,样品分析前进行过滤除杂,以免污染液相色谱柱。液相色谱仪用后必须充分洗涤柱子。

八、分析与思考

1.请简述高效液相色谱分析仪的工作原理及构造。

2.在进行液相色谱分析前,为什么标准溶液和样品液均要进行超声脱气?

3.简述外标法定量原理。

九、参考文献

1.Bontoyan W R,D Jr Wright,Law M W. Nitrosamines in Africultured and Home－Use Pesticides. *J Agric Food Chem*,1979,27:631.

2.李菊清,周小瑞,黄丹勇.HPLC 法测定除草剂二甲戊乐灵中亚硝胺.理化检验——化学分册,2001,37(4):145

实验 35　元素性质综合设计性实验

一、实验目的

1.着重培养学生分析问题、解决问题的能力,扩大学生的知识面,学习各种实验理论与实验手段的综合应用方法。

2.通过元素性质综合设计性实验,使学生加深对元素化学基本理论与基本知识的理解,进一步提高学生综合运用元素化学知识的能力,初步培养学生设计

实验的能力。

3.培养学生查阅文献的能力。

二、技术要素

1. 进一步巩固和掌握元素与化合物有关性质(酸碱性、溶解性、氧化还原性、配位性)。

2. 掌握离子的分离技术(沉淀分离法、挥发和蒸馏分离法、萃取分离法等)。

3. 掌握常见阳离子与阴离子的鉴定方法与鉴定技巧。

4. 掌握离子检出的基本操作技术。

三、实验要求

1. 要求学生根据设计性实验项目,认真分析,自行查找有关参考资料,设计实验方案,独立完成实验。

2. 根据设计项目的要求写出实验设计原理,写出完整的设计方案。

3. 确定完成设计项目所需要的实验仪器与药品,确定实验试剂的浓度与用量以及具体的实验条件。

4. 根据设计方案进行设计实验,对实验出现的问题进行分析和讨论,完成实验报告。

四、设计性实验项目

1. 设计实验方案证明 Cr(Ⅲ)的还原性与 Cr(Ⅵ)的氧化性,并进行理论分析。

2. 设计分离并鉴定下列混合阳离子溶液的实验方案。

(1)Fe^{3+}、Co^{2+}、Ni^{2+}、Cr^{3+}、Mn^{2+}

(2)Ag^+、Cu^{2+}、Zn^{2+}、Cd^{2+}、Hg^{2+}

(3)Ag^+、Cu^{2+}、Pb^{2+}

(4)Fe^{3+}、Al^{3+}、Cu^{2+}

(5)Fe^{3+}、Al^{3+}、Zn^{2+}、Ni^{2+}

3. 设计实验方案鉴定下列各组固体混合物。

(1)$ZnCl_2$ 与 $FeCl_3$ 固体混合物

(2)KCl 与 $NaCl$ 固体混合物

(3)$PbCl_2$ 与 Al_2O_3 固体混合物

(4)$CaCl_2$ 与 $MgCl_2$ 固体混合物

(5)$PbCl_2$ 与 $AgCl$ 固体混合物

4. 设计鉴定下列混合阴离子溶液的实验方案。

(1) NO_2^-、SO_4^{2-}、PO_4^{3-}

(2) S^{2-}、SO_4^{2-}、$S_2O_3^{2-}$

5. 设计实验方案证明 $KMnO_4$ 氧化性,证明其在不同介质中的还原产物,并进行理论分析。

6. 设计实验方案完成下列转变

$K_2Cr_2O_7 \rightarrow Cr^{3+} \rightarrow Cr(OH)_3 \rightarrow [Cr(OH)_4]^- \rightarrow CrO_4^{2-} \rightarrow BaCrO_4$

7. 设计实验方案证明 PbO_2 的氧化性。

8. 设计实验方案,选择合适的试剂,说明 Pb_3O_4 中含有 Pb 的几种价态。

9. 设计实验方案,证明 Co(Ⅱ)与 Co(Ⅲ)的氧化还原性。

10. 设计实验方案,以三价铋盐为原料制备铋酸钠。

实验 36 容量分析综合设计性实验

一、实验目的

1. 培养学生综合运用分析化学的理论和实验知识解决复杂样品的分析测定能力。

2. 掌握文献查阅、实验方案设计、实验数据的分析、结果讨论总结等一般科研方法,初步培养学生的科学研究能力。

3. 通过容量分析综合设计性实验,使学生加深对容量分析基本理论的理解,学习各种实际样品的处理方法,进一步提高学生运用容量分析知识来解决实际问题的能力。

二、技术要素

1. 进一步巩固与掌握容量分析的各种实验技术。

2. 掌握综合运用不同的酸碱滴定方法测定试样的实验技术。

3. 掌握综合运用不同的配位滴定方法测定试样的实验技术。

4. 进一步巩固氧化还原滴定法中预处理方法,掌握运用不同的氧化还原滴定方法测定试样的实验技术。

三、实验要求

1. 要求学生根据设计内容认真分析,自行查找参考资料,设计出合理可行的实验方案,独立完成实验。

2. 根据设计项目的要求写出实验设计原理、选用的指示剂和有关计算方法与公式。

3. 确定完成设计项目所需要的实验仪器与试剂,明确实验试剂的浓度与用量、配制方法以及具体的实验条件。

4. 根据实验设计方案进行实验,包括标准溶液的配制与标定,对试样进行测定。

5. 对实验出现的问题进行分析和讨论,并对分析设计方案的优缺点进行探讨,完成实验报告。

四、实验方案与技术路线设计提示

1. 根据滴定反应化学计量点生成物的性质,计算化学计量点的 pH,从而选择合适的指示剂。

2. 根据选择的不同的容量分析方法,计算液体样品或固体样品的取样量。

3. 在采用酸碱滴定法时,应根据酸碱准确滴定的判别式,决定在实验中采用直接滴定法或间接滴定法。

4. 在采用配位滴定法时,应根据配位滴定法的分别滴定判别式和准确滴定判别式并根据被测样品的性质,选择在实验中采用直接滴定法、置换滴定法、返滴定法或间接滴定法。

5. 在采用氧化还原滴定法时,应首先对被测物的氧化还原性质进行分析,优先考虑高锰酸钾法、碘量法设计实验方案。

6. 对需要标定的滴定剂,依据物质的性质,选择标定方法。

7. 样品组分复杂时,可考虑使用掩蔽剂。应根据各种分析方法的特点选择不同的掩蔽剂。

五、设计性实验项目

1. 设计实验方案,测定 $Na_2C_2O_4$-$NaHC_2O_4$ 混合物中各自的含量。(设计要求:只能采用直接酸碱滴定法或间接滴定法)。

2. 设计实验方案,测定 Na_2HPO_4-NaH_2PO_4 混合液中各自的含量。

3. 设计实验方案,测定 HAc-H_2SO_4 混合液中各自的含量。

4. 设计实验方案,测定茶叶中 Fe^{3+}、Al^{3+}、Ca^{2+} 和 Mg^{2+} 的含量。

5. 设计实验方案,测定海带中碘离子的含量。

6. 设计实验方案,测定白云石中 MgO 的含量(设计要求:不能采用EDTA直接滴定法)。

7. 设计实验方案,分别采用 3 种不同的容量分析方法测定蛋壳中钙、镁离子的含量。

8. 设计实验方案，测定 $PbO-PbO_2$ 混合物中各自的含量。

9. 设计实验方案，测定 Fe^{2+}、Fe^{3+} 混合液中各自的含量。

10. 设计实验方案，测定 Bi^{3+}、Fe^{3+} 混合液中各自的含量。

11. 设计实验方案，测定混合液中苯酚的含量。

12. 设计实验方案，测定 Fe_2O_3 和 Al_2O_3 混合物中各自的含量。

13. 设计实验方案，测定铜合金中铜与锌的含量。

14. 设计实验方案，测定漂白粉中的有效氯与固体总钙量。

15. 设计实验方案，测定 $H_3BO_3-Na_3B_4O_7$ 混合液各自的含量。

实验 37　反相高效液相色谱同时测定对乙酰氨基酚等五组分含量

一、实验目的

1. 了解反相高效液相色谱的基本原理。
2. 熟悉高效液相色谱仪的工作原理和构造，掌握基本操作技术。
3. 掌握定量分析对乙酰氨基酚等五组分含量的原理和方法。

二、技术要素

1. 掌握样品的预处理技术。
2. 掌握高效液相色谱仪中各种参数的设定与操作。
3. 掌握流动相的基本选择方法与配制技术。

三、实验原理

在速效感冒液中同时存在着五种成分：对乙酰氨基酚、扑尔敏、咖啡因、愈创木酚甘油醚和对氨基酚。其中的对氨基酚是对乙酰氨基酚的降解产物，对人体有一定的副作用。因此，如何控制、降解对氨基酚的含量，一直是研究的重要课题之一，建立灵敏、正确的对氨基酚的分析方法是十分重要的。分析对氨基酚及常见相关物的方法有高效液相色谱法、氧化-还原滴定法、薄层色谱法等。但尚未见到同时测定上述五组分含量的报道。本实验采用 C18 反相柱，以乙腈-0.004mol·L 庚烷磺酸钠-0.03mol·L 磷酸氢二钾-三乙胺（13∶40∶44∶3）为流动相，并用磷酸调节 pH 值为 3.0，在 254nm 波长处检测，流速为 0.4 mL·min^{-1}，建立以反相高效液相色谱法同时测定感冒液中对乙酰氨基酚、愈创

木酚甘油醚、扑尔敏、咖啡因和对氨基酚等 5 组分含量的方法。

四、仪器与试剂

1. 试剂

水(重蒸水),乙腈(色谱纯),HCl(0.1mol·L^{-1}),扑尔敏、咖啡因、对乙酰氨基酚、对氨基酚、愈创木酚甘油醚,市售感冒液。

2.仪器

高效液相色谱仪(Waters510),电子天平(BS210S 型),紫外分光光度计(岛津 260 型),精密 pH 计(PHS-3C 型)。

五、实验步骤

1. 混合标准溶液的配制

配制五组混合标准溶液,以求得五组分的线性关系曲线,溶剂为 0.1mol·L^{-1}的盐酸,各组分的浓度(μg·mL^{-1})如表1。

表 1　测定线性关系的五组标准溶液

组分/μg·mL^{-1}	1	2	3	4	5
对乙酰氨基酚	80	100	120	140	160
愈创木酚甘油醚	25	30	38	45	50
咖啡因	15	18	21	24	30
扑尔敏	0.8	1.2	1.4	1.8	2.0
对氨基酚	0.08	0.2	0.32	0.4	0.6

2. 回收率试验溶液的配制

(1)混合标样的配制:配制对乙酰氨基酚、对氨基酚、扑尔敏、咖啡因和愈创木酚甘油醚浓度分别为 500μg·mL^{-1}、2μg·mL^{-1}、50μg·mL^{-1}、150μg·mL^{-1} 和 250μg·mL^{-1},再分别移取 12mL、8mL、3.5mL、7mL 和 8mL 于 50mL 容量瓶中,用 0.1mol·L^{-1} HCl 溶液稀释备用;

(2)1♯溶液的配制:样品稀释 100 倍+混标;

(3)2♯溶液的配制:样品稀释 200 倍+混标。

3. 吸收曲线的测定

分别取含量为 20μg·mL^{-1}的对乙酰氨基酚、对氨基酚、扑尔敏、咖啡因和愈创木酚甘油醚溶液,以 0.1mol·L^{-1} HCl 溶液作空白,在 200～400nm 范围内进行扫描,从而得到各组分的吸收曲线。根据 5 种组分的吸收光谱,确定实验检测波长。

4. 线性关系实验

精确吸取上述混合标准样品液 $5\mu L$，按实验色谱条件(采用 C_{18} 反相柱，以乙腈-$0.004mol\cdot L^{-1}$庚烷磺酸钠-$0.03mol\cdot L^{-1}$磷酸氢二钾-三乙胺(13∶40∶44∶3)为流动相，并用磷酸调节 pH 值为 3.0，在 254nm 波长处检测，流速为 0.4 $mL\cdot min^{-1}$，测定各组分峰面积，以峰面积 $Y(\mu v.s)$ 为纵坐标，组分量 $X(\mu g)$ 为横坐标计算回归方程，确定各组分的线性关系。

5. 回收率实验

将感冒液的 100 倍稀释液，1♯溶液，感冒液的 200 倍稀释液和 2♯溶液进行实验。然后按实验方法进行测定，测定回收率，列表记录实验结果。

6. 样品测定实验

将 4 个感冒液样品用 $0.1mol\cdot L^{-1}$ 的盐酸稀释 100 倍作为样品溶液，各取 $5\mu l$进样，然后按实验方法对样品进行测定，列表记录实验结果。

六、实验数据记录

1. 以峰面积 $Y(\mu v\cdot s)$ 为纵坐标，组分量 $X(\mu g)$ 为横坐标计算回归方程，确定各组分的线性关系。

2. 列表记录回收率数据。

3. 列表记录样品中五组分实验数据。

七、分析与思考

1. 简述反相高效液相色谱的测定原理。

2. 高效液相色谱中如何选择流动相？

3. 简述加标回收率的定义，结合实验说明其在分析测定中的意义。

八、参考文献

1. Brega A, Prandini P, Amaglii C et al. *J Chromatogr*, 1990, 535:311

2. 张立庆, 王霞, 吕英, 李菊清. 反相高效液相色谱同时测定对乙酰氨基酚等五组分的含量. 分析化学, 2003, 31(1):128

3. Jain R, Bhatia A. *J Indian Chem Soc*, 1991; 67(4):355

4. Spell J C, Stewart J T. *J Planar Chromatogr*, 1994, 7(6):472

第 6 章 设计性、综合性、拓展性实验

实验 38 萃取精馏分离甲醇与碳酸二甲酯共沸物

一、实验目的

1. 了解萃取精馏的基本原理。
2. 掌握萃取精馏的基本操作技术。
3. 掌握正交试验的原理和设计方法。

二、技术要素

1. 熟练掌握萃取精馏塔装置的搭建技术。
2. 熟练掌握回流比的控制技术。
3. 掌握各种填料的性能与选择以及精馏塔中填料的加入技术。

三、实验原理

碳酸二甲酯(DMC),是国内外化工界广泛关注的一种重要的新型绿色化工产品,DMC 的开发研究正日益受到人们的重视。合成 DMC 主要有 4 种方法,其中气相甲醇氧化羰基化法,因其原料易得,工艺简单,反应物和产物的毒性与腐蚀性均较小,是一种非常有发展潜力的合成方法。但由于使用了过量的甲醇,在合成过程中形成了 DMC 与甲醇的共沸物(其组成质量比为 30∶70),而给分离造成了一定的困难。如何高效、经济地分离得到 DMC,一直受到人们广泛地重视。由于甲醇和 DMC 形成共沸物,通过普通蒸馏不能分离提纯产品,为此,通常都采用两步分离,第一步为初馏阶段,在填料塔内蒸馏获得(CH₃OH-DMC)共沸物,并将其副产物分离除去,CH₃OH-DMC 共沸物的质量组成为 70% CH₃OH 和 30%DMC,共沸温度为 63℃;第二步为精制阶段,采用有效的分离方法获得 DMC。对 DMC 的分离,主要有低温结晶法、萃取精馏法、恒沸精馏法、加压蒸馏法等 4 种方法,经分析比较,本实验采用萃取精馏法,主要是因为:①与恒沸精馏相比,萃取剂比挟带剂易于选择,一般萃取剂在操作中基本不汽化,热耗量较恒沸精馏少,同时,萃取剂加入量的可变范围较大,比恒沸精馏灵活;②与其他方法相比,设备简单。

四、仪器与试剂

1. 仪器

萃取精馏塔,电子天平(BS210S 型),阿贝折光仪,计算机。

2. 试剂

碳酸二甲酯（DMC），甲醇（分析纯），甲苯（分析纯）。

五、实验步骤

1. 建立实验装置

所用的萃取精馏塔其分馏柱高度为 700mm，内径 $\varnothing$20mm，填料分别为单圈玻璃、不锈钢铁圈、弹簧式多圈玻璃和耳环式多圈玻璃填料。塔柱外壳是镀银真空玻璃保温柱，塔柱上面是封闭式分馏头，再加上萃取滴加装置，回流比可用活塞调节，塔釜以套式恒温器电加热，温度可调控。实验装置见图 6-2。

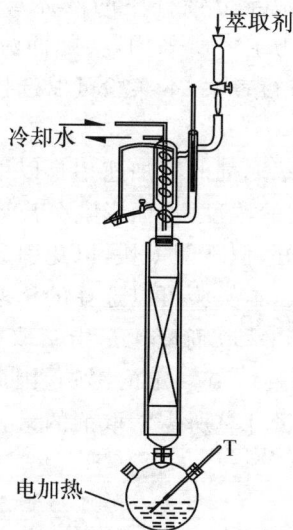

图 6-2　萃取精馏示意图

2. 分离实验

将经初馏除去副产物后的 DMC 与 CH_3OH 共沸混合物放入烧瓶，以甲苯为萃取剂，单圈为填料，升温，进行全回流，至塔内气液平衡，降温，用萃取剂淋洗，升温，以滴加速率为 5∶1 的速率滴加萃取剂，然后，控制回流活塞，调节成回流比为 5∶1，此时，塔釜温度在 110℃左右，塔顶温度在 64℃左右，当 64℃左右的馏分（甲醇）收集完后，停止加萃取剂，收集 89~90℃的馏分，即为产品 DMC。当产品收集完毕后，停止加热，釜内所剩的即为萃取剂，此萃取剂经冷却后可循环使用。

3. 产品分析

采用阿贝折光仪测定 DMC 的纯度。

六、实验拓展——分离实验的最优化设计

1. 单因素的确定

(1)萃取剂的选择。萃取精馏的关键是选择适宜的萃取剂以改变原来待分离组分间的相对挥发度。通过计算相对挥发度,本实验可以考虑将(甲苯、氯苯、水杨酸甲酯、苯乙酮、糠醛)作为萃取剂以提高其相对挥发度,从而分离共沸物。

(2)填料的选择。填料的形式和大小是分馏柱效率高低的重要因素。通过查阅有关资料,以下几种填料有较好的表面积利用率:玻璃单圈填料、弹簧式玻璃多圈填料和耳环式玻璃多圈填料。因此,本实验可以选择上述3种填料。

(3)回流比的选择。回流至分馏柱中的液体量和馏出量之比称为回流比。全回流和最小回流比,均不为生产所采用,实际回流比介于两者之间。因此,选择回流比作为一个单因素进行考察,本实验可以选择的回流比分别为3:1,5:1和7:1。

(4)滴加速率的选择。萃取剂的滴加速率是以甲醇的馏出速率相对而言的。其大小影响到萃取剂在塔内的浓度,从而影响分离效果。一般情况下,萃取剂的滴加速率越快,分离效果越好,但不能太快,以免引起液泛。因此,萃取剂滴加速率作为一个单因素进行考察,本实验可以选择的萃取剂滴加速率分别为4、5、7。

(5)萃取剂配比的选择。萃取剂配比是指萃取剂与甲醇的质量比。它对甲醇-DMC二元恒沸物分离的性能有一定的影响,因此萃取剂配比作为一个单因素进行考察,根据甲醇的用量计算所需萃取剂的量,萃取剂与甲醇的配比分别为2、4、6。

2. 正交试验

根据上述因素,可以选择某种萃取剂,采用正交试验进行设计,然后进行分离实验,按回归正交试验进行数据处理,得到最佳萃取剂与最佳工艺条件及回归方程。

七、分析与思考

1. 在萃取精馏中如何来选择萃取条件,主要因素有哪些?为什么?
2. 请简述正交试验的原理与设计方法,举例说明。

八、参考文献

1. 赵路军,胡望明.甲醇与碳酸二甲酯共沸液的分离研究进展.精细石油化工进展,2002,(11):5-8.

2. 张立庆,钟毓菁,王松岳,赵立明.甲苯萃取精馏分离甲醇与碳酸二甲酯

共沸物.天然气化工,2005,(30)4:51—54

3.赵承仆.萃取精馏及恒沸精馏.北京:高等教育出版社,1988

实验 39　固体超强酸的制备与活性评价

一、实验目的

1. 了解固体超强酸的概念及特点。
2. 掌握固体超强酸的制备方法。
3. 掌握固体超强酸的表征技术。
4. 了解固体超强酸对乙酸正丁酯与乙酸异戊酯合成的催化活性。

二、技术要素

1. 掌握固体超强酸的制备技术(浸渍法、逐滴浸渍法、烘干、灼烧)。
2. 掌握催化剂比表面的测定方法。
3. 掌握固体超强酸酸性的测定技术。
4. 掌握固体催化剂的晶相测定技术。

三、实验原理

固体超强酸是指酸性比 100% 硫酸还强的酸,在反应混合液中以非均相固体形式存在,当反应结束后经过滤与反应产物分离,过程简便、无污染,易达到"清洁化"生产的目的。其酸强度用 Hammett 指示剂的酸度函数 H_0 表示。已知 100% 硫酸的 $H_0 = -11.92$,凡是 H_0 值小于 -11.92 的固体酸均称为固体超强酸,H_0 值越小,此固体超强酸的酸强度越强。

本实验用催化酯化反应为探针,研究固体超强酸 SO_4^{2-}/ZrO_2 与 $SO_4^{2-}/ZrO_2\text{-}TiO_2$ 的催化活性,并通过测定催化剂的比表面与酸强度对催化剂进行表征。

四、仪器与试剂

1. 仪器

JW-004 型全自动氮吸附比表面仪,程控箱式电炉,冰水浴,数显鼓风干燥箱,电子天平,量筒,磨口三口烧瓶,研钵,移液管,锥形瓶,冷凝管,循环水真空泵,磁力搅拌器。

2. 试剂

$ZrOCl_2 \cdot 8H_2O(AR)$，$TiCl_4(AR)$，H_2SO_4 溶液（$0.75mol \cdot L^{-1}$，$0.5 mol \cdot L^{-1}$），氨水（浓，$25\% \sim 28\%$），Hammett 指示剂，苯，正丁醇，异戊醇，冰醋酸。

五、实验步骤

1. 固体超强酸的制备

（1）SO_4^{2-}/ZrO_2 型固体超强酸的制备。称取 20g $ZrOCl_2 \cdot 8H_2O$ 置烧杯中，配制 $c(Zr^{4+})=0.25mol \cdot L^{-1}$ 的溶液。待固体溶解完全后，在冰水浴中一边搅拌一边滴加浓氨水（注意氨水滴加速度均匀），至溶液 pH=9~10 停止。接着放入恒温水浴锅（50℃）中陈化 20h。陈化结束后，用蒸馏水洗净 Cl^-，在干燥箱中干燥 6h，取出后研磨，过 100 目分子筛。再将其浸渍于 $0.75mol \cdot L^{-1}$ 稀硫酸，16h 后取出，干燥 3h 后，放入程控箱式电炉中焙烧（600℃、3h），冷却至室温后，得到固体超强酸 SO_4^{2-}/ZrO_2，放入干燥器中备用。

（2）SO_4^{2-}/ZrO_2-TiO_2 复合型固体超强酸的制备。精确称取八水氧氯化锆（$ZrOCl_2 \cdot 8H_2O$）8g 左右，放入烧杯，用 60mL 左右的去离子水溶解。按 Zr、Ti 原子比 Zr/Ti=0.5 计算 $TiCl_4$ 用量约为 9.4g（约 5.5mL）。量取四氯化钛 5.5mL，将其缓慢滴加到上述氧氯化锆溶液中，在均匀搅拌下，将 $25\% \sim 28\%$ 的氨水缓慢逐滴滴加到上述混合液中，直至 pH=9。继续搅拌约 5~10min 后，将该沉淀液置于冰箱内静置过夜，低温陈化约 20h。减压抽滤，用去离子水洗涤至滤液中无 Cl^- 检出，然后将滤饼转至表面皿上，放入烘箱中在 105℃下干燥 8h。将烘干的沉淀物进行研磨，过 120 目分子筛，得到白色固体粉末，转入烧杯中，在搅拌下，倾入 200mL $0.5mol \cdot L^{-1}$ 的 H_2SO_4 溶液，于室温下浸渍 4h。减压抽滤，用少量 $0.5mol \cdot L^{-1}$ 的 H_2SO_4 溶液淋洗滤饼，抽干。然后将滤饼置于红外干燥箱中干燥约 2h。将烘干的沉淀物放入程控箱式电炉中，在 600℃下高温焙烧 3h，冷却至室温后得到固体超强酸催化剂 SO_4^{2-}/ZrO_2-TiO_2，放入干燥器中备用。

2. 固体超强酸的表征

（1）比表面的测定。用 JW-004 型全自动氮吸附比表面仪分别测定上述两种固体超强酸的比表面。

（2）酸强度的测定。采用 Hammett 指示剂法测定催化剂的酸强度。将样品充分研磨后（粒度<100 目），快速称取 0.1g 样品放进透明无色的小试管中，加入 2mL 苯，加入几滴指示剂的苯溶液（指示剂的质量分数为 0.1%），摇匀，观察样品表面的颜色变化。通常从 pK_a 值最小的指示剂开始，按 pK_a 值由小到大的顺序进行试验。若指示剂呈酸性色，则样品的酸度函数 H_0 等于或低于该指

示剂的 pK_a 值。若呈碱性色,继续试验下一个指示剂,直到能使其呈酸性色,则样品酸强度为 $H_0 \leq pK_a$。

3. 固体超强酸催化剂的催化活性评价

(1) SO_4^{2-}/ZrO_2 型固体超强酸催化合成乙酸异戊酯。以 2.5∶1 的醇酸比投料,称取 1.0g 催化剂,加入干燥的 100mL 三口圆底烧瓶中,安装好分水器,回流冷凝装置及机械搅拌装置。进行回流反应,同时将反应生成的水及时分出。反应时间 3h,将反应液中加入适量饱和碳酸钠,调节溶液 pH=7,再加入大量饱和食盐水,搅拌后静置,用分液漏斗分出酯层,加入无水硫酸镁,进行减压蒸馏,得到合成产物,计算产率。

(2) SO_4^{2-}/ZrO_2-TiO_2 固体超强酸催化合成乙酸正丁酯。以 1∶1 的醇酸比投料,称取催化剂,将 32mL 正丁醇、20mL 乙酸、1.2g 催化剂(使用前 110℃ 下干燥 1h)加入 100mL 三口圆底烧瓶中,安装好分水器,回流冷凝装置及机械搅拌装置。进行回流反应,同时将反应生成的水及时分出,反应时间为 1.7h,然后将分水器中的酯层并入反应液中,静置冷却反应液至室温,将其倾入分液漏斗中,用适量去离子水洗涤,分去水层,酯层用饱和碳酸钠溶液洗涤至 pH=7,再分去水层,将酯层再用适量去离子水洗涤,分去水层。将酯层倒入小烧杯中,加入少量无水硫酸镁干燥。将干燥后的乙酸正丁酯放入 50mL 蒸馏烧瓶中,蒸馏,收集 124~126℃ 的馏分,计算合成产率。

六、分析与思考

1. 简述固体超强酸的概念及特点。
2. 如何运用 Hammett 指示剂法测定催化剂的酸强度,举例说明。
3. 测定固体超强酸比表面的原理是什么?

七、参考文献

1. 唐新硕,孔方明,张立庆,何维廉,何晓,王芳林,奚立民. SO_4^{2-}/M_xO_y 型固体超强酸催化剂研究(Ⅰ).高等学校化学学报,1986,7(2):161

2. 陈洁,蒋剑春,徐俊明.催化酯化反应中固体酸催化剂研究进展.精细化工石油进展,2009,10(3):2

3. 杨颖. SO_4^{2-}/M_xO_y 固体酸催化剂研究进展.广东化工,2007,34(9):39

4. Kyeong T J, Yong G S, Alex T B. The Preparation and Surface Characterization of Zirconia Polymorphs. *Korean J Chem Eng*, 2001, 18:992

5. 徐静莉,孙国富.固体酸催化剂在酯化反应中的应用研究进展.吉林化工学学报,2001,18(4):87

6. Xia Q H，Hidajat K，Kawi S. Synthesis of $SO_4^{2-}/ZrO_2/MCM-41$ as a new super acid catalyst. *The Royal Society of Chemistry*，2000：2229

7. Lopez T，Tzompantzi F，Navarrete J，etc. Free Radical Formation in ZrO_2-SiO_2 Sol-Gel Derived Catalysts. *Journal of Catalysis*，1999，181:285

8. 王尚弟,孙俊全.催化剂工程导论.北京:化学工业出版社,2006:93

实验 40 微波辐射催化合成水杨酸异丙酯

一、实验目的

1. 了解微波辐射合成的原理及优点。
2. 掌握微波辐射合成技术。
3. 了解影响微波辐射合成的因素。

二、技术要素

1. 掌握微波辐射化学合成仪的使用技术。
2. 掌握微波辐射合成条件的选择与控制。

三、实验原理

微波作为一种新型高效的加热方式,由于其在化学反应中所显示出的清洁、高效、低能耗、收率高及选择性好等优点,使其在化学中的应用遍及化学的各个分支。微波反应器的使用是一项很有趣的化学工业,因为它减少了生产制造厂的化学污染。另外,它降低了在高温或高压条件下原料的质量损耗,因此增加了安全性,这也是无污染化学的目的,微波作为一种传输介质和加热能源目前已被广泛应用于各学科领域,如食品加工、药物合成等。传统的加热方式是靠热传导和热对流过程,而与常规加热方法不同,微波辐射是表面和内部同时进行的一种体系加热,不需热传导和对流,没有温度梯度,体系受热均匀,升温迅速。通俗地说,是物质在微波场作用下随其高速旋转而产生相当于"分子搅拌"的运动,从而被均匀快速地加热,此即"内加热"。与经典的有机合成反应相比,微波有机合成可以缩短反应时间,提高反应的选择性和收率,减少溶剂用量甚至可以无溶剂进行,同时还能简化后处理,减少三废,保护环境,因此,微波有机合成被称为绿色化学。

四、仪器与试剂

1. 仪器

AS-1164 型微波化学合成反应仪、数显鼓风干燥箱、数字减压蒸馏装置、数字阿贝折光仪、电子天平、红外分光光度仪、移液器。

2. 试剂

水杨酸、异丙醇、浓硫酸、氯化钠、无水碳酸钠、无水硫酸镁。

五、实验步骤

1. 微波催化合成实验

在烧瓶中加入酸醇比为 1∶8 的水杨酸和无水异丙醇,搅拌并使其溶解。将反应液置于冰水浴中保持低温状态,缓慢逐滴加入 1.0mL 的浓硫酸并不断搅拌。然后将烧瓶固定于微波反应器的底部圆台上,安装好搅拌器和球型冷凝管,并开启循环水。设定加热功率为 700W,反应温度为 100℃,反应时间为 30min。启动装置,开始反应。反应结束后,将反应液倒入烧瓶,放入沸石,进行常压蒸馏,蒸出过量的异丙醇(加热温度至 82.5℃左右)。当溶液由澄清透明变微黄,立即停止加热。当反应液冷却后,缓慢加入饱和碳酸钠溶液中和部分浓硫酸和水杨酸,然后将液体倒入 1000mL 大烧杯中,加入多倍的蒸馏水进行洗涤,直至上层溶液呈澄清透明状,搅拌后静置。将洗涤后的反应液倒入分液漏斗中,静止一定时间后分出下层油层。将油脂倒入小圆底烧瓶加少量无水硫酸镁,干燥过夜。然后将去除硫酸镁后的酯进行减压蒸馏,得到水杨酸异丙酯,最后称量所得产物,并计算产率。

2. 产品分析

(1)用数字阿贝折光仪测定产物的折光率。

(2)用红外分光光度仪对产品进行红外分析。

六、分析与思考

1. 简述微波辐射合成的原理与优点。
2. 简述微波辐射加热的原理。
3. 实验中,浓硫酸为什么要逐滴加入?

七、参考文献

1. Mark J G,Duncan J M,James H C, Paul R. A study into the use of microwaves and solid acid catalysts for Friedel—Crafts acetylations. *Journal of*

第 6 章 设计性、综合性、拓展性实验

molecular Catalysis A：Chemical，2005：47－51

2. 罗军，蔡春，吕春绪.微波有机合成化学最新进展.合成化学，2002，10：17－25

3. 赵彦龙，于文辉.微波辐射技术在有机合成中的应用.甘肃科技，2009，25(11)：23－25

4. 王静，姜凤超.微波有机合成反应的新进展.有机化学，2002，22(3)：212－219

5. 栗云天，尹应武.微波合成水杨酸异丙酯.有机化学，2002，22(10)：750－753

实验 41　纯水的制备及其纯度检验

一、实验目的

1. 掌握离子交换法制备去离子水的原理。
2. 掌握离子交换树脂的正确操作方法。
3. 了解自来水中的主要杂质离子,利用所学知识进行水质检验。

二、技术要素

1. 进一步练习离子交换树脂的预处理、装柱、再生等操作技术。
2. 巩固离子的定性鉴定方法。
3. 掌握电导率仪的正确使用方法。

三、实验原理

不同的生产、科学研究部门对水质的要求往往不同,因此经常要对水进行净化处理,常用的经过特殊处理的水有去离子水、蒸馏水和高纯水等,制备这些水的方法为离子交换法、蒸馏法、膜分离法等。

本实验采用离子交换法以获得去离子水,即将自来水通过离子交换树脂以达到去除杂质离子的目的。

图 6-3 是一套联合床式的离子交换树脂,当水进入阳离子交换树脂Ⅰ时,水中的 Ca^{2+}、Mg^{2+} 就会与树脂上的 H^+ 进行交换,出水呈弱酸性;当继续通过阴离子交换树脂Ⅱ时,SO_4^{2-}、CO_3^{2-} 等与 OH^- 进行交换,置换出的 OH^- 与 H^+ 结合成水。

工业上常用含盐量作为评价水质的指标,但由于其测定方法比较复杂,所以

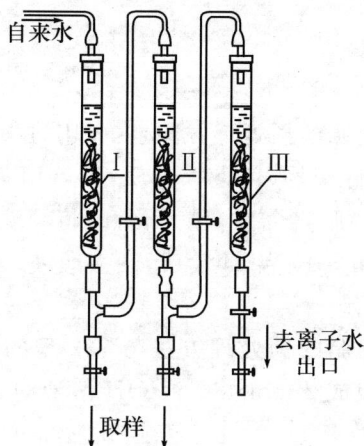

图 6-3 去离子水制备装置

Ⅰ-阳离子交换柱;Ⅱ-阴离子交换柱;Ⅲ-混合离子交换柱

常用电导率来间接表示。水中的离子含量越高,水的导电性就越大,电导率就越大,水的纯度就低;反之,则水的纯度高。表 1 是 25℃时各种水样电导率值的大致范围:

表 1　各种水样的电导率值范围

水样	自来水	去离子水	蒸馏水	高纯水
电导率 /S·m^{-1}	$5.0\times10^{-3}\sim$ 5.3×10^{-4}	$5.0\times10^{-5}\sim$ 1.0×10^{-6}	$2.8\times10^{-6}\sim$ 6.3×10^{-7}	$<5.5\times10^{-8}$

水质还可以用化学方法加以检测,通过对水中的 Ca^{2+}、Mg^{2+}、SO_4^{2-}、Cl^- 等离子进行定性鉴定,从而判断水质的纯度高低。

四、仪器与试剂

1. 仪器

离子交换装置,电导率仪。

2. 试剂

HNO_3(2 mol·L^{-1})、HCl(2 mol·L^{-1})、NaOH(2 mol·L^{-1})、氨水(2 mol·L^{-1})、$BaCl_2$(0.1 mol·L^{-1})、$AgNO_3$(0.1 mol·L^{-1})、铬黑 T、钙指示剂、pH 试纸等。

材料:强酸性阳离子交换树脂(732 型)、强碱性阴离子交换树脂(717 型)

五、实验步骤

1. 树脂预处理

732 型阳离子交换树脂的预处理方法是：先用自来水反复漂洗树脂至无色，以去除新树脂中的一些低聚物、色素等杂质，然后用蒸馏水浸泡 24～48 h。为了使强酸型阳离子交换树脂完全被 H^+ 所饱和，将漂洗好的树脂置于 2 mol·L^{-1} 的 HCl 溶液中，搅拌 30min，浸泡 24 h 后，倾去酸液，再用蒸馏水清洗至 pH 呈中性（pH 试纸检验）。

717 型阴离子交换树脂的预处理方法与 732 型的相同，只是把转型时用的 2 mol·L^{-1} 的 HCl 溶液换成 2 mol·L^{-1} NaOH 溶液即可。

2. 装柱

按图 6-3 进行装柱。先在交换柱下端放入少量玻璃棉，以防树脂随流出液流出。然后在柱中装入约 1/3 柱高的蒸馏水（排除柱下部和玻璃棉中的空气），将经过预处理的树脂与蒸馏水混合后一起转移到交换柱中，同时打开柱下方的夹子使液体缓慢流出，并轻敲柱身使树脂沉聚均匀紧密，树脂填充高度约为 2/3 柱高。注意在整个过程中液面必须要高于树脂层，装完无气泡，否则会降低柱效。

3. 去离子水的制备

打开进水口开关和交换柱之间的开关，使出水口流速约为 50 d/min。开始流出的约 200 mL 水应弃去，然后用洁净的烧杯分别接取阳、阴离子交换树脂下端的流出液，进行水质检测，并与自来水检测指标进行比较。

4. 水质检测

（1）电导率的测定。用电导率仪对取样的水进行电导率测定。每次测定前都应用去离子水、待测水样淋洗电极，测定时水要浸没电极。

（2）化学检验。请运用所学知识，设计步骤对水中的常见离子：Ca^{2+}、Mg^{2+}、SO_4^{2-}、Cl^- 进行定性鉴定，观察并记录现象于下表 2 中。

表 2 水质检测结果记录

水 样	电导率/S·m^{-1}	Ca^{2+}	Mg^{2+}	SO_4^{2-}	Cl^-
自来水					
阳离子交换柱流出液					
阴离子交换柱流出液					
阳、阴离子交换柱流出液					

1. 自来水中的主要无机杂质离子有哪些? 可用什么方法对其进行检验?

2. 在采用离子交换法净化水的过程中,为什么树脂必须一直浸没在液面之下? 如果树脂层中有气泡可以采用什么方法处理?

3. 为什么可用电导率来评价水质好坏? 为什么水的电导率测定必须尽快进行?

4. 树脂经过一段时间的使用会"失活",可采用什么方法令其"再生"? 阴、阳混合离子交换柱如何再生?

实验 42　硫代硫酸钠的制备及含量分析

一、实验目的

1. 掌握硫代硫酸钠制备的原理,掌握过滤、蒸发结晶等操作。

2. 掌握硫代硫酸钠含量的测定原理和方法。

二、技术要素

1. 综合运用无机制备技术提高硫代硫酸钠的产率,尤其是对蒸发结晶的控制。

2. 正确设计间接碘量法测定硫代硫酸钠含量的实验步骤。把握好碱式滴定管的使用和指示剂的加入时间,以减少滴定误差。

三、实验原理

硫代硫酸钠($Na_2S_2O_3$)是一种无色透明单斜晶体,俗称"海波"或"大苏打",是一种重要的还原剂,用途广泛,在照相业中作定影剂,在纺织和造纸工业中作脱氯剂,在医药中用作急救解毒剂。

工业上生产硫代硫酸钠的方法主要有两种:亚硫酸钠法和硫黄纯碱法。

第一种方法是在加热的条件下,将亚硫酸钠与过量硫粉作用:

$$Na_2SO_3 + S(过量) + 5H_2O \xrightarrow{\triangle} Na_2S_2O_3 \cdot 5H_2O$$

第二种方法是将 Na_2S 和纯碱按照一定的比例(一般是摩尔比 2∶1)配成溶液再用 SO_2 饱和之,原理如下:

$$Na_2CO_3 + SO_2 \Longrightarrow Na_2SO_3 + CO_2$$

$$2Na_2S + 3SO_2 = 2Na_2SO_3 + 3S\downarrow$$
$$Na_2SO_3 + S = Na_2S_2O_3$$

总反应式为:

$$2Na_2S + 4SO_2 + Na_2CO_3 = 3Na_2S_2O_3 + CO_2$$

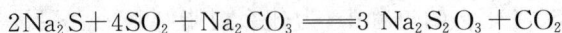

这种方法由于要用到具有强烈刺激性气味的 SO_2,操作不当会对操作者造成毒害,对环境造成污染,所以本实验采用第一种方法。

硫代硫酸钠在分析化学中常被用于间接碘量法。

$$I_2 + 2S_2O_3^{2-} = S_4O_6^{2-} + 2I^-$$

可用此方法进行硫代硫酸钠含量的测定。但由于产品中少量的亚硫酸盐也能参与反应。

$$SO_3^{2-} + H_2O + I_2 = SO_4^{2-} + 2I^- + 2H^+$$

所以为了消除干扰,可先在试液中加入过量甲醛,与亚硫酸钠反应生成加合物 $H_2C(OH)SO_3^-$,降低了还原能力,不再与 I_2 反应。

$$HSO_3^- + \underset{H}{\overset{H}{}}C=O \longrightarrow \underset{H}{\overset{OH}{}}C\underset{SO_3^-}{}$$

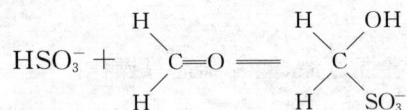

四、仪器与试剂

1. 仪器

天平、循环水式真空泵、布氏漏斗、吸滤瓶、50 mL 碱式滴定管等

2. 试剂

Na_2SO_3 固体、硫粉、无水乙醇、50 %乙醇、KIO_3 固体、10% KI 溶液、1% 淀粉溶液、HCl(6 mol·L^{-1})、中性 40 %甲醛(取 40 %甲醛,加 2 滴酚酞指示剂,用 0.1 mol·L^{-1} NaOH 中和至溶液呈微红)等。

五、实验步骤

1. $Na_2S_2O_3·5H_2O$ 的制备

称取 Na_2SO_3 6.3g 于 100 mL 烧杯中,加入 40 mL 蒸馏水,小火加热使其溶解,然后继续加热至近沸。另称取硫粉 2.0 g 于 50 mL 烧杯中,加入少量 50% 乙醇湿润,将硫黄粉调成糊状后,分几次加入近沸的 Na_2SO_3 溶液中,并不断搅拌,保持沸腾 1~1.5 h,期间注意补充蒸发的水分,并将黏附在烧杯壁上的硫冲洗下去。结束加热后,趁热减压过滤,弃去未反应的硫粉。

将滤液转入蒸发皿,蒸发浓缩至约 20 mL,冷却至室温。若无晶体析出,可用搅拌或投入晶种的方法使结晶析出。待晶体析出完全后(约 20 min),减压过滤,并用少量无水乙醇洗涤沉淀。

把吸干的晶体转移至表面皿上,在 40～50℃ 下充分干燥后,称量并计算产率。

2. $Na_2S_2O_3 \cdot 5H_2O$ 含量的测定

(1) 0.01 mol·L^{-1} $Na_2S_2O_3 \cdot 5H_2O$ 溶液的配制。精确称取一定量的硫代硫酸钠产品,加入少量煮沸并冷却至室温的去离子水溶解后,再加入 0.1g Na_2CO_3,定容成 250 mL,放置于 500 mL 棕色试剂瓶中避光保存一周后进行测定。

(2) 标定。采用间接碘量法,根据所学知识,以 KIO_3 或 I_2 为基准物,淀粉作指示剂,设计实验步骤对(1)所配制的溶液进行标定。注意:在滴定前,应加入一定量的中性 40 ‰ 甲醛溶液以消除 Na_2SO_3 的干扰。根据基准物的用量和 $Na_2S_2O_3$ 的消耗体积设计表格,计算产品中 $Na_2S_2O_3 \cdot 5H_2O$ 的含量和相对平均偏差。

六、分析与思考

1. 为什么不将硫粉直接加入到 Na_2SO_3 溶液中,而要先用乙醇溶液润湿?

2. 制备时,把握好浓缩体积非常重要,为什么?若反应结束无晶体析出,请分析可能导致实验失败的原因。

3. 若只需对 $Na_2S_2O_3$ 进行定性分析,应如何进行?请写明原理、试剂、步骤。

4. 分析间接碘量法测定 $Na_2S_2O_3$ 含量的主要误差来源及控制方法。

实验 43　碳酸钠的制备及定量分析

一、实验目的

1. 了解碳酸钠的制备原理和方法,学习烧灼操作。

2. 运用容量分析知识正确设计碳酸钠纯度检验的实验方案,并进行含量测定。

二、技术要素

1. 利用盐类溶解度的不同制备碳酸钠,巩固及掌握蒸发浓缩、结晶、灼烧等无机制备操作知识。

2. 进一步巩固酸碱滴定操作及对终点颜色的判断,减少滴定误差。

三、实验原理

碳酸钠俗称苏打,工业上叫做纯碱,其用途非常广泛,可用于制造玻璃;还可利用脂肪酸与纯碱的反应制肥皂;在硬水的软化、石油和油类的精制、冶金工业中脱除硫和磷、选矿,以及铜、铅、镍、锡、铀、铝等金属的制备、化学工业中制取钠盐、金属碳酸盐、漂白剂、填料、洗涤剂、催化剂及染料等均要用到它,在陶瓷工业中制取耐火材料和釉也要用到纯碱。

纯碱的生产方法有索尔维法,侯氏制碱法和天然碱加工法等,区别在于所使用的原料和制备 $NaHCO_3$ 的工艺不同。工业上常用的联合制碱法是将 NH_3 和 CO_2 混合通入 $NaCl$ 溶液中,先生成 $NaHCO_3$ 再灼烧生成 Na_2CO_3。

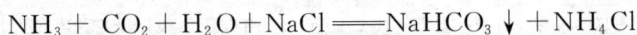
$$NH_3 + CO_2 + H_2O + NaCl \Longrightarrow NaHCO_3 \downarrow + NH_4Cl$$

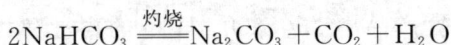
$$2NaHCO_3 \xrightarrow{\text{灼烧}} Na_2CO_3 + CO_2 + H_2O$$

我国化学家侯德榜针对该方法中 NH_3 和 CO_2 利用率不高的情况,将副产品 NH_4Cl 再次与 $NaCl$ 反应,通入 CO_2 生成 $NaHCO_3$,提高了原料的利用率。

本实验采用 NH_4HCO_3 代替工业生产中的 NH_3 和 CO_2 制备 $NaHCO_3$,由于在相同温度下,$NaHCO_3$ 在几种盐中的溶解度最小(见表 1),因此反应向右进行,$NaHCO_3$ 析出。

$$NH_4HCO_3 + NaCl \Longrightarrow NaHCO_3 \downarrow + NH_4Cl$$

表 1　几种盐的溶解度　　　　　　　　单位:g/100g·H_2O

温度/℃	10	20	30	40	60
NaCl	35.8	35.9	36.1	36.4	37.1
NH_4HCO_3	16.1	21.7	28.4	—	—
NH_4Cl	33.2	37.2	41.4	45.8	55.3
$NaHCO_3$	8.1	9.6	11.1	12.7	16.0
Na_2CO_3	12.5	21.5	39.7	49.0	46.0

"—"表示 NH_4HCO_3 分解。

碳酸钠的纯度可用酸碱滴定法测定。以甲基橙作指示剂,用标准 HCl 溶液滴定碳酸钠溶液,根据盐酸的消耗体积计算 Na_2CO_3 的纯度。

四、仪器与试剂

1. 仪器

电子天平、循环水式真空泵、恒温水浴、马弗炉、布氏漏斗、吸滤瓶、坩埚、蒸发皿、50 mL 酸式滴定管等

2. 试剂

粗食盐、NH_4HCO_3（s）、HCl（2 mol·L^{-1}）、NaOH（2 mol·L^{-1}）、$BaCl_2$（1 mol·L^{-1}）、Na_2CO_3（1 mol·L^{-1}）、广泛 pH 试纸、标准盐酸溶液（约 0.1 mol/L，需精确标定）、甲基橙指示剂等。

五、实验步骤

1. 碳酸钠的制备

（1）粗食盐的提纯。取 8g 食盐，参考"实验 1 粗食盐提纯"内容进行粗盐的纯化。

（2）制备 $NaHCO_3$。将"（1）"制得的精盐，取 4 g 放入烧杯，加入 17 mL 去离子水溶解。然后将其放置于 30～35 ℃恒温水浴中，分多次缓慢加入 6 g 研细的 NH_4HCO_3 固体，并不断搅拌至少 30 min，随着 NH_4HCO_3 的加入，不断有白色固体析出。待不再有固体析出，静置，抽滤，用少量水淋洗固体。抽干后称重。

（3）制备 Na_2CO_3。将"（2）"所得到的 $NaHCO_3$ 固体放入蒸发皿中烤干，然后转移至坩埚中，500℃下灼烧 30 min 后，冷却，称重。

2. 碳酸钠纯度检验

请运用所学知识，精确称取一定量的 Na_2CO_3 固体配成溶液，以甲基橙作指示剂，用 0.1mol·L^{-1}盐酸标准溶液滴定至黄色变为橙色为滴定终点，记录盐酸的消耗体积，计算碳酸钠的含量和相对平均偏差。

六、分析与思考

1. 为什么 NH_4HCO_3 和 NaCl 不能直接生成 Na_2CO_3？
2. 粗盐为什么要精制后才能使用？
3. 在制备 $NaHCO_3$ 时，为什么控制水浴温度在 30～35 ℃之间？
4. 请列举一种其他的碳酸钠制备方法。

实验 44 钨杂多酸的制备

一、实验目的

1. 了解多酸化合物的组成及研究现状,学习 12-钨磷酸的制备方法。
2. 掌握萃取的原理和分液漏斗的使用方法。

二、技术要素

1. 学习 12-钨磷酸的合成方法,实验中,试剂的加入顺序、反应温度的控制和溶液的 pH 值是决定产品质量的重要因素。
2. 掌握分液漏斗的试漏、振荡、放气、分液等操作。

三、实验原理

杂多酸是由不同种含氧酸根缩合而成的比较复杂的酸,酸中的 H^+ 被金属离子取代后形成的盐称为杂多酸盐,从这类化合物的结构来看,多酸及其盐是一类含有氧桥的多核配合物。容易形成该多核配合物的元素有:钨、钼、钒、铌等。近年来,杂多酸作为一种新型的催化剂被广泛应用于石油化工、生物、医药等许多领域。

在碱性介质中,W(Ⅵ)以简单的含氧酸根 WO_4^{2-} 的形式存在,随着溶液 pH 值的减小,逐渐聚合为多酸根离子。在上述的聚合过程中,加入一定量的磷酸盐或硅酸盐,则能生成有确定组成的杂多酸根离子:

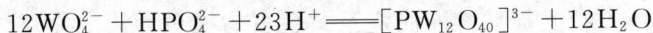

$$12WO_4^{2-} + HPO_4^{2-} + 23H^+ \Longrightarrow [PW_{12}O_{40}]^{3-} + 12H_2O$$
$$12WO_4^{2-} + SiO_3^{2-} + 22H^+ \Longrightarrow [SiW_{12}O_{40}]^{4-} + 11H_2O$$

钨杂多酸(以 $H_m[XW_{12}O_{40}] \cdot nH_2O$ 表示)易溶于水及含氧有机溶剂(乙醚、丙酮等),具有大多数多元弱酸阴离子的共同特征,可进行中和反应,遇强碱分解,H^+ 可以被金属离子取代生成盐,可以发生氧化还原反应,杂多酸阴离子的配位基还可发生取代反应。

钨杂多酸的合成是将简单含氧阴离子和含杂原子的含氧阴离子的水溶液进行酸化,然后利用钨杂多酸在强酸性溶液中易与乙醚生成加合物而被乙醚萃取的特性来制备。

四、仪器与试剂

1. 仪器

电子天平、恒温水浴、蒸发皿、分液漏斗等。

2. 试剂

二水合钨磷酸钠、磷酸二氢钠、3 ‰ H_2O_2、盐酸(浓,6 mol·L^{-1})、乙醚等。

五、实验步骤

取 12.5 g $Na_2WO_4·2H_2O$ 和 2 g Na_2HPO_4 溶于 75 mL 热水(60~70 ℃)中,在边加热边搅拌下,缓慢向溶液中加入 12.5 mL 浓盐酸,继续加热 30 min,此刻溶液澄清略呈淡黄色,若溶液呈蓝色,是因为钨被还原的结果,须向溶液中滴加 3 ‰ H_2O_2 或溴水使蓝色褪去,冷却至 40 ℃。

将反应液全部转移至分液漏斗中,待溶液降至室温后,向分液漏斗中加入 17.5 mL 乙醚,再分 3 次加入 5 mL 6 mol·L^{-1} 盐酸,振荡(适时放气),静置分层。液体分 3 层,放出下层油状的醚合物,放入蒸发皿中。

将蒸发皿置于沸水浴上蒸发乙醚,直至液体表面出现晶膜。若在蒸发过程中液体变蓝,可滴加少量 3 ‰ H_2O_2 使蓝色褪去。然后取下蒸发皿,放在通风处干燥,待乙醚在空气中挥发完全后,即可得到白色或浅黄色的 12-钨磷酸固体。

六、分析与思考

1. 12-钨磷酸较易被还原,在制备中应注意哪些问题?

2. 为什么第一步反应完毕,制备的 12-钨磷酸溶液冷却至 40 ℃ 而不冷却至室温?

3. 乙醚沸点低,挥发性强,燃点低。在使用时要注意哪些事项?

4. 萃取分离时,静置后溶液分 3 层,请问每层各为何物?

5. 可采用什么方法提高萃取效率?

附

萃取、洗涤的原理和分液漏斗的使用方法。

萃取和洗涤的原理相同,都是利用物质在不同溶剂中的溶解度不同来进行物质分离的操作。但是它们的目的不一样,萃取是从混合物中提取我们所需要的物质;洗涤则是加进溶剂使不需要的物质溶解在该溶剂中,从而除去杂质。这两个基本操作都在分液漏斗中进行。

分液漏斗在使用前应先涂油、试漏。然后将溶液与萃取溶剂由分液漏斗的

上口倒入,盖好盖子,把分液漏斗倾斜,漏斗的上口略朝下,右手捏住漏斗上口颈部,用食指压紧盖子,左手握住旋塞,振荡。正确手势如图6-4所示。

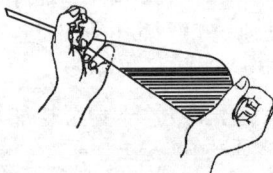

图 6-4　分液漏斗操作

在振荡过程中,必须保持漏斗倾斜,打开旋塞,及时放出气体,以使内外压力平衡(尤其是在漏斗内盛有易挥发溶剂如乙醚、苯等,或用碳酸钠溶液中和酸液时)。振荡数次后,将分液漏斗放在铁圈上,静置,待混合液清晰分层。振荡有时会形成稳定的乳浊液,可加入食盐至溶液饱和,破坏乳浊液稳定性。也可轻轻地旋转漏斗,以加速其分层。长时间静置分液漏斗,也可达到使乳浊液分层的目的。

当液体分成清晰的两层后,旋转上口盖子,使盖子上的凹缝对准漏斗上口的小孔,与大气相通。旋开旋塞,让下层的液体缓慢流下。当液面分界接近旋塞时,关闭旋塞,静置片刻,待下层液体汇集不再增多时,小心地全部放出。然后把上层液体从上口倒入另一个容器里。

在萃取过程中,将一定量的溶剂分做多次萃取,其效果要比一次萃取为好。

实验 45　毛发中锌含量的测定

一、实验目的

1. 了解锌对人体健康的重要作用,学习微量金属元素的测定方法。

2. 学习文献资料的查阅方法。

3. 学习原子吸收分光光度计的原理和使用方法。

4. 学习标准曲线法测定物质含量的方法。

二、技术要素

1. 学习灰化等样品预处理方法,优化样品灰化的温度和时间,注意对空白样品和平行样品的处理。

2. 掌握原子吸收分光光度计的正确操作方法,巩固容量分析实验技术。

三、实验原理

锌是人体必需的微量元素之一,具有多种生物作用,参与多种重要的酶的合成,对维持正常生理功能具有重要的意义。人体缺锌会造成生长停滞、食欲不振、味觉差、伤口不易愈合和早衰。从毛发中 Zn 含量的高低可以确定 Zn 营养的正常与否,因此,测定毛发中的 Zn 含量是医院,尤其是儿童医院的常用诊断手段。

原子吸收分光光度法是基于物质所产生的原子蒸气对特定谱线的吸收作用来进行定量分析的一种方法,因其具有快速、简便、灵敏的特点而被广泛应用于金属元素的检测中。其定量基础是朗伯-比尔定律,即:

$$A = Kc$$

因此,可采用标准曲线法对物质进行定量检测。先配制一组合适的标准溶液,浓度由低到高,依次测定其吸光度 A,然后以待测元素浓度为横坐标,以测得的吸光度 A 为纵坐标,绘制 A-c 曲线。然后,在相同的实验条件下,测定未知样品的吸光度,由标准曲线求出试样中待测元素的含量。

四、实验内容和要求

要求查阅相关的文献资料,设计合理的实验步骤进行发样中锌含量的测定。具体要求如下。

1. 样品的收集和预处理

收集同一年龄段不同职业人群或不同年龄人体的毛发,对样品进行清洁、干燥,烘至恒重备用。选择合适的灰化方法对干燥的毛发进行处理,要求无黑锅。并对试剂的加入量、灰化温度、灰化时间进行优化处理。

2. 锌标准曲线的制作

精确配制一系列锌标准溶液,进行吸光度的测定,绘制锌含量-吸光度曲线。要求 $R^2 > 0.999$。

3. 样品锌含量测定

采用原子吸收分光光度法,测定发样中的锌含量,要求进行平行测定,计算相对平均偏差。

4. 方法评价

设计实验步骤进行加标回收率和精密度试验。要求加标回收率在 $96\% \sim 105\%$ 内,精密度 $< 5‰$。

5. 结果分析

从检测结果分析不同年龄或不同职业人群 Zn 含量的高低,初步研究 Zn 与

人体健康的关系。

实验 46   新型添加剂氨基酸锌的制备及其成分分析

一、实验目的

1. 学习金属螯合剂的制备方法。
2. 了解氨基酸锌的实际应用价值,筛选氨基酸锌的合成方法及工艺条件。
3. 学会用络合滴定法、碘量法等对产品进行物质含量分析。

二、技术要素

1. 综合运用制备操作技术进行氨基酸锌的合成。
2. 巩固容量分析操作,减少实验误差。

三、实验原理

氨基酸锌是研究最早和应用最广泛的第三代锌添加剂,与无机锌和有机酸锌添加剂相比,氨基酸锌不仅有很好的化学稳定性,而且能提高微量元素的生物利用率,具有易消化吸收、毒性小和增质量明显等特点,被广泛地用于动物养殖业的饲料添加中。

氨基酸锌一般是由 Zn^{2+} 与氨基酸在一定条件下反应制得,提供 Zn^{2+} 的可以是硫酸锌、氧化锌、醋酸锌、碳酸锌和氢氧化锌等。氨基酸一般是 α-氨基酸,包括单一氨基酸、复合氨基酸和短肽物质。目前,其合成的方法有水体系合成法、非水体系合成法、干粉体系合成法、电解合成法和微波固相合成法等。

四、实验内容和要求

要求分别合成两种及以上的氨基酸与锌的螯合物,请通过查阅文献,选择合理可行的制备工艺和较优的合成工艺条件。具体要求如下:

1. 选择合适的原料,以产率为主要的评价指标,对反应的影响因素,如:投料比、反应体系、反应温度和反应时间等进行单因素条件试验。
2. 在单因素试验的基础上,确定因素水平进行正交试验,分析试验结果,得到合成氨基酸锌的最佳工艺条件。
3. 对由最佳工艺所制得的产品进行成分分析,可综合运用络合滴定法、碘量法等进行含量测定,得到物质组成。
4. 对试验结果进行综合评价。

实验 47　高效液相色谱法测定饮料中咖啡因含量

一、实验目的

1. 理解反相高效液相色谱的原理及其适用性。
2. 掌握高效液相色谱仪的操作方法。
3. 掌握高效液相色谱法进行定性及定量的基本原理及方法。
4. 利用所学知识测定饮料中的咖啡因含量。

二、技术要素

1. 熟悉高效液相色谱仪的基本构造。
2. 初步掌握样品及流动相的前处理、色谱柱的安装、流动相的平衡、样品的进样及最终的结果分析等相关操作。
3. 通过色谱条件的变化,学习并初步掌握色谱条件的确立方法。
4. 掌握外标法测定物质含量的对照品稀释、标准曲线制作及数据结果的分析等内容。

三、实验原理

咖啡因又称咖啡碱,属于黄嘌呤的衍生物,化学名称为 1,3,7-三甲基黄嘌呤,可由茶叶或咖啡中提取而得的一种生物碱。它能兴奋大脑皮层,使人精神兴奋。咖啡因在咖啡和茶叶中的含量分别为 1.2%～1.8% 和 2.0%～4.7%,在可乐、饮料及 APC 药片中也都含有咖啡因。其分子式为 $C_8H_{10}O_2N_4$,结构式:

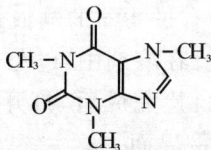

在液相色谱中,亲水性的固定相常采用疏水性流动相,即固定相的极性大于流动相的极性,这种情况称之为正相色谱。反之,流动相的极性大于固定相的极性,则称之为反相色谱。本实验采用反相高效液相色谱法将饮料中的咖啡因与其他组分(如:单宁酸、咖啡酸、蔗糖等)分离后,紫外检测器跟踪检测,通过与咖啡因对照品的保留时间及紫外谱图对照进行定性分析。同时,将已配制的不同浓度的咖啡因标准溶液分别进样,用峰面积作为定量测定的参数,采用工作曲线法(即外标法)测定饮料中的咖啡因含量。

四、仪器与试剂

1. 仪器

高效液相色谱仪（Waters 1525-2996）、Millipore 纯水器、Hypersil ODS2 5μm（4.6 mm × 250 mm）色谱柱或同类型的其他色谱柱。

2. 试剂

甲醇（色谱纯）、水（超纯水）、咖啡因（1000 μg·mL^{-1}）、市售的可口可乐、百事可乐或其他茶饮料。

五、实验步骤

1. 色谱条件的选择

本实验采用 Hypersil ODS2 5μm（4.6 mm×250 mm）色谱柱作为固定相，以甲醇：水（60：40）作为流动相，流速为 0.8 mL·min^{-1}，进样量为 5 μL，柱温为室温，检测波长为 254 nm，数据采集时间为 10 min。

2. 咖啡因标准系列溶液配制

分别准确移取 1000 μg·mL^{-1}咖啡因储备液 1.0、2.0、4.0、8.0、16.0 mL 于 5 只 50 mL 容量瓶中，用流动相定容至刻度，浓度分别为 20、40、80、160、320 μg·mL^{-1}。

3. 样品前处理

将 25mL 饮料试样置于 100mL 烧杯中，用超声波脱气 5min，以赶净二氧化碳，并取 2 mL 饮料用 0.45 μm 的滤膜过滤，待进样。

4. 液相色谱的开机及数据采集

(1)将装有流动相的贮液瓶置于超声波清洗器上超声脱气 15 min。

(2)将恒流泵 A、B 上末端带有过滤器的输液管分别插入已脱气的流动相贮液瓶中，注意必须将滤头完全浸没在溶剂中，以免气泡进入管道。

(3)开机：打开仪器电源，待自检完成后，打开电脑，进入 Empower 系统，选择合适的目录，进入"Run Sample"界面。

(4)系统除气泡：将参比阀拨至废液通路，分别设置 A、B 泵流速缓慢增至 5 mL·min^{-1}，采用注射器从抽液阀抽液，以驱除管路中的气泡，两个泵分别进行。抽液完毕，流速回归为零，将参比阀复位。

(5)小流速装柱：将甲醇泵流速设置为 0.2 mL·min^{-1}，按照柱子方向指示，取下色谱柱两端堵头，先装柱子入口，待柱子出口有液体滴出时，再将柱子出口接上。

(6)平衡：缓慢改变流动相至工作流动相条件，待压力平稳，基线稳定后，方可进样分析。

（7）系列浓度咖啡因标准品的进样分析：待基线平直后，将咖啡因标准系列溶液由低浓度至高浓度依次进样分析。

（8）样品测定：将样品溶液进样分析，根据保留时间及紫外光谱图确定样品中咖啡因色谱峰的位置。

5. 数据及处理

（1）记录实验条件：记录色谱柱规格及类型、流动相条件、流速、检测器波长、进样量、柱温、样品稀释度等实验条件。

（2）处理色谱数据：将咖啡因标准溶液及样品中咖啡因的保留时间及峰面积列于表 1 中。

表 1　咖啡因的保留时间及峰面积

	t_R/min	A/mV·s
咖啡因标准溶液 20 $\mu g \cdot mL^{-1}$		
咖啡因标准溶液 40 $\mu g \cdot mL^{-1}$		
咖啡因标准溶液 80 $\mu g \cdot mL^{-1}$		
咖啡因标准溶液 160 $\mu g \cdot mL^{-1}$		
咖啡因标准溶液 320 $\mu g \cdot mL^{-1}$		
饮料试样 1		
饮料试样 2		

（3）绘制咖啡因峰面积-质量浓度的标准曲线，并计算回归方程和相关系数。

（4）根据饮料试样溶液中咖啡因的峰面积值，计算饮料试样中咖啡因的质量浓度。

六、分析与思考

1. 外标法定量和内标法定量的优缺点各是什么？

2. 根据咖啡因的结构式，能用离子交换色谱法分析咖啡因吗？为什么？

3. 本实验采用咖啡因质量浓度对峰面积作标准曲线，除此以外，还可以用其他数据做标准曲线吗？两者相比何者优越？为什么？

实验 48 手工香皂(红酒香皂)的制作

一、实验目的

1. 学习制作手工香皂的方法。
2. 掌握皂化反应原理,并将它运用到实践。

二、技术要素

1. 规范使用托盘天平。
2. 掌握搅拌器的正确使用方法。

三、实验原理

香皂是一种最普通和最广泛使用的个人洗涤用品。香皂制作的主要反应是皂化反应,皂化反应是碱催化下的酯水解反应,尤其指的是油脂的水解。狭义地讲,皂化反应仅限于油脂与氢氧化钠混合,得到高级脂肪酸的钠盐和甘油的反应(还有部分水)。这个反应是制造肥皂流程中的一步,因此而得名。

皂化反应是一个放热反应(exothermic reaction)。它是一个较慢的化学反应,为了加快反应速率,可以在化学反应的过程中保持系统的较高温度,用物理方式不断搅拌溶液以增加分子碰撞的数量。

脂肪和植物油的主要成分是甘油三酯,它们在碱性条件下水解的方程式为:

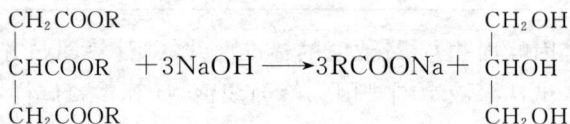

$$\begin{matrix} CH_2COOR \\ | \\ CHCOOR \\ | \\ CH_2COOR \end{matrix} + 3NaOH \longrightarrow 3RCOONa + \begin{matrix} CH_2OH \\ | \\ CHOH \\ | \\ CH_2OH \end{matrix}$$

R 基可能不同,但生成的 R—COONa 都可以做肥皂。常见的 R 基有:

八-十七碳烯基。R—COOH 为油酸。

正十五烷基。R—COOH 为软脂酸。

正十七烷基。R—COOH 为硬脂酸。

香皂的制作方法大致可以分为热制法和冷制法。热制法属于持续性地加热成形,它的好处是制皂时间很短,约 2 个小时即可完成,缺点是部分营养都在持续性的高温下被破坏了。而冷制法的好处是可以保留大多数的营养,但缺点是制作时间非常长,最少必须等待 3~8 周以上才可以完成。

通常市售的普通香皂大多数采用热制法制作,在制皂的过程中会产生甘油,一般会将甘油提取出来,并添加一些化学物质与防腐剂等,所以使用后常常会将肌肤的天然油脂一起带走。而手工香皂大多采取天然的植物油及其他天然原料,再加上不提取甘油,相对而言,不仅健康,而且滋润肌肤的效果更是普通香皂无法比拟的。手工香皂的制作过程之中没有添加清洁的人工化学物质,因此手工香皂遇到水之后,大约 24 小时以内就会被完全中和分解掉,所以并不会造成生态环境的破坏。

本实验采取冷制法制备手工红酒香皂。

四、仪器与试剂

1. 仪器

托盘天平、烧杯、玻璃棒、量筒、搅拌器、模具若干

2. 试剂

蒸馏水、食用油、NaOH、红葡萄酒

五、实验步骤

1. 在 250mL 烧杯中将称量好的 30g NaOH 溶于 50mL 蒸馏水中,用玻璃棒搅拌到水变得透明为止。在搅拌过程中将会出现泡沫和发热现象。

2. 在天平上准确称取 250g 食用油,将食用油逐渐加入上述 NaOH 溶液中,一边搅拌一边将油加进去。用搅拌器搅拌 10min。

3. 混合均匀后,用量筒准确量取 50mL 红葡萄酒,加入上述溶液中。

4. 继续仔细搅拌 10min 左右,直至红葡萄酒彻底均匀地分布开来。这时,液体开始逐渐变稠,呈现暗红色。

5. 静置 3min 后,停止搅拌,将其注入相应的模具之中。

6. 将模具原封不动地放上 1～2d,然后在温暖(20℃左右)的地方放上 1～2d。

7. 1～2d 后,将香皂从模具中取出,用刀子或剪刀插入模具中以便于顺利将香皂取出。

8. 最后,把香皂切成适当大小的方块,放在通风处,避开日光直晒,放一个多月以后,香皂制作完成。

六、分析与思考

1. 为什么将 NaOH 溶液与食用油混合后,要仔细搅拌均匀 10min?

2. 在实验过程中为什么要保持实验环境的良好通风?

3. 为什么手工红酒香皂制作成品要尽量保存在通风处,保持干燥?

实验 49 白酒中总酸和总酯的测定

一、实验目的

1. 了解白酒中的主要呈味物质和呈香物质的种类及在白酒质量控制中的作用。

2. 掌握白酒中总酸和总酯等主要质量指标的检测原理和方法。

二、技术要素

巩固容量分析操作尤其是滴定终点的控制技术,减少实验误差。

三、实验原理

白酒中有机酸分为挥发性和非挥发性酸两类。甲醇、乙醇、丙酸、丁酸等属于挥发性酸,它们对酒香起到烘托作用,又起着缓冲作用;非挥发性酸以乳酸为主,它们比较柔和,由于具有羧基和羟基,因而能和很多成分亲合,对酒的后味起着缓冲、平衡作用,使酒质调和,减少烈性。有机酸本身具有香气,是呈味物质,在酒中还起到调味作用,因此只要含量及比例适当,饮后会感到清爽利口,醇滑绵甜;反之若酸量少,就会使酒寡淡、后味短,而酸量过大则会使人感到酸味重、刺鼻。

白酒中有机酸的含量可以酚酞为指示剂,采用氢氧化钠滴定测得,其反应式为:

$$RCOOH + NaOH \Longrightarrow RCOONa + H_2O$$

白酒的香味物质中种类最多、对香气影响最大的是酯类。酯类除乙酸乙酯、己酸乙酯及乳酸乙酯三大酯类在呈香过程中起着主导作用外,其他酯类在呈香过程中起着烘托的作用。它们聚集在酒内以不同的强度放香,汇成白酒的复合香气,衬托出主体香韵,形成独特的风味。因此白酒中总酯的含量及它们相互之间的配比对白酒的质量及香型起着决定性的作用

白酒中总酯含量的测定原理是先以碱中和白酒中的游离酸,再加入一定量的碱使酯皂化,过量的碱再用酸进行返滴定,其反应式如下:

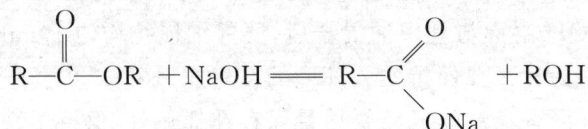

$$\begin{matrix} & O & & & & O & \\ & \parallel & & & & \parallel & \\ R-C-OR & + NaOH & \Longrightarrow & R-C & & + ROH \\ & & & & & | & \\ & & & & & ONa & \end{matrix}$$

$$2NaOH + H_2SO_4 \Longrightarrow Na_2SO_4 + 2H_2O$$

本实验可选取不同的白酒,对其进行总酸及总酯的测定,主要采用滴定分析的方法进行检测,从而掌握酒类主要质量指标的检测方法。

四、仪器与试剂

1. 仪器

全玻璃回流装置 250mL,电子分析天平。

2. 试剂

1‰酚酞指示液,0.1mol·L^{-1}氢氧化钠标准溶液,0.1 mol·L^{-1}硫酸标准溶液,邻苯二甲酸氢钾。

五、实验步骤

1. 总酸的测定

①溶液的配制。1‰酚酞指示液:称取酚酞 1.0g,溶于 60mL 乙醇中,用水稀释至 100mL。

0.1mol·L^{-1} NaOH 标准溶液:将 NaOH 配成饱和溶液,注入塑料瓶(或桶)中,封闭放置至溶液清亮,使用前虹吸上清液。量取 5mL NaOH 饱和溶液,注入 1000mL 不含二氧化碳的水中,摇匀。

②标定。称取于 105～110℃烘至恒重的基准邻苯二甲酸氢钾 0.6g(称准至 0.0002g),溶于 50mL 不含二氧化碳的水中,加入酚酞指示液 2 滴,以新制备的 NaOH 溶液滴定至溶液呈微红色为其终点。同时做空白试验。

NaOH 标准溶液的物质的量浓度(c)按式(1)计算:

$$c = \frac{m}{(V - V_1) \times 0.2042} \tag{1}$$

式中:c——NaOH 标准溶液浓度,mol·L^{-1};

m——基准苯二甲酸氢钾的质量;

V——滴定时,消耗 NaOH 溶液的体积,mL;

V_1——空白试验消耗 NaOH 溶液的体积,mL;

0.2042——与 1.00mL NaOH 标准溶液〔$c(NaOH) = 1.000$ mol·L^{-1}〕相当的以克表示的邻苯二甲酸氢钾的质量。

③测定。吸取酒样 50.00mL 于 250mL 锥形瓶中,加入酚酞指示液 2 滴;以 0.1 mol·L^{-1} NaOH 标准溶液滴定至微红色,为其终点。

计算公式

$$X = \frac{c \times V \times 0.0601}{50.00} \times 1\ 000 \tag{2}$$

式中:X——酒样中总酸的含量(以乙酸计),g·L^{-1};

  c——氢氧化钠标准溶液浓度,mol·L^{-1};

  V——测定时消耗 NaOH 标准溶液的体积,mL;

  0.0601——与 1.00mL 氢氧化钠标准溶液〔c(NaOH)= 1.000 mol·L^{-1}〕相当的以克表示的乙酸的质量;

  50.00——取样体积,mL。

2. 总酯的测定

①配制。吸取浓硫酸 3mL,缓缓注入适量水中,冷却并用水稀释至 1 000mL,摇匀。

②标定。吸取新配制的硫酸溶液 25.00 mL 于 250 mL 锥形瓶中,加入酚酞指示液 2 滴,以 0.1 mol·L^{-1} NaOH 标准溶液滴定至溶液呈微红色为其终点。

硫酸标准溶液的物质的量浓度(c_1)按式(1)计算:

$$c_1 = \frac{c \times V}{25.00} \tag{1}$$

式中:c_1——硫酸标准溶液的物质的量浓度,mol·L^{-1};

  c——NaOH 标准溶液浓度,mol·L^{-1};

  V——消耗 NaOH 标准溶液的体积,mL;

  25.00——取硫酸溶液的体积,mL。

③测定。吸取酒样 50.00mL 于 250mL 具塞锥形瓶中,加入酚酞指示液 2 滴,以 0.1mol·L^{-1} NaOH 标准溶液中和(切勿过量),记录消耗 NaOH 标准溶液的毫升数(也可作为总酸含量计算)。再准确加入 0.1 mol·L^{-1} NaOH 标准溶液 25.00 mL,若酒样总酯含量高时,可加入 50.00mL,摇匀,装上冷凝管,于沸水浴上回流 30min,取下,冷却至室温,然后,用 0.1mol·L^{-1} H$_2$SO$_4$ 标准溶液进行返滴定,使微红色刚好完全消失为其终点,记录消耗 0.1 mol·L^{-1} H$_2$SO$_4$ 标准溶液的体积。

计算公式

$$X = \frac{(c \times 25.00 - c_1 \times V) \times 0.088}{50.00} \times 1\,000 \tag{2}$$

式中:X——酒样中总酯的含量(以乙酸乙酯计),g·L^{-1};

  c——NaOH 标准溶液的物质的量浓度,mol·L^{-1};

  25.00——皂化时,加入 0.1 mol·L^{-1} NaOH 标准溶液的体积,mL;

  c_1——H$_2$SO$_4$ 标准溶液的物质的量浓度,mol·L^{-1};

  V——测定时,消耗 0.1 mol·L^{-1} H$_2$SO$_4$ 标准溶液的体积,mL;

  0.088——与 1.00mL NaOH 标准溶液〔c(NaOH)=1.000 mol·L^{-1}〕

相当的以克表示的乙酸乙酯的质量；

50.00——取样体积，mL。

六、分析与思考

1. 酸碱滴定操作中关键点是那些？
2. 酸碱滴定还可应用于那些食品检测中？

实验 50 海澡产品中海藻酸钠的提取

一、实验目的

1. 掌握海藻酸钠的提取原理和方法。
2. 了解海藻酸钠的应用。
3. 寻找海藻酸钠提取的最佳实验条件。

二、技术要素

巩固恒温、沉淀析出、过滤等操作技术。

三、实验原理

海藻酸钠又名褐藻酸钠、海带胶、褐藻胶、藻酸盐，是一种天然的多糖碳水化合物。广泛应用于食品、医药、纺织、印染、造纸、日用化工等产品，作为增稠剂、乳化剂、稳定剂、黏合剂、上浆剂等使用。自 20 世纪 80 年代以来，褐藻酸钠在食品应用方面得到新的拓展。褐藻酸钠不仅是一种安全的食品添加剂，而且可作为仿生食品或疗效食品的基材，由于它实际上是一种天然纤维素，可减缓脂肪糖和胆盐的吸收，具有降低血清胆固醇、血中甘油三酯和血糖的作用，可预防高血压、糖尿病、肥胖症等现代病。

本实验将以海带为原料，提取海藻酸钠。相关反应如下：

1. 消化反应
$$2M(Alg)_n + nNa_2CO_3 \Longrightarrow 2nNaAlg + M_2(CO_3)_n$$
（M 为 Ca、Fe 等重金属，Alg 为海藻胶）

2. 钙析
$$2NaAlg + CaCl_2 \Longrightarrow Ca(Alg)_2 + 2NaCl$$

3. 离子交换脱钙
$$Ca(Alg)_2 + 2NaCl \Longrightarrow 2NaAlg + CaCl_2$$

四、仪器与试剂

1. 仪器。真空泵、恒温水浴锅、托盘天平 恒温箱
2. 试剂。无水碳酸钠、无水氯化钠、甲醛、95％乙醇、浓盐酸、氯化钙

五、实验步骤

海藻酸钠提取的主要工艺流程如下。

1. 浸泡。称取 5 g 海带于 500mL 烧杯中，加入 300mL 水，并加适量的甲醛（1.0％）浸泡 4h，浸泡后洗涤。

2. 消化。加入一定浓度、一定体积的 Na_2CO_3 溶液进行消化。

3. 过滤。消化后海带变糊状，比较黏稠，先用纱布初滤一次，再用真空泵抽滤。

4. 钙析。将滤液用盐酸调至 pH 为 6～7，加入 10％的 $CaCl_2$ 溶液进行钙析。

5. 离子交换脱钙。将钙析后的产品过滤后，加入 15％的 NaCl 溶液脱钙。

6. 海藻酸钠析出。将脱钙后的溶液中加入一定量的 95％的乙醇，析出白色海藻酸钠沉淀。

7. 提取率计算：

$$NaAlg(\%) = (W_1/W_2) \times 100\%$$

$NaAlg(\%)$—表示海藻酸钠的提取率

W_1—表示海藻酸钠产品的质量

W_2—表示海带的质量

请以海藻酸钠提取率作为评价指标，对提取过程中：消化液的浓度和加入体积、消化温度、消化时间等主要条件进行试验优化。

六、分析与思考

1. 海带浸泡后加入适量的甲醛有何作用？
2. 消化过程中 Na_2CO_3 的浓度对提取率影响如何？
3. 消化温度和消化时间对海藻酸钠提取率影响如何？
4. 海藻酸钠的提取还有哪些方法？

七、参考文献

1. 张善明等.从海藻中提取高黏度海藻酸钠.食品加工，2002，23(3):86
2. 高晓玲等.从海藻中提取海藻酸钠条件的研究.食品四川教育学院学报，1999，15(7):104

附录一　元素原子质量表

元素符号	元素名称	相对原子质量	元素符号	元素名称	相对原子质量	元素符号	元素名称	相对原子质量
Ag	银	107.86	Hf	铪	178.49	Rb	铷	85.47
Al	铝	26.98	Hg	汞	200.59	Re	铼	186.21
Ar	氩	39.94	Ho	钬	164.93	Rh	铑	102.91
As	砷	74.92	I	碘	126.90	Ru	钌	101.07
Au	金	196.96	In	铟	114.82	S	硫	32.07
B	硼	10.81	Ir	铱	192.22	Sb	锑	121.76
Ba	钡	137.32	K	钾	39.10	Sc	钪	44.96
Be	铍	9.01	Kr	氪	83.80	Se	硒	78.96
C	碳	12.01	Lu	镥	174.96	Sn	锡	118.71
Ca	钙	40.07	Mg	镁	24.30	Sr	锶	87.62
Cd	镉	112.41	Mn	锰	54.94	Ta	钽	180.95
Ce	铈	140.11	Mo	钼	95.94	Tb	铽	158.93
Cl	氯	35.45	N	氮	14.01	Te	碲	127.60
Co	钴	58.93	Na	钠	22.99	Th	钍	232.04
Cr	铬	52.00	Nb	铌	92.91	Ti	钛	47.88
Cs	铯	132.91	Nd	钕	144.24	Tl	铊	204.38
Cu	铜	63.52	Ne	氖	20.18	Tm	铥	168.93
Dy	镝	162.50	Ni	镍	58.69	U	铀	238.03
Er	铒	167.26	Np	镎	237.05	V	钒	50.94
Eu	铕	151.97	O	氧	16.00	W	钨	183.85
F	氟	18.99	Os	锇	190.20	Xe	氙	131.29
Fe	铁	55.85	P	磷	30.97	Y	钇	88.91
Ga	镓	69.72	Pb	铅	207.20	Yb	镱	173.04
Gd	钆	157.25	Pd	钯	106.42	Zn	锌	65.39
Ge	锗	72.61	Pr	镨	140.91	Zr	锆	91.22
H	氢	1.00	Pt	铂	195.08			
He	氦	4.00	Ra	镭	226.03			

附录二　常见化合物的相对分子质量

化合物	相对分子质量	化合物	相对分子质量	化合物	相对分子质量
$AgBr$	187.78	$FeSO_4 \cdot H_2O$	169.93	$MgCl_2$	95.21
$AgCl$	143.32	$FeSO_4 \cdot 7H_2O$	278.02	$MgNH_4PO_4$	137.33
AgI	234.77	$FeSO_4 \cdot (NH_4)_2SO_4 \cdot 6H_2O$	392.14	MgO	40.31
$AgNO_3$	169.87	H_3BO_3	61.83	$Mg_2P_2O_7$	222.60
Al_2O_3	101.96	HBr	80.91	$Mg(OH)_2$	58.320
$Al_2(SO_4)_3$	342.15	HCl	36.46	$Na_2B_4O_7 \cdot 10H_2O$	381.37
As_2O_3	197.84	$HClO_4$	100.46	$NaBiO_3$	279.97
As_2O_5	229.84	H_2CO_3	62.02	$NaBr$	102.90
$BaCl_2 \cdot 2H_2O$	244.27	$H_2C_2O_4$	90.04	Na_2CO_3	105.99
$BaCO_3$	197.34	$H_2C_2O_4 \cdot 2H_2O$	126.07	$Na_2C_2O_4$	134.00
BaC_2O_4	225.35	$HCOOH$	46.03	$NaCl$	58.44
$BaCrO_4$	253.32	HF	20.01	NaF	41.99
$BaSO_4$	233.39	HI	127.91	$NaHCO_3$	84.01
$CaCl_2$	110.99	HNO_2	47.01	$Na_2H_2PO_4$	119.98
$CaCl_2 \cdot H_2O$	129.00	HNO_3	63.01	Na_2HPO_4	141.96
CaO	56.08	H_2O	18.02	$Na_2H_2Y \cdot 2H_2O$	372.26
$CaCO_3$	100.09	H_2O_2	34.02	NaI	149.89
CaC_2O_4	128.10	H_3PO_4	98.00	$NaNO_2$	69.00
$Ca(OH)_2$	74.09	H_2S	34.08	Na_2O	61.98
$Ca_3(PO_4)_2$	310.18	H_2SO_3	82.08	$NaOH$	40.01
$CaSO_4$	136.14	H_2SO_4	98.08	Na_3PO_4	163.94
CCl_4	153.81	$HgCl_2$	271.50	Na_2S	78.05
$Ce(SO_4)_2 \cdot 2(NH_4)_2SO_4 \cdot 2H_2O$	632.54	Hg_2Cl_2	472.09	$Na_2S \cdot 9H_2O$	240.18
CH_3COCH_3	58.08	$KAl(SO_4)_2 \cdot 12H_2O$	474.39	Na_2SO_3	126.04
CH_3COOH	60.05	$KB(C_6H_5)_4$	358.33	$Na_2S_2O_3$	158.11

化合物	相对分子质量	化合物	相对分子质量	化合物	相对分子质量
C_6H_5COOH	122.12	KBr	119.01	$Na_2S_2O_3 \cdot 5H_2O$	248.19
$C_6H_4COCHCOOK$	204.23	$KBrO_3$	167.01	Na_2SO_4	142.04
		KCl	74.56	$Na_2SO_4 \cdot 10H_2O$	322.20
CH_3COONa	82.03	$KClO_3$	122.55	NH_3	17.03
		$KClO_4$	138.55	NH_4Cl	53.49
		K_2CO_3	138.21	$(NH_4)_2C_2O_4 \cdot H_2O$	142.11
CH_3OH	32.04	K_2CrO_4	194.20	$NH_4Fe(SO_4)_2 \cdot 12H_2O$	482.20
C_6H_5OH	94.11	$K_2Cr_2O_7$	294.19	$NH_3 \cdot H_2O$	35.05
CO_2	44.01	$KHC_2O_4 \cdot H_2C_2O_4 \cdot 2H_2O$	254.19	$(NH_4)_2HPO_4$	132.05
CuO	79.54	KI	166.01	NH_4SCN	76.12
Cu_2O	143.09	KIO_3	214.00	$(NH_4)_2SO_4$	132.14
$CuSO_4$	159.61	$KIO_3 \cdot HIO_3$	389.92	$NiC_8H_{14}O_4N_4$	288.91
$CuSO_4 \cdot 5H_2O$	249.69	$KMnO_4$	158.04	$PbCrO_4$	323.19
$FeCl_3$	162.21	KNO_2	85.10	PbO	223.19
$FeCl_3 \cdot 6H_2O$	270.30	KOH	56.11	PbO_2	239.19
FeO	71.85	KSCN	97.18	Pb_3O_4	685.57
Fe_2O_3	159.69	K_2SO_4	174.26	$(NH_4)_3PO_4 \cdot 12MoO_2$	1876.35
Fe_3O_4	231.54	$MgCl_2$	95.21		
$PbSO_4$	303.26	SiO_2	60.08	$ZnCl_2$	136.30
P_2O_5	141.95	$SnCl_2$	189.62	ZnO	81.39
Sb_2O_3	291.52	SO_2	64.06	$ZnSO_4$	161.45
Sb_2S_3	339.68	SO_3	80.06		
SiF_4	104.08	TiO_2	79.88		

附录

附录三　常用酸碱的密度和浓度

试剂名称	密度	含量/%	浓度/mol·L^{-1}
盐酸	1.18~1.19	36~38	11.6~12.4
硝酸	1.39~1.40	65.0~68.0	14.4~15.2
硫酸	1.83~1.84	95~98	17.8~18.4
磷酸	1.69	85	14.6
冰醋酸	1.05	99.8(GR),99.0(AR,CP)	17.4
氨水	0.88~0.90	25.0~28.0	13.3~14.8

附录四　常见弱酸、弱碱的离解常数

1. 弱酸

名称	温度/℃	解离常数 $K_a^{\ominus}$	p$K_a^{\ominus}$
硼酸 H_3BO_3	20	$K_a^{\ominus}=5.7\times10^{-10}$	9.24
碳酸 H_2CO_3	25	$K_{a_1}^{\ominus}=4.2\times10^{-7}$ $K_{a_2}^{\ominus}=5.6\times10^{-11}$	6.38 10.25
磷酸 H_3PO_4	25	$K_{a_1}^{\ominus}=7.6\times10^{-3}$ $K_{a_2}^{\ominus}=6.3\times10^{-8}$ $K_{a_3}^{\ominus}=4.4\times10^{-13}$	2.12 7.20 12.36
氢氰酸 HCN	25	$K_a^{\ominus}=6.2\times10^{-10}$	9.21
氢氟酸 HF	25	$K_a^{\ominus}=6.61\times10^{-4}$	3.18
亚硝酸 HNO_2	25	$K_a^{\ominus}=7.24\times10^{-4}$	3.14
硫化氢 H_2S	25	$K_{a_1}^{\ominus}=1.07\times10^{-7}$ $K_{a_2}^{\ominus}=1.26\times10^{-13}$	6.97 12.90
亚硫酸 H_2SO_3	18	$K_{a_1}^{\ominus}=1.5\times10^{-2}$ $K_{a_2}^{\ominus}=1.0\times10^{-7}$	1.82 7.00
硫酸 H_2SO_4	25	$K_a^{\ominus}=1.0\times10^{-2}$	1.99
甲酸 HCOOH	20	$K_a^{\ominus}=1.8\times10^{-4}$	3.74
醋酸 CH_3COOH	20	$K_a^{\ominus}=1.8\times10^{-5}$	4.74
草酸 $H_2C_2O_4$	25	$K_{a_1}^{\ominus}=5.9\times10^{-2}$ $K_{a_2}^{\ominus}=6.4\times10^{-5}$	1.23 4.19

续表

名称	温度/℃	解离常数 $K_a^{\ominus}$	$pK_a^{\ominus}$
琥珀酸 $(CH_2COOH)_2$	25	$K_{a_1}^{\ominus}=6.4\times10^{-5}$ $K_{a_2}^{\ominus}=2.7\times10^{-6}$	4.19 5.57
苯酚 C_6H_5OH	20	$K_a^{\ominus}=1.1\times10^{-10}$	9.95
苯甲酸 C_6H_5COOH	25	$K_a^{\ominus}=6.2\times10^{-5}$	4.21
邻苯二甲酸 $C_6H_4(COOH)_2$	25	$K_{a_1}^{\ominus}=1.1\times10^{-3}$ $K_{a_2}^{\ominus}=2.9\times10^{-6}$	2.95 5.54

2. 弱碱

名称	温度/℃	解离常数 $K_b^{\ominus}$	$pK_b^{\ominus}$
氨水 $NH_3\cdot H_2O$	25	$K_b^{\ominus}=1.8\times10^{-5}$	4.74
羟胺 NH_2OH	20	$K_b^{\ominus}=9.1\times10^{-9}$	8.04
苯胺 $C_6H_5NH_2$	25	$K_b^{\ominus}=4.6\times10^{-10}$	9.34
乙二胺 $H_2NCH_2CH_2NH_2$	25	$K_{b_1}^{\ominus}=8.5\times10^{-5}$ $K_{b_2}^{\ominus}=7.1\times10^{-8}$	4.07 7.15
六亚甲基四胺 $(CH_2)_6N_4$	25	$K_b^{\ominus}=1.4\times10^{-9}$	8.85
吡啶	25	$K_b^{\ominus}=1.7\times10^{-9}$	8.77

附录五　常用酸碱指示剂

指示剂	变色范围 pH	颜色变化	$pK_{HIn}^{\ominus}$	配制方法
百里酚蓝	1.2～2.8	红～黄	1.65	0.1g 溶于 20mL 乙醇(热)
甲基橙	3.1～4.4	红～黄	3.45	0.1% 的水溶液
溴酚蓝	3.0～4.6	黄～蓝	4.1	0.1g 溶于 20mL 乙醇
溴甲酚绿	4.0～5.6	黄～蓝	4.9	0.1% 的水溶液
甲基红	4.4～6.2	红～黄	5.0	0.1% 的 60% 乙醇溶液
溴百里酚蓝	6.2～7.6	黄～蓝	7.3	0.1% 的 20% 乙醇溶液
中性红	6.8～8.0	红～黄橙	7.4	0.1% 的 60% 乙醇溶液
酚酞	8.0～10.0	无～红	9.1	0.2% 的 90% 乙醇溶液
百里酚蓝	8.0～9.6	黄～蓝	8.9	0.1% 的 20% 乙醇溶液
百里酚酞	9.4～10.6	无～蓝	10.0	0.1% 的 90% 乙醇溶液

附录六　常用氧化还原指示剂

名称	$E^{\ominus}/V$	氧化型	还原型	配制
中性红	0.240	红	无色	0.01％的60％乙醇溶液
亚甲基蓝	0.532	天蓝	无色	0.05％水溶液
二苯胺	0.76	紫	无色	1％浓硫酸溶液
二苯胺磺酸钠	0.85	红紫	无色	0.2％水溶液
邻苯胺基苯甲酸	0.89	红	无色	0.2％水溶液

附录七　常用金属离子指示剂

名称	颜色		配制方法
	化合物	游离	
铬黑T(EBT)	红	蓝	1. 0.2g 铬黑 T 溶于 15mL 三乙醇胺与 5mL 甲醇。 2. 将 1.0g 铬黑 T 与 100.0gNaCl 研细,混匀
二甲酚橙	红	黄	0.5％水溶液
钙指示剂	酒红	蓝	0.50g 钙指示剂与 100gNaCl 研细。混匀
K-B指示剂	红	蓝	0.50g 酸性铬蓝 K 加 1.250g 萘酚绿 B,再加 25.0g K_2SO_4 研细,混匀
磺基水杨酸	红	浅黄	1％水溶液
PAN	红	黄	0.2％乙醇溶液

附录八　常用沉淀滴定指示剂

名称	颜色变化		配制方法
	游离态	化合物	
铬酸钾	黄	砖红	5g K_2CrO_4 溶于水,稀释至 100mL
硫酸铁铵	无	红色	$NH_4Fe(SO_4)_2 \cdot 12H_2O$ 饱和水溶液,加几滴浓硫酸
荧光黄	绿色荧光	玫瑰红	0.5％乙醇水溶液
二氯荧光黄	绿色荧光	玫瑰红	0.1g 二氯荧光黄溶于乙醇,用乙醇稀释至 100mL

附录九 常用缓冲溶液及其配制

缓冲溶液组成	$pK_a^{\ominus}$	缓冲溶液 pH	配制方法
一氯乙酸-NaOH	2.86	2.8	200g 一氯乙酸溶于 200mL 水中,加固体 NaOH40g,溶解后稀释至 1L
甲酸-NaOH	3.76	3.7	95g 甲酸和 40g 固体 NaOH 溶于 400mL 水中,稀释至 1L
NH_4Ac-HAc	4.74	4.5	77g NH_4Ac 溶于 200mL 水中,加 59mL 冰醋酸,稀释至 1L
NaAc-HAc	4.74	5.0	160g 无水 NaAc 溶于水中,加冰醋酸 60mL,稀释至 1L
$(CH_2)_6N_4$-HCl	5.15	5.4	40g 六次甲基四胺溶于水中,加浓 HCl10mL,稀释至 1L
NH_4Ac-HAc	4.74	6.0	600gNH_4Ac 溶于水,加 20mL 冰醋酸,稀释至 1L
NH_4Cl-NH_3	9.26	9.2	54gNH_4Ac 固体溶于水,加 63mL 浓氨水,稀释至 1L
NH_4Cl-NH_3	9.26	9.5	54gNH_4Ac 固体溶于水,加 126mL 浓氨水,稀释至 1L
NH_4Cl-NH_3	9.26	10.0	54gNH_4Ac 固体溶于水,加 350mL 浓氨水,稀释至 1L

附录十 常用基准物质的干燥条件和应用

基准物质		干燥后组成	干燥条件/℃	标定对象
名称	分子式			
碳酸氢钠	$NaHCO_3$	Na_2CO_3	270～300	酸
碳酸钠	$Na_2CO_3 \cdot 10H_2O$	Na_2CO_3	270～300,0.5 h	酸
硼砂	$Na_2B_4O_7 \cdot 10H_2O$	$Na_2B_4O_7 \cdot 10H_2O$	放在含 NaCl 和蔗糖饱和液的干燥器中	酸
碳酸氢钾	$KHCO_3$	K_2CO_3	270～300	酸
草酸	$H_2C_2O_4 \cdot 2H_2O$	$H_2C_2O_4 \cdot 2H_2O$	室温空气干燥	碱或 $KMnO_4$
邻苯二甲酸氢钾	$KHC_8H_4O_4$	$KHC_8H_4O_4$	110～120,1 h	碱

基准物质		干燥后组成	干燥条件/℃	标定对象
名称	分子式			
重铬酸钾	$K_2Cr_2O_7$	$K_2Cr_2O_7$	$140\sim150,0.5\sim1h$	还原剂
溴酸钾	$KBrO_3$	$KBrO_3$	$130,1\sim2\ h$	还原剂
碘酸钾	KIO_3	KIO_3	$130,2\ h$	还原剂
铜	Cu	Cu	室温干燥器中保存	还原剂
三氧化二砷	As_2O_3	As_2O_3	室温干燥器中保存	氧化剂
草酸钠	$Na_2C_2O_4$	$Na_2C_2O_4$	130	氧化剂
碳酸钙	$CaCO_3$	$CaCO_3$	110	EDTA
锌	Zn	Zn	室温干燥器中保存	EDTA
氧化锌	ZnO	ZnO	$900\sim1000$	EDTA
氯化钠	$NaCl$	$NaCl$	$500\sim600$	$AgNO_3$
氯化钾	KCl	KCl	$500\sim600$	$AgNO_3$
硝酸银	$AgNO_3$	$AgNO_3$	$280\sim290$	氯化物

参考文献

[1]王升富,周立群主编.无机及分析化学实验.北京:科学出版社,2009.

[2]俞斌主编.无机与分析化学实验.北京:化学工业出版社,2009.

[2]杨小弟主编.分析化学技能训练.北京:化学工业出版社,2008.

[3]李方实,刘宝春,张娟编.无机化学与化学分析实验.北京:化学工业出版社,2006.

[4]王凤云,丰利主编.无机及分析化学实验.北京:化学工业出版社,2009.

[5]申金山,许明远,郑学忠主编.化学实验.北京:化学工业出版社,2009.

[6]侯振雨,郝海玲,娄天军主编.无机及分析化学实验.北京:科学出版社,2009.

[7]魏琴,盛永丽主编.无机及分析化学实验.北京:科学出版社,2008.

[9]南京大学《无机与分析化学》编写组.无机与分析化学(第4版).北京:高等教育出版社,2006.

[10]倪静安主编.无机及分析化学(第2版).北京:化学工业出版社,2005.

[11]武汉大学化学系无机化学教研室编.无机化学实验(第2版).武汉:武汉大学出版社,1997.

[12]戴安邦等编.无机化学教程.北京:人民教育出版社,1962.

[13]北京大学化学系分析化学教研室.基础分析化学实验.北京:北京大学出版社,1993.

[14]武汉大学化学与分子科学学院实验中心编.分析化学实验.武汉:武汉大学出版社,2003.

[15]大连理工大学分析化学实验编写组.分析化学实验.大连:大连理工大学出版社,1989.

[16]钟山,朱绮琴主编.高等无机化学实验.上海:华东师范大学出版社,1994.

[17]周俊英等编.定量化学分析实验.合肥:中国科学技术大学出版社,1995.

[18]张其颖,王麟生,陈波.元素化学实验.上海:华东师范大学出版社,2006.

[19]李巧云,徐肖刑,汪学英主编.基础化学实验.南京:南京大学出版社,2007.

[20]朱湛,傅引霞主编.无机化学实验.北京:北京理工大学出版社,2007.

[21]赵滨,马林,沈建中等.无机及分析化学实验.上海:复旦大学出版社,2008.

[22]陈若愚,朱建飞主编.无机及分析化学实验(第2版).北京:化学工业出版社,2010.

[23]毛海荣主编.无机化学实验.南京:东南大学出版社,2006.

[24]孙尔康,张剑荣总主编,郎建平,卞国庆主编.无机化学实验.南京:南京大学出版社,2009.

[25]古国榜,李朴,展树中主编.无机化学实验.北京:化学工业出版社,2009.

[26]王传胜主编,孙亚光,李红副主编.无机化学实验.北京:化学工业出版社,2009.

[27]古国榜,李朴,徐立宏主编.大学化学实验.北京:化学工业出版社,2010.

[28]华东化工学院无机化学教研组编.无机化学实验(第3版).北京:高等教育出版社,1990.

[29]陈烨璞主编,杨丽萍,商少明副主编.无机及分析化学实验.北京:化学工业出版社,1998.

[30]刘约权,李贵深主编.实验化学.北京:高等教育出版社,2000.

[31]刘汉兰,陈浩,文利柏.基础化学实验.北京:科学出版社,2005.

[32]曹作刚主编.无机与分析化学实验.北京:中国石油大学出版社,2005.

[33]成都科学技术大学分析化学教研组,浙江大学分析化学教研组编.无机及分析化学实验.北京:高等教育出版社,1989.9.

[34]郭伟强主编.大学化学基础实验.北京:科学出版社,2010.

[35]王凤云,丰利主编.无机及分析化学实验.北京:化学工业出版社,2009.

[36]周旭光,于名主编.无机及分析化学实验与学习指导.北京:中国纺织工业出版社,2009.

[37]倪哲明主编.新编基础化学实验(Ⅰ)-无机及分析化学实验.北京:化工出版社,2006.